AF148696

Empfehlungen zu Dichtungssystemen im Tunnelbau EAG-EDT

WILEY

Ernst & Sohn
A Wiley Brand

DGGT

Deutsche Gesellschaft
für Geotechnik e. V.
German Geotechnical Society

Empfehlungen zu Dichtungssystemen im Tunnelbau EAG-EDT

Deutsche Gesellschaft
für Geotechnik e. V.
German Geotechnical Society

Arbeitskreis AK 5.1 „Kunststoffe in der Geotechnik
und im Wasserbau" der
Deutschen Gesellschaft für Geotechnik e. V.
Obmann: Prof. Dr.-Ing. F. Saathoff

Titelbild: Abdichtung Tunnel Hirschhagen A 44, NAUE GmbH & Co. KG

Bibliografische Information der Deutschen Nationalbibliothek
Die Deutsche Nationalbibliothek verzeichnet diese Publikation in der Deutschen Nationalbibliografie;
detaillierte bibliografische Daten sind im Internet über http://dnb.d-nb.de abrufbar.

© 2018 Wilhelm Ernst & Sohn, Verlag für Architektur und technische Wissenschaften GmbH &
Co. KG, Rotherstraße 21, 10245 Berlin, Germany

Alle Rechte, insbesondere die der Übersetzung in andere Sprachen, vorbehalten. Kein Teil dieses
Buches darf ohne schriftliche Genehmigung des Verlages in irgendeiner Form – durch Fotokopie,
Mikrofilm oder irgendein anderes Verfahren – reproduziert oder in eine von Maschinen, insbeson-
dere von Datenverarbeitungsmaschinen, verwendbare Sprache übertragen oder übersetzt werden.

All rights reserved (including those of translation into other languages). No part of this book may
be reproduced in any form – by photoprinting, microfilm, or any other means – nor transmitted or
translated into a machine language without written permission from the publisher.

Die Wiedergabe von Warenbezeichnungen, Handelsnamen oder sonstigen Kennzeichen in diesem
Buch berechtigt nicht zu der Annahme, daß diese von jedermann frei benutzt werden dürfen. Viel-
mehr kann es sich auch dann um eingetragene Warenzeichen oder sonstige gesetzlich geschützte
Kennzeichen handeln, wenn sie als solche nicht eigens markiert sind.

Umschlaggestaltung: Design pur GmbH
Herstellung: pp030 – Produktionsbüro Heike Praetor, Berlin
Satz: Olaf Mangold Text & Typo, Stuttgart
Druck + Bindung: Strauss GmbH, Mörlenbach

Printed in the Federal Republic of Germany.
Gedruckt auf säurefreiem Papier.

2. Auflage

Print ISBN: 978-3-433-03243-5
ePDF ISBN: 978-3-433-60938-5
ePub ISBN: 978-3-433-60940-8
eMob ISBN: 978-3-433-60939-2
oBook ISBN: 978-3-433-60941-5

Vorwort zur 2. Auflage

Seit der Herausgabe der 1. Auflage der „Empfehlungen zu Dichtungssystemen im Tunnelbau EAG-EDT" des Arbeitskreises 5.1 „Kunststoffe in der Geotechnik und im Wasserbau" der Deutschen Gesellschaft für Geotechnik e. V. im Jahre 2005 ist die Entwicklung fortgeschritten. Es liegen neue Projekterfahrungen und Weiterentwicklungen vor. Im Jahr 2007 wurden für Straßentunnel die ZTV-ING Teil 5 Tunnelbau Abschnitt 5 Abdichtung mit den zugehörigen TL/TP KDB und TL/TP SD der Bundesanstalt für Straßenwesen (BASt) und im Jahr 2013 für Eisenbahntunnel die beiden für KDB-Dichtungssysteme relevanten Module 853.4101 und 853.4202 der Ril 853 der Deutschen Bahn AG eingeführt. Die Zusammenarbeit im AK 5.1 hat maßgeblich zu Vereinheitlichungen der Vorgaben für Bahn- und Straßentunnel beigetragen. Die nächsten Überarbeitungen von ZTV-ING und Ril 853 sind in naher Zukunft zu erwarten. Ebenso wurden seit Erscheinen der 1. Auflage die Bauproduktenrichtlinie durch die EU-Bauproduktenverordnung vom 9. März 2011 abgelöst sowie viele für die EAG-EDT relevante Normen überarbeitet. Die genannten Entwicklungen sind in die vorliegende 2. Auflage eingeflossen. Der im Jahr 2010 vom AK 5.1 veröffentlichte „Leitfaden für die Fachbauüberwachung von KDB-Abdichtungen im Tunnelbau FBÜ-KDB-T" wurde außerdem aktualisiert und in diese 2. Auflage der EAG-EDT integriert.

Für die zukünftige Fortschreibung der EAG-EDT nimmt die Untergruppe „UG 6 Tunnelbau" gerne Hinweise und Anregungen entgegen.

Leiterin der UG 6
Brummermann, Katrin, Dr.-Ing. M. A., BKB, Ronnenberg
(Stellvertretende Leiterin seit 2006, Leiterin seit 2007)

Stellvertretender Leiter der UG 6
Albers, Klaus, Dipl.-Ing., G quadrat Geokunststoffgesellschaft mbH, Krefeld (seit 2007)

Mitarbeiter:

Arth, Peter, Dipl.-Ing., vormals DB Netz AG, München
(bis 2006 Mitglied, bis 2011 Gast)

Asmus, Detlef, Dipl.-Ing., Limes GmbH, Lünen (2007 bis 2011)

Brem, Günther, Dr.-Ing., vormals Hochtief Construction AG, Frankfurt am Main (bis 2007)

Camós-Andreu, Carles, Dr., DB Netz AG, München (Gast seit 2016)

De Hesselle, Jörg, Dipl.-Ing., IBE Ingenieure GmbH + Co. KG, Hennef (Gast seit 2012)

Glück, Leopold, Dipl.-Ing., Sachverständiger für Kunststofftechnik, Martinsheim

Groten, Andreas, Dr.-Ing., vormals Bilfinger Berger Ingenieurbau GmbH, München (2008 bis 2013)

Gust, Hans, Dipl.-Ing., G quadrat Geokunststoffgesellschaft mbH, Krefeld (Gast seit 2013)

Haack, Alfred, Prof. Dr.-Ing., vormals STUVA e. V. (von 2006 bis zum Ausscheiden 2007 Leiter der UG 6)

Kaundinya, Ingo, Dipl.-Ing., Bundesanstalt für Straßenwesen (BASt), Bergisch Gladbach

Kessler, Dominik, Dipl.-Ing., STUVAtec GmbH, Köln (seit 2007)

Kirschke, Dieter, Prof. Dr.-Ing., Prof. Dr.-Ing. Kirschke GmbH & Co. KG, Ettlingen

Klonsdorf, Günter, Dipl.-Ing., BUNG Ingenieure AG, Heidelberg

Kopp, Bernd, Dipl.-Ing., vormals Naue Sealing, dann G quadrat Geokunststoffgesellschaft mbH, Krefeld (bis 2011)

Krahberg, Sven, Dipl.-Ing., GSE Lining Technology GmbH, Hamburg

Lemke, Stefan, Dipl.-Ing., Renesco Group (vormals Sika Schweiz AG), Schweiz

Mähner, Dietmar, Prof. Dr.-Ing., Fachhochschule Münster, Münster (seit 2008)

Mämpel, Hans, IMM Maidl & Maidl Beratende Ingenieure GmbH & Co. KG, Bochum (seit 2007)

Meissner, Marc, M.BC., Dipl.-Ing., Naue GmbH & Co. KG, Bückeburg (2009 bis 2016)

Mohr, Peter, Dipl.-Ing., Geotex Ingenieurgesellschaft, München (bis 2016)

Naewe, Matthias, Dipl.-Ing., BUNG Ingenieure AG, Köln (Gast seit 2010)

Saathoff, Fokke, Prof. Dr.-Ing., Universität Rostock, Rostock

Schälicke, Hendrik, Dipl.-Ing., Prof. Dr.-Ing. Kirschke GmbH & Co. KG, Ettlingen (Gast seit 2010, Mitglied seit 2011)

Schlegel, Stephan, Dipl.-Ing., Hochtief Infrastructure GmbH, Frankfurt (seit 2007)

Schuck, Winfried, Dipl.-Ing., DB Netz AG, München

Vollmann, Götz, Dr.-Ing., Ruhr-Universität Bochum, Bochum (Gast seit 2009, Mitglied seit 2012)

Wiesmeier, Ludwig, Dipl.-Ing. DB Netz AG, München (Gast, seit 2014 bis 2016)

Witolla, Christian, Dipl.-Ing., Ingenieurbüro Geoplan GmbH, Neukirchen-Vluyn (seit 2006 bis 2016)

In der Redaktionsgruppe für die 2. Auflage der EAG-EDT arbeiteten außer der Leiterin der UG 6 auch Dipl.-Ing. Hans Gust von der G quadrat Geokunststoffgesellschaft mbH, Prof. Dr.-Ing. Frank Heimbecher von der Fachhochschule Münster, Dipl.-Ing. Dominik Kessler von der STUVAtec GmbH, Dipl.-Ing. Hendrik Schälicke von der Prof. Dr.-Ing. Kirschke GmbH & Co. KG sowie Dipl.-Ing. Catrin Tarnowski von der GSE Lining Technology GmbH mit.

Die UG 6 dankt der Untergruppe 7 „Langzeitbeständigkeit" des Arbeitskreises 5.1 unter der Leitung von Dr. Hartmut Schröder, BPHS Consulting, Berlin, und Dr. Daniela Robertson, vormals Bundesanstalt für Materialforschung und -prüfung (BAM), Berlin, für ihre Unterstützung und Mitarbeit an diesen Empfehlungen.

Dank gebührt neben den genannten Personen auch allen weiteren Fachkollegen, die außerhalb des Arbeitskreises beratend an der Erarbeitung der neuen Auflage der Empfehlungen mitgewirkt haben

Im Juni 2017

Prof. Dr.-Ing.	Dr.-Ing. M. A.	Prof. Dr.-Ing.
Fokke Saathoff	Katrin Brummermann	Martin Ziegler
Obmann AK 5.1	Leiterin der	Leiter der Fachsektion
	Untergruppe 6	„Kunststoffe in der
		Geotechnik"

Ernst & Sohn
A Wiley Brand

Das Standardwerk im Grundbau!

Hrsg.: Karl Josef Witt
Grundbau-Taschenbuch
Teile 1–3
8., vollst. überarb. u. aktualis. Auflage
Dezember 2017. ca. 2.720 Seiten
ca. € 483,–*
ISBN 978-3-433-03154-4
Auch als 📖book erhältlich

BUNDLE-SET 📖books + Print!
Grundbau-Taschenbuch Teile 1 – 3
ca. € 659,–
ISBN: 978-3-433-03214-5

Online Bestellung:
www.ernst-und-sohn.de

Das Grundbau-Taschenbuch hat seit über 60 Jahren zum Ziel, Entwicklungen, neue Erfahrungen und Erkenntnisse, aktuelle Berechnungs- und Nachweismethoden für die Belange der Baupraxis umfassend zusammenzutragen und transparent zu vermitteln. Das Werk umfasst drei Bände und behandelt geotechnische Grundlagen, geotechnische Verfahren und Gründungen.

Der erste Band deckt die geotechnischen Grundlagen ab, die physikalischen Eigenschaften von Boden und Fels, ihre Ermittlung und Bewertung, ihre Berücksichtigung in Stoffgesetzen und in konventionellen sowie numerischen Berechnungsmethoden.

Der zweite Band enthält die geotechnischen Verfahren des Erdbaus, zur Verbesserung und Stabilisierung des Baugrunds, zur Sicherung von Bauwerken sowie zur Herstellung von Ankern, Pfählen und Abdichtungen. Besondere Aufgabenstellungen wie die Grundwasserhaltung und spezielle Anwendungsgebiete wie der Einsatz von Geokunststoffen im Erd- und Grundbau werden ebenfalls behandelt.

Der dritte Band gibt einen Überblick über die verschiedensten Aufgaben im Grundbau. Neben den Flachgründungen werden Pfahlgründungen, Gründungen im offenen Wasser und in Bergbaugebieten behandelt. Weitere Schwerpunkte sind die Sicherung von Baugruben, Spundwände, Pfahl-Schlitz- und Dichtwänden sowie Stützwände und konstruktive Hangsicherungen. Neu hinzugekommen ist ein Kapitel zum geotechnischen Erdbebenwesen und Erschütterungsschutz.

Ernst & Sohn
Verlag für Architektur und technische
Wissenschaften GmbH & Co. KG

Kundenservice: Wiley-VCH
Boschstraße 12
D-69469 Weinheim

Tel. +49 (0)6201 606-400
Fax +49 (0)6201 606-184
service@wiley-vch.de

* Der €-Preis gilt ausschließlich für Deutschland. Inkl. MwSt. zzgl. Versandkosten. Irrtum und Änderungen vorbehalten. 1029196_dp

Vorwort zur 1. Auflage

Der Arbeitskreis AK 5.1 „Kunststoffe in der Geotechnik und im Wasserbau" der Deutschen Gesellschaft für Geotechnik (DGGT) wurde im Jahre 1972 durch Prof. Dr.-Ing. F.-F. Zitscher gegründet und wird heute in einer eigenen Fachsektion der DGGT „Kunststoffe in der Geotechnik" geführt. Von 1993 bis 2002 stand der Arbeitskreis unter der Leitung von Prof. Dr.-Ing. habil. Sören Kohlhase. Seit Mai 2002 leitet Dr.-Ing. Fokke Saathoff diesen Arbeitskreis.

Die Geokunststoffanwendungen mit den Funktionen Trennen, Filtern, Dränen, Verpacken, Dichten und Schützen werden in mehreren Untergruppen im AK 5.1 behandelt.

Bereits 1997 hat die Untergruppe UG 6 des AK 5.1 die „Empfehlungen Doppeldichtung Tunnel, EDT" für die Abdichtung hochbeanspruchter Tunnelbauwerke veröffentlicht. Inzwischen sind bauherrenseitig die Regelwerke zur Abdichtung im Tunnelbau weiterentwickelt und dabei auch Vorgaben für eine stärkere Differenzierung des Systemaufbaus je nach Beanspruchungsgrad vorgenommen worden. Um die Entwicklung der Abdichtung im Straßen- und im Eisenbahntunnelbau auf ein einheitliches Anforderungsniveau zu heben und dafür die Grundlagen zu erarbeiten, wurde aus der Praxis die Forderung nach neuen, umfassenden Empfehlungen für die verschiedenen Dichtungssysteme im Tunnel- und Stollenbau gestellt. Belange des verbesserten Bauwerkschutzes, der Einbausicherheit und nicht zuletzt des Umweltschutzes sollten dabei berücksichtigt werden. In jüngster Vergangenheit erlangten zudem die Europäischen Normen und im Zusammenhang damit neue Regelungen zur Qualitätssicherung für die Anwendung von Geokunststoffen im Tunnelbau ihre Gültigkeit. Die Auswirkungen waren in Einklang mit den nationalen Bedürfnissen zu bringen. Weiterhin galt es Erkenntnisse aus den letzten großen Tunnelobjekten und anwendungsbezogene Forschungserkenntnisse zu berücksichtigen. Der AK 5.1 hat erneut die UG 6 mit dieser Aufgabe betraut.

Fachleute aus der Geokunststoffe erzeugenden Industrie, Vertreter von Ingenieurbüros, unabhängigen Instituten, Universitäten sowie Mitarbeiter von Behörden, Bauherrenseite und Vertreter von Bauunternehmungen und von Fachverlegern wurden um Unterstützung gebeten. Es wurde besonders darauf geachtet, eine anwendungsübergreifende personelle Zusammensetzung dieser Untergruppe aus den Anwendungsbereichen Straßen- und Eisenbahntunnelbau zu erzielen.

Die vorliegenden Empfehlungen zu Dichtungssystemen im Tunnelbau, EAG-EDT, dokumentieren den Stand der Technik im Juni 2005 bei der

Abdichtung mit Geokunstoffen im Tunnel- und Stollenbau und sollen Bauherren, Planern und Anwendern als orientierender Leitfaden dienen. Je nach Fragestellung hat sich neben den Mitgliedern der UG 6 eine Reihe von Fachkollegen an der Erarbeitung beteiligt. Folgende Damen und Herren haben mitgearbeitet:

Leiter der UG 6
Schlütter, Aloys Dipl.-Ing., Kempen

Stellvertretender Leiter der UG 6
Haack, Alfred Prof. Dr.-Ing., STUVA Köln

Mitarbeiter

Albers, Klaus Dipl.-Ing., G quadrat, Krefeld

Arth, Peter Dipl.-Ing., Deutsche Bahn AG, München

Brem, Günther Dr.-Ing., Hochtief Construction AG, Frankfurt am Main

Brummermann, Katrin Dr.-Ing., Institut für Baustoffe der Universität Hannover

Cappelletti, Riccardo Dipl.-Ing., Sachseln/Schweiz (ausgeschieden 2001)

Glück, Leopold Dipl.-Ing., Sachverständiger für Kunststofftechnik, Martinsheim

Haueter, Adrian Dipl.-Ing., Sarnafil International AG, Sarnen/Schweiz

Heimbecher, Frank Dr.-Ing., Bundesanstalt für Straßenwesen, Bergisch-Gladbach

Kirschke, Dieter Prof. Dr.-Ing., Beratender Ingenieur für Felsmechanik und Tunnelbau, Ettlingen

Kopp, Bernd Dipl.-Ing., Naue Sealing, Kempen

Kuhnhenn, Karl Dr.-Ing., BUNG Beratende Ingenieure, Heidelberg

Lemke, Stefan Dipl.-Ing., Sika Schweiz AG, Widen/Schweiz

Mohr, Peter Dipl.-Ing., Geotex Ingenieurgesellschaft, München

Murray, Howard Dipl.-Ing., Polyfelt Deutschland GmbH, Dietzenbach

Roder, Christian Dipl.-Ing., Bundesanstalt für Straßenwesen, Bergisch-Gladbach

Saathoff, Fokke Dr.-Ing., BBG Bauberatung Geokunststoffe, Espelkamp

Schuck, Winfried Dipl.-Ing., Deutsche Bahn AG, München

Dank gebührt neben den genannten Personen allen weiteren Fachkollegen, die außerhalb des Arbeitskreises beratend an der Erarbeitung dieser Empfehlungen mitgewirkt haben, sowie Sascha Herfert, BBG Bauberatung Geokunststoffe, für die Anfertigung der Zeichnungen.

Es ist beabsichtigt, die Empfehlungen der Aktualität folgend fortzuschreiben. Hierzu nimmt der AK 5.1 gerne Anregungen entgegen.

Im Oktober 2005

Dr.-Ing. Fokke Saathoff   Dipl.-Ing. Aloys Schlütter
Obmann AK 5.1   Leiter UG 6

Univ.-Prof. em. Dr.-Ing. Dr.-Ing. E.h. Rudolf Floss
Leiter der Fachsektion „Kunststoffe in der Geotechnik"

LINING SYSTEMS

DAUERHAFTER KORROSIONSSCHUTZ FÜR TUNNELBAUWERKE

BESTER KORROSIONSSCHUTZ
- Schutz der Betoninnenschale vor aggressiven Bergwässern

GESUNDHEITS- / UMWELTFREUNDLICH
- Weichmacherfreies PE-VLD für bedenkenloses Schweißen

ONE STOP SHOPPING
- Tunnelbahnen, Fugenbänder, Drainagerohre, Rondellen

GEPRÜFTE QUALITÄTSPRODUKTE
- Tunnelbahnen erfüllen viele länderspezifische Zulassungen

HOHE LIEFERFÄHIGKEIT
- Weltweites Vertriebsnetz, hohe Kapazitäten

O agru

The Plastics Experts

AGRU Kunststofftechnik GmbH
Ing.-Pesendorfer-Straße 31
4540 Bad Hall, Österreich

T. +43 7258 7900
F. +43 7258 790 - 2850
sales@agru.at

www.agru.a

Inhaltsverzeichnis

XVIII

1 Einführung

Die Anforderungen an die Konstruktion von unterirdischen Bauwerken sind hoch und erfordern einen großen Aufwand hinsichtlich Planung und Ausführung. Für solche Bauwerke gilt eine Nutzungsdauer von mindestens 100 Jahren. Außerdem soll der Instandhaltungsaufwand kalkulierbar und möglichst gering sein. Eine wichtige Voraussetzung zur Erreichung dieser Ziele ist der ausreichende Feuchtigkeitsschutz gegen Bergwasser. Die Abdichtung schützt in unterirdischen Bauwerken das Tragwerk und die zum Teil empfindlichen Einbauten vor Feuchtigkeit und gewährleistet ein hohes Maß an Verfügbarkeit.

War in der Vergangenheit der Feuchtigkeitsschutz durch den bevorzugten Einsatz von Sickerwasserabdichtungen vergleichsweise problemlos auszuführen, verlangt die zunehmend geforderte druckwasserhaltende Abdichtung einen spürbar höheren Aufwand für Systemausbildung und Qualität. Vielerorts stimmen die Genehmigungsbehörden einer dauerhaften Absenkung des Bergwasserspiegels nicht mehr oder nur noch mit erheblichen Auflagen zu. In solchen Fällen wird die druckwasserhaltende Abdichtung zur bevorzugten Bauart. Bei sehr hohen Wasserdrücken (z. B. in alpinen Regionen) oder in stark wasserführenden Gebirgsformationen (z. B. im Karst) ist allerdings eine Voll- oder Teilentspannung des Wasserhorizonts aus statischen Gründen meist unvermeidbar.

Die bergmännisch herzustellenden Bauwerke werden überwiegend in zweischaliger Bauweise mit Spritzbetonsicherung außen und tragfähiger Innenschale errichtet (geschlossene Bauweise). Die Kunststoffdichtungsbahnen (KDB) werden zwischen Spritzbeton und Innenschale angeordnet. Bei druckwasserhaltenden Tunneln sollte die Innenschale zumindest so weit wasserundurchlässig hergestellt werden, dass sie in abdichtungstechnischer Hinsicht als Reservesystem zur Verfügung steht oder als solches ertüchtigt werden kann. Hierzu werden die Blockfugen der Innenschale mit außenliegenden Fugenbändern abgedichtet. Mit Tunnelvortriebsmaschinen aufgefahrene Tunnel werden in Deutschland bevorzugt durch einschaligen Tübbingausbau wasserdicht hergestellt. Sie können allerdings auch zweischalig mit einer dazwischenliegenden KDB-Abdichtung ausgebildet werden. Druckwasserhaltende KDB-Abdichtungen in Querschlägen müssen mit einem geeigneten Abdichtungsübergang an den einschaligen Tübbingausbau angeschlossen werden.

In offener Bauweise erstellte Tunnel werden in der Regel als wasserundurchlässige Betonkonstruktion (WUB-Konstruktion) ausgebildet. Bei

Empfehlungen zu Dichtungssystemen im Tunnelbau EAG-EDT, 2. Auflage.
Deutsche Gesellschaft für Geotechnik (Hrsg.).
© 2018 Ernst & Sohn GmbH & Co. KG. Published 2018 by Ernst & Sohn GmbH & Co. KG.

stark betonangreifendem Sickerwasser muss eine KDB-Abdichtung vorgesehen werden.

Die Ausbildung der Dichtungssysteme richtet sich nach dem Beanspruchungsgrad durch Wasserdruck und durch chemischen Betonangriff des Bergwassers. Die Ausführung reicht in der Regel von Regenschirmabdichtungen (KDB-Dicke 2 mm) bis zu druckhaltenden Rundumabdichtungen (KDB-Dicke 3 mm). In seltenen Fällen kommen doppellagige KDB-Dichtungssysteme oder 4 mm dicke Kunststoffdichtungsbahnen zum Einsatz.

Soll bei dränierten Tunneln eine dauerhafte Belastung des Ausbaus vermieden werden, muss ein besonderes Augenmerk auf die dauerhafte Funktionstüchtigkeit der Dränung gelegt werden.

Die Empfehlungen des Arbeitskreises Geokunststoffe zu Dichtungssystemen im Tunnelbau (EAG-EDT) behandeln die KDB-Abdichtungen in unterirdischen Bauwerken. Doppellagige KDB-Abdichtungen werden zwar nur selten ausgeführt, aber zum Erhalt der damit gewonnenen Erfahrungen in dieser 2. Auflage der EAG-EDT ebenfalls behandelt. Die Empfehlungen bieten einen umfassenden Einblick in technische Zusammenhänge, Detailkonstruktionen und laufende Entwicklungen. Die EAG-EDT sollen allen am Bauwerk Beteiligten deutlich machen, dass die Herstellung des Dichtungssystems nur dann erfolgreich gelingen kann, wenn das funktionsgerechte Zusammenwirken mit den angrenzenden Gewerken sichergestellt ist sowie eine konsequente Qualitätssicherung der Produkte und der Bauausführung durchgeführt wird.

Die Anforderungen der relevanten, aktuell gültigen harmonisierten europäischen Normen in Verbindung mit der Europäischen Bauproduktenverordnung (BauPVo, 2011) an die Produktion von Geokunststoffen und deren Überwachung werden in den Produktanforderungen und bei der Qualitätssicherung berücksichtigt. Für Geokunststoffe fordern die harmonisierten europäischen Normen nur die Fremdüberwachung der Produktion ohne Produktprüfungen, die Produkte selbst werden lediglich durch eine werkseigene Produktionskontrolle (WPK) überwacht. Umso größere Bedeutung gewinnen daher die Produktprüfungen im Rahmen der Qualitätssicherungsmaßnahmen der Bauausführung. Der Einbau der Geokunststoffe wird in den harmonisierten europäischen Normen nicht behandelt. Daher ist die konsequente und qualifizierte Überwachung der fachgerechten Ausführung der KDB-Abdichtungen und der abdichtungsrelevanten angrenzenden Gewerke sehr wichtig.

Im Kapitel 2 der vorliegenden Empfehlungen werden zunächst Grundlagen behandelt und die verwendeten Benennungen definiert. Kapitel 3 geht auf die Entwurfsgrundsätze von KDB-Abdichtungen und ihrer einzelnen Abdichtungselemente ein. Kapitel 4 enthält die Produktanforderungen an die Abdichtungselemente und die Systemanforderungen und gibt erläuternde Hinweise zu den anzuwendenden Prüfverfahren. Hinweise zum Einbau der KDB-Abdichtungen und der für die Abdichtung relevanten angrenzenden Gewerke sind im Kapitel 5 zusammengestellt. Kapitel 6 befasst sich mit der Qualitätssicherung, gefolgt von einer Zusammenfassung mit Ausblick im Kapitel 7. Kapitel 8 enthält den Quellennachweis. Zur Veranschaulichung ergänzen im Kapitel 9 Fallbeispiele diese Empfehlungen.

2 Grundlagen und Benennungen

2.1 Erfahrungen

Die ursprünglich im Tunnelbau bevorzugten Lösungen mit Ableitung des Bergwassers über Entwässerungsleitungen zum Portal ermöglichten in vielen Fällen Tunnelquerschnitte in Hufeisenform mit Sohlplatte, da sich hierbei bei funktionsfähiger Entwässerung kein Wasserdruck aufbauen kann. Lediglich in wenig tragfähigem oder veränderlich festem Gebirge und/oder bei nicht abbaubarem Wasserdruck wurden mit Sohlgewölbe ausgestattete und rundum abgedichtete Querschnitte vorgesehen.

Negative Erfahrungen mit versinternden und damit sehr wartungsintensiven Entwässerungseinrichtungen sowie die zunehmende Tendenz zur Ablehnung dauerhafter Absenkungen des Bergwasserspiegels durch die Genehmigungsbehörden führten zu neuen Überlegungen hinsichtlich der Abdichtungs- und Entwässerungskonzeptionen von Tunnelbauwerken.

Wo auch zukünftig eine Ableitung des Bergwassers sinnvoll und wasserwirtschaftlich zulässig ist, sollte eine leistungsfähige, wenig anfällige und wartungsfreundliche Tunnelentwässerung eingebaut werden. Zur Verringerung der Versinterungsneigung werden Entwässerungseinrichtungen mit ausreichend großen Rohrdurchmessern sowie Teilsickerrohre mit ausreichend großer Schlitzweite für den Wasserzutritt und mit glatter Fließsohle verwendet (Richtlinie RI-BWD-TU für Straßentunnel (BASt, 2007)). Im Gegensatz dazu wurden beispielsweise alle Eisenbahntunnel der Neubaustrecke Köln–Rhein/Main (1995–2003) ohne Entwässerung mit druckwasserhaltender Abdichtung und geschlossenem Tunnelquerschnitt ausgeführt.

Aufgrund von Schäden bei KDB-Abdichtungen wurden Systemmodifikationen entwickelt, z. B. blockweise Abschottung und Verpresssysteme, die gezielte Nachbesserungsmaßnahmen ermöglichen.

In Tunnelabschnitten, in denen nur ausnahmsweise der Bemessungswasserdruck überschritten wird und deshalb eine Bemessung auf Maximaldruck sehr unwirtschaftlich wäre, oder bei wenig durchlässigem Gebirge mit nur geringem Wasserzulauf zum Tunnel können die Teilabsenkung des Bergwasserspiegels und eine damit einhergehende Druckreduzierung sinnvoll sein. Dies kann mit einer Teilentspannung über Öffnungen in der Innenschale und im Tunnelinneren verlegte Druckleitungen erreicht werden.

Bei der Systemauswahl und Baudurchführung sind die Wechselwirkungen zwischen Bergwasser und Dichtungssystem zu berücksichtigen. Folgende Fälle können beispielsweise auftreten:

Empfehlungen zu Dichtungssystemen im Tunnelbau EAG-EDT, 2. Auflage.
Deutsche Gesellschaft für Geotechnik (Hrsg.).
© 2018 Ernst & Sohn GmbH & Co. KG. Published 2018 by Ernst & Sohn GmbH & Co. KG.

- Die vorübergehende Absenkung des Bergwasserspiegels während der Bauzeit ist ohne besondere Probleme durchführbar und wird durch Verschließen der temporären Entwässerungs- oder Absenkeinrichtungen wieder aufgehoben.

- Im Gebirge existiert eine undurchlässige Schicht über dem Tunnelscheitel, sodass das darunter anstehende Bergwasser entspannt werden kann und das darüber befindliche Grundwasserstockwerk unbeeinflusst bleibt. Nach Fertigstellung des Tunnels wird die Absenkmaßnahme im unteren Stockwerk beendet und die ursprünglichen Verhältnisse stellen sich wieder ein.

- In bestimmten Fällen kann es sinnvoll und notwendig sein, nach dem Wiederanstieg des Bergwassers die durch den Tunnel verursachte Entwässerung an den Portalen durch Gebirgsabschottungen zu unterbinden.

- Bei wechselnder Lage des Bergwasserspiegels und Speicherkapazität im Gebirge über dem Tunnel kann sich die Notwendigkeit ergeben, zwischen Bereichen mit unterschiedlichen hydrogeologischen Verhältnissen eine Abschottung – einen sogenannten Dammring – einzubauen. Dadurch können beispielsweise nicht druckwasserhaltend abgedichtete von druckwasserhaltend abgedichteten Tunnelabschnitten getrennt werden.

- Der chemische Angriff hängt vom Chemismus des Bergwassers, der durch das umgebende Gebirge beeinflusst wird, sowie von der Zusammensetzung des Spritzbetons ab. Wenn bei starkem chemischem Angriff die Kunststoffdichtungsbahn beschädigt wird und Leckwasser zutritt, dient die Abschottung der Blockfugen mit außenliegenden Fugenbändern dem Schutz der Betonkonstruktion; sie verhindert das Nachfließen aggressiven Bergwassers.

- Hohe oder niedrige Temperaturen des umgebenden Bergwassers und Temperaturschwankungen sind zu berücksichtigen.

Gebirgsverformungen oder Spannungsumlagerungen können zu erhöhten Beanspruchungen des Bauwerks und seiner Abdichtung führen.

Bei in offener Bauweise erstellten Bauwerken sind WUB-Konstruktionen die Regelbauweise.

2.2   Kostenübersicht

Der Kostenaufwand für die KDB-Abdichtung unterirdischer Bauwerke richtet sich nach der Art des jeweils erforderlichen Dichtungssystems. Für in geschlossener Bauweise erstellte Tunnel können die in Tabelle 2.1 ge-

6

Tabelle 2.1 Erfahrungswerte der Kosten für KDB-Abdichtungen in Abhängigkeit von der Art des Dichtungssystems (geschlossene Bauweise).

Nr.	Art des Dichtungssystems	Abdichtungskosten (Erfahrungswerte) in % der Gesamt- rohbaukosten
1	Sickerwasserabdichtung ohne besondere Dränung	2,5 bis 3
2	Sickerwasserabdichtung mit Dränung	3 bis 3,5
3	einlagige druckwasserhaltende KDB-Abdichtung	4 bis 5
4	doppellagige druckwasserhaltende KDB-Abdichtung	bis 10

nannten Erfahrungswerte für die anteiligen Kosten eingebauter Dichtungssysteme angenommen werden. Die KDB-Abdichtung für in offener Bauweise erstellte Tunnelbauwerke ist etwas kostengünstiger.

Durch Schäden in der KDB-Abdichtung fallen erhebliche Zusatzkosten für Nachbesserungsarbeiten an. Der Schadensumfang wächst grundsätzlich überproportional mit dem Wasserdruck. Diese Zusatzkosten können durch geeignete, vergleichsweise kostengünstige Qualitätssicherungsmaßnahmen deutlich verringert werden.

Es wird empfohlen, bereits in der Planungsphase eine gesamtheitliche Kostenbetrachtung unter Berücksichtigung der Baukosten (inkl. Qualitätssicherung und ggf. Nachbesserung) sowie der Kosten für Wartung und Instandhaltung vorzunehmen. Die vergleichsweise hohen Kosten für die doppellagige Abdichtung sind unter diesem Aspekt zu werten.

2.3 Verwendete Benennungen

In den EAG-EDT werden insbesondere Fachausdrücke bzw. Benennungen aus dem Tunnelbau und der Abdichtungstechnik verwendet. Um Missverständnisse bei den beteiligten Fachleuten auszuschließen, werden nachfolgend einige wesentliche in der EAG-EDT verwendete Benennungen definiert. Kursiv gedruckte Begriffe in den Definitionen sind ihrerseits definiert.

Abdichtung

Eine Abdichtung ist eine bauliche Maßnahme zum Schutz von *Bauwerken* gegen das Eindringen von *Bergwasser*. Sie kann z. B. als *KDB-Abdichtung* oder durch Ertüchtigung der *Betonkonstruktion* gegen das Durchsickern von *Bergwasser* als *WUB-Konstruktion* ausgeführt werden. Man unterscheidet Abdichtungen gegen nichtdrückendes und drückendes Wasser.

7

Abdichtungsträger

Der Abdichtungsträger ist die Oberfläche, auf der die *Abdichtung* montiert wird:

- Bei in *geschlossener Bauweise* erstellten zweischaligen Tunneln die luftseitige Oberfläche der Spritzbetonschale, für die besondere Anforderungen an die Ebenheit und Oberflächenrauigkeit gelten.
- Bei in *offener Bauweise* erstellten *Bauwerken* die bodenseitige Bauwerksoberfläche.

Anschlussband

→ *Profilband*

Anschlusselement

→ *Einbauteil*

Auftragnehmer

Als Auftragnehmer wird in den EAG-EDT der Vertragspartner des *Bauherrn*, z. B. der Generalunternehmer oder eine Arbeitsgemeinschaft, bezeichnet.

Außenliegendes Fugenband

→ *Profilband*

Bahnenzuschnitt

Bahnenzuschnitte sind abgetrennte Teilflächen aus *Kunststoffdichtungsbahnen*, die zum Ausgleich geometrischer Abweichungen in der Abdichtungsfläche oder zur Reparatur schadhafter Stellen dienen.

Bauherr

Der Begriff Bauherr wird in den EAG-EDT stellvertretend für die üblicherweise benutzte Benennung Auftraggeber verwendet, um Verwechslungen z. B. im Innenverhältnis zwischen dem Abdichtungsunternehmer und dem Generalunternehmer (*Auftragnehmer*) zu vermeiden.

Baustoffeingangsprüfung (BEP)

→ *Produktnachweise*

8

Bauwerk

Unter diesem Begriff werden in den EAG-EDT alle unterirdischen Bauwerke verstanden, wie z. B. in *geschlossener* oder *offener Bauweise* erstellte Tunnel, Schächte, Stollen, Kavernen usw. Soweit Regelungen insbesondere für Tunnel gelten, wird die Benennung „Tunnel" anstelle von „Bauwerk" verwendet.

Befestigungssystem/-element

Montagehilfe mit temporärer Funktion zur Befestigung von Abdichtungselementen.

Bergmännische Bauweise

Herstellung eines Bauwerks in *geschlossener Bauweise* durch Sprengen, Baggern oder Fräsen (im Gegensatz zum Bohrvortrieb).

Bergwasser

Sammelbegriff für stehendes und fließendes Wasser im *Gebirge* (z. B. Kluft-, Poren-, Grund- und Sickerwasser).

Betonkonstruktion

Der Begriff Betonkonstruktion wird als Bezeichnung für die Konstruktion der äußeren Umschließung der *Bauwerke* verwendet. Die Betonkonstruktion erfüllt Tragwerks- und ggf. auch Abdichtungsfunktionen ($\rightarrow$ *WUB-Konstruktion*). Bei in *geschlossener Bauweise* erstellten *Bauwerken*, insbesondere bei Tunneln mit zweischaligem Ausbau, wird dafür der Begriff *Innenschale* verwendet. Im maschinellen Vortrieb hergestellte Tunnelbauwerke erhalten einen Ausbau aus vorgefertigten Betonelementen (Tübbings) mit oder ohne *Innenschale*.

Chemischer Betonangriff durch das Bergwasser

Nach DIN-Fachbericht 100 bzw. DIN EN 206-1 und DIN 1045-2 werden folgende betonangreifende Umgebungen und zugehörige Expositionsklassen unterschieden:
- schwach angreifend = Expositionsklasse XA1
- mäßig angreifend = Expositionsklasse XA2
- stark angreifend = Expositionsklasse XA3

Dichtigkeitsklasse

Anforderung, mit der festgelegt ist, ob und inwieweit die innere Bauwerksoberfläche (Laibung) bergwasserbedingt Feuchtigkeit oder Nässe aufweisen darf. Bei der höchsten Anforderung, die nur mittels einer voll funktionsfähigen *KDB-Abdichtung* erreicht werden kann, ist keinerlei bergwasserbedingte Feuchtigkeit erlaubt. Für die einzelnen Klassen sind die Einstufungskriterien in der Richtlinie 853 „Eisenbahntunnel planen, bauen und instand halten" der Deutschen Bahn AG (Ril 853) bzw. in den Zusätzlichen Technischen Vertragsbedingungen und Richtlinien für Ingenieurbauten (ZTV-ING) festgelegt.

Dichtungssystem

Alle Elemente, mit deren Hilfe die Bauwerksabdichtung erreicht werden soll.

Doppeldichtung

→ *Doppellagige KDB-Abdichtung*

Doppellagige KDB-Abdichtung

Rundumabdichtung aus doppellagig verlegten *Kunststoffdichtungsbahnen*, die aus prüf- und (bedarfsweise) verpressbaren *Kammerelementen* besteht. Sie wird auch Doppeldichtung genannt.

Dränelement

Dränelemente dienen dazu, zwischen der *Betonkonstruktion/Innenschale* des *Bauwerks* und dem umgebenden *Gebirge* planmäßig Hohlräume dauerhaft freizuhalten, in denen das an der Bauwerksoberfläche zudringende *Bergwasser* den in der Regel in der Bauwerkssohle angeordneten Dränageleitungen zufließen kann. Es wird unterschieden zwischen Bauteilen zur *Flächendränung* und Dränageleitungen. Dränrohre mit Schlitzen dienen zugleich dem Fassen und Ableiten. Sie gehen im Tunnelinneren in Sammelleitungen zum Ableiten ohne Dränfunktion über.

Dräniertes Bauwerk/dränierter Tunnel

Bauwerk bzw. Tunnel mit planmäßiger Abführung des zufließenden Bergwassers mit dem Ziel, eine Belastung des Ausbaus und der Abdichtung durch Wasserdruck zu vermeiden (im Gegensatz zum *druckwasserhaltenden Tunnel*). Die dauernde Wasserentnahme ist häufig mit der Absenkung eines von Natur aus höheren Wasserspiegels auf das Bauwerks-/Tunnelniveau verbunden.

→ *Dränung, Entspannung/Teilentspannung, Dränelement, Flächendränung*

Dränung

Gesamtheit der baulichen Maßnahmen zum kontrollierten Fassen und Abführen von Bergwasser. Im Tunnelbau wird durch Dränung der Aufbau von Wasserdruck auf das Bauwerk verhindert oder verringert.

→ *Dräniertes Bauwerk/dränierter Tunnel, Entspannung/Teilentspannung, Dränelement, Flächendränung*

Druckwasserhaltende Abdichtung

Abdichtung, die das *Bauwerk* rundum gegen Bergwasser abdichtet, wenn ein Sickerwasseraufstau über die Bauwerkssohle möglich ist oder der Bergwasserspiegel im Endzustand über der Bauwerkssohle liegt. Bei KDB-Abdichtungen spricht man auch von einer Rundumabdichtung.

Druckwasserhaltender Tunnel

Bei dauerhaft oder zeitweise oberhalb der Tunnelsohle befindlichem Bergwasserspiegel werden Tunnel druckwasserhaltend abgedichtet und für den Bemessungswasserdruck statisch bemessen (im Gegensatz zum *dränierten Tunnel*).

Eigenüberwachung der Bauausführung (EÜ-B)

Sie umfasst *Produktnachweise* und Überwachungen der Bauausführung und ist während der Abdichtungsarbeiten vom Auftragnehmer durch von ihm benannte qualifizierte und verantwortliche Personen aus seinem Unternehmen oder dem Abdichtungsunternehmen durchzuführen und hat den Nachweis zum Ziel, dass die Lagerung und Verarbeitung der verwendeten Produkte gemäß den Vorgaben des Produzenten erfolgen und die fertige Leistung dem Bauvertrag entspricht.

→ *Produktnachweise*

Eignungsprüfung

→ *Produktnachweise*

Einbauteil

Einbauteile sind besondere Konstruktionselemente, z. B. *Manschetten,* Klemmschienen oder Los/Festflanschkonstruktionen nach DIN 18195-9, zur Herstellung wasserdichter Anschlüsse, z. B. an Durchdringungen.

→ *Klemmvorrichtungen*

Einlagige KDB-Abdichtung

KDB-Abdichtung mit einer Lage *Kunststoffdichtungsbahn*

Elastomer

Sammelbegriff für chemisch oder physikalisch vernetzte Polymerwerkstoffe (Kunststoffe) mit gummielastischen Eigenschaften.

Entspannung/Teilentspannung

Vollständige oder teilweise Verminderung des Wasserdrucks auf das *Bauwerk* durch *Dränung*. Als Kompromiss zwischen vollständiger Dränung mit großer Bergwasserentnahme und gänzlichem Verzicht auf Dränung mit der Folge einer hohen Wasserdruckbelastung ist durch Regelung des Abflusses auch eine Teilentspannung bis zu einem bestimmten Bemessungswasserdruck möglich. Das Bergwasser wird in einem geschlossenen System durch die *Innenschale* hindurch über im Tunnelinneren verlegte Sammelleitungen abgeleitet.

Erstprüfung

→ *Produktnachweise*

Expositionsklasse

→ *Chemischer Betonangriff durch das Bergwasser*

First (Tunnelfirst)

Scheitelbereich eines unterirdischen Hohlraums bzw. Tunnels (Bild 3.1).

Flächendränung

Unter Flächendränung wird im Sinne der EAG-EDT die Fassung des an den Bauwerksoberflächen zudringenden *Bergwassers* und dessen Ableitung zu den in der Regel im Sohlbereich angeordneten Leitungen verstanden. Bei in *geschlossener Bauweise* erstellten Tunneln erfolgt die *Flächendränung* im *Ringspalt* zwischen *Gebirge* bzw. Spritzbetonschale und *Innenschale*, bei offener Bauweise zwischen KDB-Abdichtung und Erdstoff.

Fremdüberwachung der Produktion (FÜ-P)

→ *Produktnachweise*

Fugenband

→ *Profilband*

12

Gebirge

Natürlich entstandener Verband aus Festgesteinen und/oder aus Lockergesteinen (Boden).

Geokunststoff

Produkt mit mindestens einem Bestandteil aus synthetischem oder natürlichem Polymer in Form eines Flächengebildes, Streifens oder einer dreidimensionalen Struktur, das bei geotechnischen und anderen Anwendungen im Bauwesen in Kontakt mit Boden/*Gebirge* und/oder anderen Baustoffen verwendet wird. Unter diesen Oberbegriff fallen sowohl *Kunststoffdichtungsbahnen* als auch *Geotextilien* und *geotextilverwandte Produkte*.

Geotextil

Flächenhaftes, wasserdurchlässiges polymeres Textil, wie Vliesstoff, Gewebe, Maschenware und Verbundstoff.

Geotextilverwandtes Produkt

Flächenhafter, wasserdurchlässiger *Geokunststoff*, der nicht der Definition von *Geotextil* entspricht.

Geschlossene Bauweise

Unterirdische Bauweise ohne offene Baugrube zur Herstellung eines Untertagehohlraums (unterirdisches *Bauwerk*) im Gegensatz zur *offenen Bauweise* (vgl. auch *bergmännische Bauweise*).

Gewölbe

Gekrümmte Form des Tunnelquerschnitts (Bild 3.1). Man unterscheidet

– Kalottengewölbe: Nach oben über Kopf gewölbter Ausbau oberhalb der *Ulme*n

– *Ulme*ngewölbe: Nach den Seiten gewölbter Ausbau unterhalb des Kalottengewölbes

– Aufgehendes Gewölbe: Gesamter Gewölbebereich oberhalb des Sohlgewölbes ab der längslaufenden Arbeitsfuge (*Ulme*n- und Kalottengewölbe)

– Sohlgewölbe: Nach unten gewölbter Ausbau unterhalb des aufgehenden Gewölbes ab der längslaufenden Arbeitsfuge

13

Grundprüfung

→ *Produktnachweise*

Harmonisierte europäische Norm

Harmonisierte europäische Normen sind durch Mandat (Bauprodukten-verordnung) erteilte Normen mit Gesetzescharakter. Für den in den EAG-EDT behandelten Anwendungsbereich sind folgende Normen relevant:

- DIN EN 13491 für *Kunststoffdichtungsbahnen*
- DIN EN 13256 für geotextile *Schutzschichten*
- DIN EN 13252 für geotextile *Dränelemente*

Innenliegendes Fugenband

→ *Profilband*

Innenschale

Die Benennung Innenschale wird ausschließlich für in *geschlossener Bauweise* erstellte *Bauwerke* verwendet und ist grundsätzlich gleichbedeutend mit dem übergeordneten Begriff *Betonkonstruktion*.

Kammerelement

In den EAG-EDT wird darunter bei der *doppellagigen KDB-Abdichtung* eine in sich geschlossene dichte Kammer aus zwei Lagen *Kunststoffdichtungsbahnen* verstanden, die durch allseitige Schweißung hergestellt wird. Die rundum geschlossene Kammer entspricht in ihrer Wirkungsweise einem *Schottfeld* und kann im Falle einer Undichtigkeit verpresst werden. Das Kammerelement bietet im Bau- und Betriebszustand des Bauwerks die Möglichkeit einer Dichtigkeitsprüfung durch Vakuum.

Kalotte

→ *Gewölbe*

KDB-Abdichtung

Dichtungssysteme mit *Kunststoffdichtungsbahnen*. Dazu gehören *Kunststoffdichtungsbahnen, Schutzschichten*, ggf. *Dränelemente, Befestigungselemente, Profilbänder, Einbauteile, Verpresseinrichtungen* und geeignete *Abdichtungsträger* bzw. angrenzende Schichten.

Unterschieden werden:
- nach der Geometrie *Regenschirmabdichtungen* und *Rundumabdichtungen* (Bild 3.1)

14

– je nach den Bergwasserverhältnissen *Sickerwasserabdichtungen* und *druckwasserhaltende Abdichtungen*

– *einlagige* und *doppellagige KDB-Abdichtungen*

Klebbarer Anschlussstreifen

Anschlussstreifen, auch Tape genannt, der einerseits auf Beton klebbar und andererseits mit *Kunststoffdichtungsbahnen* verschweißbar ist

Klemmvorrichtungen

Klemmvorrichtungen *(Einbauteile)* sind Klemmschienen (einlagig) und Klemmflansche (doppellagig in Los-/Festflanschkonstruktionen) aus flanschartigen Metallprofilen, mit denen *Kunststoffdichtungsbahnen* unter Verwendung einer dauerelastischen Zwischenlage an die *Betonkonstruktion/Innenschale* angeschlossen werden.

Kombiniertes Dichtungssystem

Kombination aus zwei unterschiedlichen *Dichtungssystemen* in der Regel bei in *geschlossener Bauweise* erstellten *Bauwerken*, und zwar einer *Innenschale* als *WUB-Konstruktion* und einer bergseitig angeordneten *KDB-Abdichtung* als primäre Dichtung. Beim kombinierten Dichtungssystem werden in den Bauwerks- bzw. Blockfugen der *Innenschale*, abweichend vom Standard bei reinen *WUB-Konstruktionen*, *außenliegende Fugenbänder* anstelle von *innenliegenden* verwendet.

Kontrollprüfung

Kontrollprüfungen sind stichprobenhafte Prüfungen des Auftraggebers/ *Bauherrn* oder seiner Beauftragten, um festzustellen, ob die verwendeten Produkte und die damit erbrachte fertige Leistung den Anforderungen des Bauvertrags entsprechen. Die Ergebnisse können bei der Abnahme der fertigen Leistung berücksichtigt werden.

Kunststoffdichtungsbahn (KDB)

Kunststoffdichtungsbahnen sind Dichtungsbahnen aus einem thermoplastischen oder *elastomeren* Werkstoff oder aus Mischpolymerisaten dieser Werkstoffe mit einer Mindestdicke von 1 mm. Im Sinne der EAG-EDT gelangen ausschließlich thermoplastische *Dichtungsbahnen* ohne vernetzte Polymere in Materialdicken von 2 bis 4 mm zum Einsatz. Sie stellen das wesentliche Abdichtungselement bei *KDB-Abdichtungen* dar.

15

Kunststoffschutzbahn

Bahnen ohne Abdichtungsfunktion zum Schutz von *KDB-Abdichtungen* vor mechanischer Beanspruchung – im Regelfall aus gleichartigem Werkstoff wie die *Kunststoffdichtungsbahn*

Manschette

Einbauteile an Durchdringungen von *Kunststoffdichtungsbahnen* bei *Sickerwasserabdichtungen*. Sie werden entweder als polymere Spritzteile aus dem gleichen Werkstoff wie die *Kunststoffdichtungsbahn* vorgeformt oder aus *Bahnenzuschnitten* hergestellt. Die Manschetten werden mit der *Kunststoffdichtungsbahn* durch Schweißen gefügt und z. B. mit *Schellen* wasserdicht an den Durchdringungskörper angeschlossen.

Offene Bauweise

Bauweise zur Herstellung eines unterirdischen Bauwerks in einer offenen Baugrube im Gegensatz zur *geschlossenen Bauweise*

Produktnachweise

Durch Auftragnehmer zu liefernde Produktnachweise gemäß Bauvertrag und QS-Plan:

– **CE-Kennzeichnung und -Etikettierung:** Für europäisch geregelte Produkte geben Produzenten in den Leistungserklärungen charakteristische Werte aus werkseigenen Prüfungen (Erstprüfung und WPK) an – ohne Produktprüfungen in einem unabhängigen Prüflaboratorium.

– **Zertifizierung:** Zertifikatserteilung durch unabhängige Zertifizierungsstelle mit Feststellung der Übereinstimmung eines Produkts mit den geltenden Anforderungen der *harmonisierten europäischen Normen* aufgrund der Ergebnisse der *Erstprüfung* und Bewertung der Ergebnisse der Fremdüberwachung der Produktion.

– **Grundprüfung**: für europäisch nicht geregelte Produkte grundsätzlicher Nachweis mit Produktprüfungen in unabhängigem, akkreditierten Prüflaboratorium, dass Produkte die in diesen EAG-EDT oder in den Bauherrenregelwerken gestellten Anforderungen erfüllen; bei europäisch geregelten Produkten optional/freiwillig.

– **Eignungsprüfung:** Prüfung der Produkteignung für bestimmten Verwendungszweck in einem Tunnelprojekt, entspricht in der Regel der Grundprüfung, ggf. um projektspezifische Prüfungen ergänzt.

– **Fremdüberwachung der Produktion (FÜ-P):** für europäisch genormte Geokunststoffe Fremdüberwachung der Produktion nach „System 2+"

durch zugelassene Überwachungsstelle ohne stichprobenweise unabhängige Produktprüfung, für europäisch nicht geregelte Produkte und optional/freiwillig auch für europäisch geregelte FÜ-P mit unabhängiger Produktprüfung nach diesen EAG-EDT oder Bauherrenregelwerken.

- **Werkseigene Produktionskontrolle (WPK):** Eigenüberwachung des Produzenten bei der Produktion.

- **Baustoffeingangsprüfung (BEP):** Entnahme von Proben und Prüfung der geforderten Produkteigenschaften gemäß EAG-EDT oder Bauherrenregelwerk im Projektablauf, wenn für europäisch geregelte Produkte keine freiwillige Grundprüfung und freiwillige FÜ-P vorliegen

Profilband

Profilbänder sind bandförmige Abdichtungselemente mit ein- oder beidseitigen Profilierungen (Sperrankern). Die Dichtwirkung beruht auf der Einbettung der Sperranker in den Beton der *Innenschale*. Nach ihrer Funktion und Anordnung werden beidseitig profilierte innenliegende Fugenbänder nach DIN 18541 sowie einseitig profilierte, im Bild 4.2 dargestellte *außenliegende Fugenbänder* und *Anschlussbänder* unterschieden. Innenliegende Fugenbänder bestehen im Tunnelbau überwiegend aus Elastomeren und werden in der Regel mittig im Querschnitt von *WUB-Konstruktionen* eingebaut. *Außenliegende Fugenbänder* und *Anschlussbänder* im Sinne der EAG-EDT bestehen aus Thermoplasten und werden auf die *Kunststoffdichtungsbahn* geschweißt. Sie haben folgende Funktionen:

- *Außenliegende Fugenbänder* dienen der Abdichtung in der Blockfuge, der Abschottung und dem Schutz der Kunststoffdichtungsbahnen im Blockfugenbereich.

- *Anschlussbänder* dienen dem wasserdichten Anschluss von *Kunststoffdichtungsbahnen* an die *Betonkonstruktion/Innenschale* außerhalb des Fugenbereichs, z. B. als Anschluss im Übergang zu einer *WUB-Konstruktion* ohne *Kunststoffdichtungsbahnen*.

Regenschirmabdichtung

KDB-Abdichtung im aufgehenden *Gewölbe*, die wie ein Regenschirm das *Bauwerk* gegen drucklos zufließendes *Bergwasser* abdichtet (Bild 3.1).

Ringspalt

Bei in *geschlossener Bauweise* erstellten *Bauwerken* ringförmiger Spalt zwischen *Innenschale* und *Gebirge* bei einschaligem Ausbau bzw. zwischen Innen- und Außenschale bei zweischaligem Ausbau.

17

Rundumabdichtung

→ *druckwasserhaltende Abdichtung, KDB-Abdichtung*

Schellen

Schellen sind ringförmige Spannvorrichtungen aus Metall, mit denen *Manschetten* bei *Sickerwasserabdichtungen* wasserdicht an kreisrunde Durchdringungskörper angeschlossen werden können.

→ *Manschetten*

Schottfeld

Bei KDB-Abdichtungen geschlossenes Feld, das durch ringförmig an der Blockfuge angeordnete *außenliegende Fugenbänder*, durch die luftseitige Oberfläche der *Kunststoffdichtungsbahn* und die bergseitige Oberfläche der *Innenschale* begrenzt wird. Es hat die Funktion, bei einer Leckage der *KDB-Abdichtung* die Ausbreitung des eindringenden *Bergwassers* auf ein Schottfeld zu begrenzen und die gezielte Verpressung des Zwischenraums mit geeigneten Verpressstoffen zu ermöglichen.

Schutzschicht

Schicht zum Schutz der *Kunststoffdichtungsbahn* gegen mechanische Beschädigungen. Man unterscheidet

– bei in *geschlossener Bauweise* erstellten *Bauwerken*
  – die bergseitige geotextile Schutzschicht und
  – die im Sohlbereich luftseitig angeordnete Schutzschicht (Sohlschutzschicht) → *Kunststoffschutzbahn*
– bei in offener Bauweise erstellten Bauwerken
  – Schutzschichten mit grundsätzlich beidseitiger Anordnung zur *Kunststoffdichtungsbahn*

Schutzstreifen

Schutzstreifen schützen bei *Sickerwasserabdichtung*en die *Kunststoffdichtungsbahn* luftseitig vor Beschädigungen im Blockfugenbereich anstelle der *außenliegenden Fugenbänder* bei druckwasserhaltenden Abdichtungen. Die Schutzstreifen bestehen in der Regel aus dem gleichen Material wie die *Kunststoffdichtungsbahn* und werden auf die Kunststoffdichtungsbahn geschweißt.

Sickerwasserabdichtung

Wenn kein drückendes *Bergwasser* auf den Ausbau (*Innenschale/Betonkonstruktion*) einwirken kann, wird eine Sickerwasserabdichtung eingebaut.

Sie wird je nach dem *chemischen Betonangriff durch das Bergwasser* als *Regenschirmabdichtung* oder bei Vorliegen der Expositionsklasse XA3 als *Rundumabdichtung* ausgeführt.

Sohle

Untere Abgrenzung des Hohlraums gegen das *Gebirge* (Bild 3.1).

Thermoplaste

Wenig bzw. unvernetzte Kunststoffe, die sich im Gebrauchstemperaturbereich vorwiegend energieelastisch (fester Zustand) verhalten und die aufgrund ihres Schmelzbereichs oberhalb des Gebrauchstemperaturbereichs wiederholt umform- und verarbeitbar (schweißbar) sind.

Überwachung der Bauausführung der KDB-Abdichtung im Tunnelbau (ÜB-KDB-T)

Überwachung der Bauausführung des KDB-Dichtungssystems und abdichtungsrelevanter angrenzender Gewerke im Tunnelbau durch den Bauherrn bzw. einen beauftragten Überwacher, wobei die Umsetzung der im QS-Plan festgelegten und vertraglich vereinbarten Maßnahmen kontrolliert wird. Die Überwachung enthält auch *Kontrollprüfungen*.

Ulme

Seitliche Leibung (Wand) bei Tunneln (Bild 3.1)

→ *Gewölbe*

Undränierter Tunnel

Das anstehende *Bergwasser* wird nicht abgeführt. Der Ausbau des Tunnels und das *Dichtungssystem* werden auf den vollen Bergwasserdruck ausgelegt.

Unterirdisches Bauwerk

→ *Bauwerk*

Werkseigene Produktionskontrolle (WPK)

→ *Produktnachweise*

WUB-Konstruktion

Konstruktion aus wasserundurchlässigem Ortbeton mit hohem Wassereindringwiderstand und geringer Rissbreite zum Abtragen von Lasten und

Abdichten. Bauwerks- bzw. Blockfugen werden mit innenliegenden Fugenbändern abgedichtet. Die ZTV-ING verwenden für *WUB-Konstruktionen* die Abkürzung WUB-KO und die Ril 853 WUBK. Bei in geschlossener Bauweise erstellten Bauwerken mit einer Kombination aus *KDB-Abdichtung* und *WUB-Konstruktion* werden die innenliegenden Fugenbänder durch luftseitig auf die Kunststoffdichtungsbahnen geschweißte *außenliegende Fugenbänder* ersetzt.

Verpresseinrichtung

→ *Verpressung*

Verpressstoff

→ *Verpressung*

Verpressung

Verpressvorgang zur Einbringung eines Verpressstoffs in Bauwerksfugen mit Druck durch eine Verpresseinrichtung mit Verpressgeräten:

– **Verpressvorgang** zur planmäßigen oder im Schadensfall bedarfsweisen Herstellung der Abdichtungsfunktion einzelner Abdichtungselemente oder -bereiche, wie Fugenbereich, *Schottfeld* oder *Kammerelement.*

– **Verpresseinrichtungen**
  – Verpressstutzen zur punktuellen Verpressung über Austrittsöffnung am Ende des Verpressstutzens, wahlweise:
    • flexibel, also Schlauch mit Eintritts- und Austrittsöffnung am Anfang und am Ende, oder
    • starr, also Rohr mit Eintrittsöffnung am Anfang und Austrittsöffnung am Ende
  – Verpressschlauchsystem mit Befüll-, Verpress- und Entlüftungsabschnitt zur linearen Verpressung

– **Verpressstoffe**
  – zementös
  – aus Kunststoff

Verpressvorgang

→ *Verpressung*

Zertifizierung

→ *Produktnachweise*

20

3   Entwurfsgrundsätze

3.1   Allgemeines

Für den Entwurf des Dichtungssystems eines Bauwerks sind insbesondere folgende Beanspruchungen maßgebend:

- im Bauzustand:
  - durch Bewehrungs- und Betonierarbeiten
  - aus dem allgemeinen Baustellenbetrieb bei schwierigen räumlichen Bedingungen der Baustelle

- im Betriebszustand:
  - durch die hydrogeologischen Verhältnisse (den hydrostatischen Druck, den möglichen chemischen Betonangriff)
  - durch die Rauigkeit des Abdichtungsträgers bei der Kraftübertragung zwischen Gebirge und Innenschale
  - durch Verkehr (Vibration, Wechsel von Be- und Entlastung und eventuelle Pumpeffekte)

Die KDB-Abdichtung muss folgende Funktionen erfüllen:

- Abdichtung gegen Bergwasser

- bei „starkem" chemischem Betonangriff durch das Bergwasser (Expositionsklasse XA3) Korrosionsschutz für die Betonkonstruktion/Innenschale

- Gleit- und Trennschicht zwischen Innen- und Außenschale bzw. Gebirge bei geschlossener Bauweise

Die KDB-Abdichtung darf nicht planmäßig Zug- und Scherkräften ausgesetzt werden und ist möglichst spannungsfrei zwischen den angrenzenden Schichten einzubetten. Bei geneigten bzw. einseitig belasteten Bauwerken ist ein Gleiten zwischen den Kunststoffdichtungsbahnen und den angrenzenden Schichten durch geeignete konstruktive Maßnahmen (z. B. Nocken) zu vermeiden.

Bei in geschlossener Bauweise erstellten Bauwerken können die Auswirkungen von Gebirgsbewegungen auf die KDB-Abdichtung aufgrund der üblichen Ausbaumaßnahmen vernachlässigt werden. Die zu erwartenden Bewegungen der Innenschale sind dagegen im Dichtungssystem zu berücksichtigen. Um die Bewegungen schadlos aufnehmen zu können, wird die KDB-Abdichtung lose auf dem Abdichtungsträger verlegt. Sie darf aber andererseits den Druckkontakt zwischen Gebirge und Innenschale nicht unterbrechen. Dadurch ergeben sich unter anderem auch Anforderungen

Empfehlungen zu Dichtungssystemen im Tunnelbau EAG-EDT, 2. Auflage.
Deutsche Gesellschaft für Geotechnik (Hrsg.).
© 2018 Ernst & Sohn GmbH & Co. KG. Published 2018 by Ernst & Sohn GmbH & Co. KG.

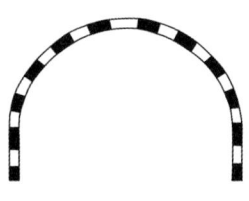

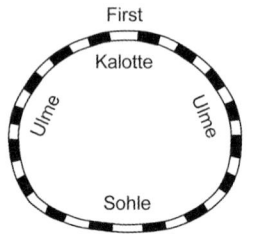

Regenschirmabdichtung   Rundumabdichtung

Bild 3.1
Unterschiedliche
Abdichtungs-
geometrien.

an den Abdichtungsträger, insbesondere muss die KDB-Abdichtung bei
Beanspruchung durch Wasserdruck auf der abzudichtenden Betonkon-
struktion/Innenschale ausreichend gebettet sein. Der Ringspalt zwischen
Abdichtungsträger und Innenschale muss wegen der notwendigen
Kraftübertragung zwischen Innenschale und Gebirge so eng wie möglich
gehalten werden.

Die Bauwerke werden im Regelfall für eine Nutzungsdauer von 100 Jahren
ausgelegt. Dabei ist zu berücksichtigen, dass die KDB-Abdichtung für unmittelbare Reparaturen nach Fertigstellung des Bauwerks nicht mehr zugänglich ist.

Die vom Bauherrn vorgegebenen Dichtigkeitsklassen (ZTV-ING und
Ril 853) sind bei der Wahl des Dichtungssystems zu berücksichtigen. Die
höchste Dichtigkeitsanforderung ist nur mit einer funktionsfähigen
KDB-Abdichtung zu realisieren.

Je nach Anforderung stehen für die Ausführung zwei unterschiedliche Ab-
dichtungsgeometrien zur Verfügung (Bild 3.1):

– Gewölbeabdichtung (Regenschirmabdichtung)

– rundumlaufende Abdichtung (Rundumabdichtung)

Innerhalb eines Bauwerkquerschnitts dürfen bei drückendem Bergwasser
keine unterschiedlichen Dichtungssysteme angeordnet werden, beispielsweise KDB-Abdichtung im aufgehenden Gewölbe und WUB-Konstruktion im Sohlbereich, weil die längslaufenden Übergänge insbesondere im
Bereich von Blockfugen erfahrungsgemäß nicht funktiontüchtig abgedichtet werden können.

Für die Planung des Dichtungssystems sind folgende Leistungen zu erbringen:

– Beurteilung der hydrogeologischen Randbedingungen unter Berücksichtigung von Bauweise, Wasserdruck, chemischem Betonangriff und der
Auswirkungen auf die KDB-Abdichtung durch das Bergwasser

- Beachtung möglicher Auswirkungen auf Wasserwirtschaft, Strömungsverhältnisse und Chemismus des Bergwassers
- Auswahl des geeigneten Dichtungssystems sowie ggf. der Dränmaßnahmen unter Beachtung der vom Bauherrn vorgegebenen Dichtigkeitsklassen und sonstiger Vorgaben
- Festlegung der Anforderungen an die Abdichtungselemente, die System- und Detailausbildung und die Baubehelfe
- Festlegung der beim Einbau einzuhaltenden Randbedingungen (z. B. Zeitfenster und Materialtransport)
- Beschreibung der notwendigen Qualitätssicherungsmaßnahmen
- Erstellung des Leistungsverzeichnisses

3.2 Übersicht der Elemente und grundsätzlicher Aufbau der Dichtungssysteme mit Kunststoffdichtungsbahnen

3.2.1 Geschlossene Bauweise

Bei in geschlossener Bauweise erstellten Bauwerken haben Dichtungssysteme mit durch Schweißen gefügten Kunststoffdichtungsbahnen von der Gebirgsseite ausgehend folgenden Aufbau (Bilder 3.2 und 3.3):

- Abdichtungsträger
- ggf. Dränelemente
- bergseitige Schutzschicht (Geotextil)
- KDB-Abdichtungsschicht (Regenschirm- oder ein- bzw. doppellagige Rundumabdichtung)
- ggf. luftseitige Schutzschicht (partiell, z. B. in der Sohle)
- Innenschale

Weitere Elemente des Dichtungssystems sind:

- Profilbänder (Anschluss- und außenliegende Fugenbänder)
- Befestigungselemente
- Verpresseinrichtungen
- Einbauteile (z. B. Klemmvorrichtungen)

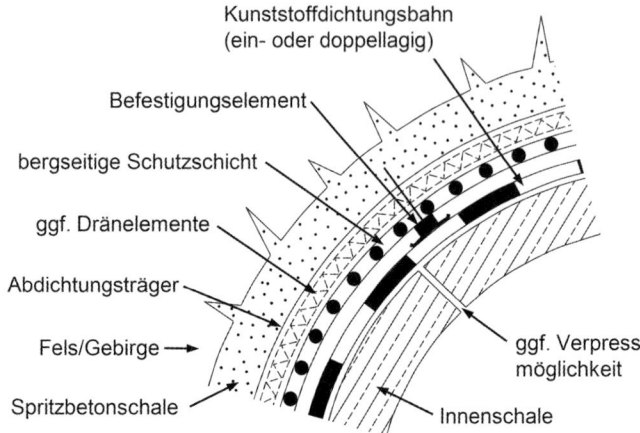

Bild 3.2 Aufbau des Dichtungssystems im aufgehenden Gewölbe (geschlossene Bauweise, nicht maßstäblich).

Kunststoffdichtungsbahn (ein- oder doppellagig)

Befestigungselement

bergseitige Schutzschicht

ggf. Dränelemente

Abdichtungsträger

Fels/Gebirge →

Spritzbetonschale

ggf. Verpressmöglichkeit

Innenschale

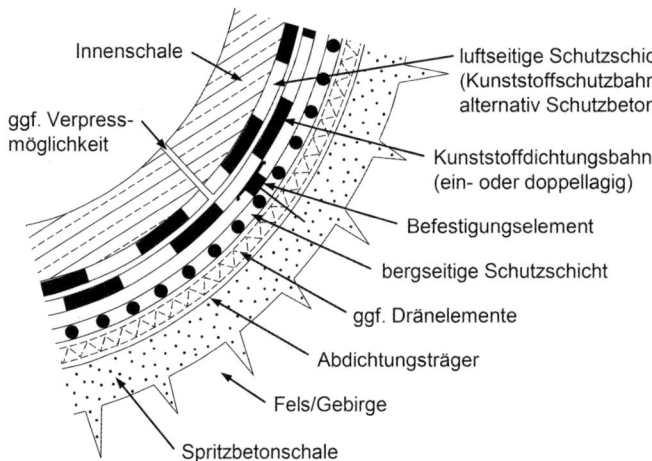

Innenschale

ggf. Verpressmöglichkeit

luftseitige Schutzschicht (Kunststoffschutzbahn, alternativ Schutzbeton)

Kunststoffdichtungsbahn (ein- oder doppellagig)

Befestigungselement

bergseitige Schutzschicht

ggf. Dränelemente

Abdichtungsträger

Fels/Gebirge

Spritzbetonschale

Bild 3.3 Aufbau des Dichtungssystems im Sohlgewölbe (geschlossene Bau-weise, nicht maßstäblich).

3.2.2 Offene Bauweise

Bei in offener Bauweise erstellten Bauwerken hat ein Dichtungssystem mit lose verlegten und durch Schweißung gefügten Kunststoffdichtungsbahnen vom Bauwerksinneren ausgehend folgenden Aufbau (Bilder 3.4 und 3.5):

– Betonkonstruktion (Abdichtungsträger)

– bauwerkseitige Schutzschicht (Geotextil)

– KDB-Abdichtungsschicht (Regenschirm- oder Rundumabdichtung)

– bodenseitige Schutzschicht und/oder Dränschicht (ggf. kombiniert)

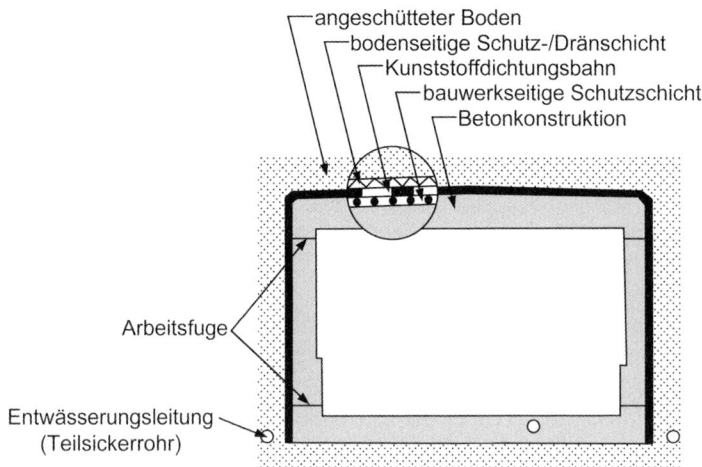

Bild 3.4 Aufbau eines Dichtungssystems im Rechteckquerschnitt (offene Bauweise, Regenschirmabdichtung).

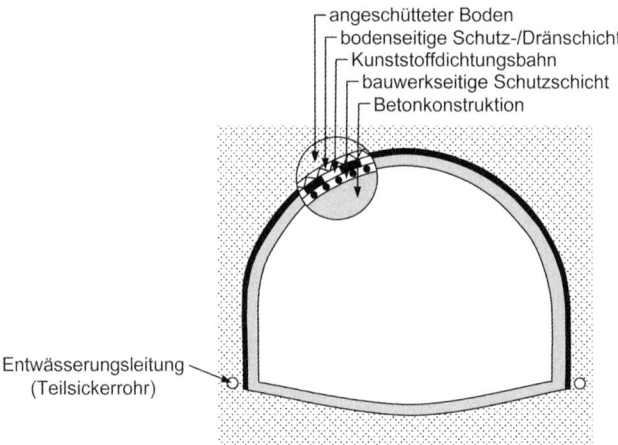

Bild 3.5 Aufbau eines Dichtungssystems im Gewölbequerschnitt (offene Bauweise, Regenschirmabdichtung).

Weitere Elemente des Dichtungssystems sind gegebenenfalls:

– innenliegende Fugenbänder und Anschlussbänder

– Befestigungselemente

– Einbauteile (z. B. Klemmkonstruktionen)

25

3.3 Ausbildung der Dichtungssysteme mit Kunststoffdichtungsbahnen in Abhängigkeit von den Bergwasserverhältnissen

3.3.1 Geschlossene Bauweise

3.3.1.1 Allgemeines und Übersicht

In geschlossener Bauweise erstellte Bauwerke werden überwiegend mit Kunststoffdichtungsbahnen gegen anstehendes Bergwasser abgedichtet. Tabelle 3.1 enthält eine Übersicht der Abdichtungssystematik in Abhängigkeit von den Bergwasserverhältnissen. Falls nur schwacher oder mäßiger chemischer Betonangriff durch das Bergwasser besteht (Expositionsklassen XA1 oder XA2, siehe Abschnitt 2.3), kann die Innenschale bis zu einem hydrostatischen Druck von ca. 30 m WS (Wassersäule) als Alternative zur KDB-Abdichtung auch als Konstruktion aus wasserundurchlässigem Ortbeton (WUB-Konstruktion) ohne Kunststoffdichtungsbahnen ausgeführt werden. In den Abschnitten 3.3.1.2 bis 3.3.1.5 wird diese Abdichtungssystematik näher erläutert. Sprüh- und Flüssigabdichtungen werden nicht als gleichwertige Alternative zu WUB-Konstruktionen oder KDB-Dichtungssystemen bewertet und nur im Hinblick auf Sondereinsatzfälle kurz in Abschnitt 3.11 behandelt.

3.3.1.2 Abdichtung gegen Sickerwasser

Oberflächennahe Bauwerke liegen häufig oberhalb des Bergwasserspiegels und werden entweder im Ganzen oder zonenweise nur von Sickerwasser berührt. Wenn eine Ableitung dieses Sickerwassers wasserrechtlich zulässig ist und der chemische Betonangriff nicht als stark angreifend einzustufen ist, wird das Bauwerk durch eine Regenschirmabdichtung mit einlagig im Gewölbe verlegten 2 mm dicken Kunststoffdichtungsbahnen gegen Feuchtigkeit geschützt und das zulaufende Sickerwasser drucklos über die im Sohlbereich angeordnete Längsentwässerung aus dem Bauwerk abgeführt. Alternativ kann die Innenschale auch als Konstruktion aus wasserundurchlässigem Ortbeton (WUB-Konstruktion) ausgeführt werden. Bei dieser Lösung ist jedoch zu beachten, dass die Dichtigkeitsklasse 1 (ZTV-ING bzw. Ril 853) nicht eingehalten werden kann.

Wenn der chemische Betonangriff durch das Sickerwasser als „stark angreifend" (Expositionsklasse XA3) einzustufen ist, muss eine einlagige Rundumabdichtung mit 2 mm dicken Kunststoffdichtungsbahnen eingebaut werden.

3.3.1.3 Abdichtung gegen Druckwasser bis ca. 30 m WS

Falls eine Entwässerung des Gebirges nicht infrage kommt, ist eine druckwasserhaltende Rundumabdichtung notwendig. Bei anstehendem Bergwas-

Tabelle 3.1 Abdichtungssystematik für in geschlossener Bauweise erstellte Bauwerke in Abhängigkeit vom hydrostatischen Druck und ggf. von der Klasse des chemischen Betonangriffs durch das Bergwasser.

Nr.	KDB-Abdichtungsgeometrie	Hydro-statischer Druck über Tunnelsohle in m WS	Chemischer Betonangriff [1] (Expositionsklasse)		Erforderliche Zusatzmaßnahmen		
			schwach, mäßig (XA1, XA2)	stark (XA3)	Fugenbänder		Verpress-system zum bedarfsweisen nachträglichen flächigen Verpressen [2]
					innen-liegende	außen-liegende	
1	Regen-schirm	ohne (kein Auf-stau zuläs-sig)	KDB 2 mm [3]	–	nein	nein	nein
2			WUB-Konstruk-tion [4]	–	system-bedingt vorhanden	nein	nein
3	rundum		–	KDB 2 mm [3]	nein	nein	nein
4		bis ca. 30	KDB 3 mm [3]		nein	ja	ja
5			WUB-Konstruk-tion [4]	–	system-bedingt vorhanden	nein	nein
6		ab ca. 30 bis ca. 60 [6]	WUB-Konstruktion [5] + KDB 3 mm		nein	ja	ja
7		ab ca. 60	objektspezifisch besondere Maßnahmen festlegen [6]				

[1] Klasseneinteilung chemisch angreifender Umgebungen nach DIN EN 206-1.
[2] Je nach Bauherrenvorgaben, mindestens bei Wasserdrücken ab ca. 10 m WS vorzusehen. Bei einlagiger KDB-Abdichtung Schottfeld zwischen Kunststoffdichtungsbahn und Innenschale, verpressbar. Bei doppellagiger KDB-Abdichtung Kammerelement zwischen den Kunststoffdichtungsbahnen, verpressbar.
[3] Betontechnische Anforderungen an die Innenschale gemäß Ril 853 Modul 853.4004 bzw. ZTV-ING.
[4] Entspricht WUB-KO nach ZTV-ING und WUBK nach Ril 853; betontechnische Anforderungen an die Innenschale gemäß 853.4004 der Ril 853.
[5] Abweichung zu WUB-KO und WUBK: außenliegendes statt innenliegendes Fugenband.
[6] Bei hohen Wasserdrücken sind gegebenenfalls besondere Maßnahmen zu ergreifen, die objektspezifisch festzulegen sind, z. B. doppellagige KDB [3] (bergseitig 3 mm + luftseitig 2 mm) oder wie Nr. 6, aber KDB 4 mm.

ser bis zu ca. 30 m WS über Bauwerkssohle wird wegen der im Vergleich zu Sickerwasser höheren Beanspruchung eine mindestens 3 mm dicke Kunststoffdichtungsbahn erforderlich. Zur Lokalisierung und Eingrenzung des Schadens einer beschädigten Kunststoffdichtungsbahn ist eine blockweise Ringabschottung (Schottfelder) vorzusehen. Mindestens ab einem hydrostatischen Druck von 10 m WS ist ein Verpresssystem zur bedarfsweisen gezielten nachträglichen flächigen Verpressung von Schottfeldern zu installieren. Ohne diese Vorsorgemaßnahmen führen Abdichtungsschäden bei drückendem Bergwasser zu wesentlich aufwendigeren Reparaturen – oft auch ohne zufriedenstellendes Ergebnis.

Alternativ kann bei nur „schwachem" oder „mäßigem" chemischem Betonangriff durch das Bergwasser (Expositionsklasse XA1 oder XA2) die Dichtigkeit auch durch eine Innenschale als Konstruktion aus wasserundurchlässigem Ortbeton (WUB-Konstruktion) erreicht werden. Es ist jedoch zu beachten, dass bei dieser Lösung die Dichtigkeitsklasse 1 gemäß ZTV-ING bzw. Ril 853 nicht erreicht werden kann.

Bei „starkem" chemischem Betonangriff durch das Bergwasser (Expositionsklasse XA3) ist in jedem Falle eine Abdichtung mit Kunststoffdichtungsbahnen zum Schutz der Innenschale vorzusehen. Die Innenschale soll die betontechnischen Anforderungen gemäß Modul 853.4004 der Ril 853 bzw. ZTV-ING erfüllen, muss aber nicht als WUB-Konstruktion ausgebildet werden.

3.3.1.4 Abdichtung gegen Druckwasser zwischen 30 m WS und 60 m WS

Schadenswahrscheinlichkeit und -umfang steigen mit zunehmendem Wasserdruck. Bei hydrostatischen Drücken über ca. 30 m bis ca. 60 m WS soll die Abdichtung deshalb unabhängig vom eventuell vorhandenen chemischen Betonangriff durch das Bergwasser als kombiniertes Dichtungssystem ausgebildet werden, d. h.

– mit einer einlagigen, mindestens 3 mm dicken Kunststoffdichtungsbahn und einer Innenschale als WUB-Konstruktion ohne innenliegende, aber mit außenliegenden Fugenbändern oder

– als doppellagige KDB-Abdichtung in Verbindung mit einer Innenschale, deren betontechnische Anforderungen dem Modul 853.4004 der Ril 853 bzw. den ZTV-ING entsprechen.

Auch bei kombinierten Dichtungssystemen werden analog zu Abschnitt 3.3.1.3 eine blockweise Ringabschottung zur Lokalisierung und Eingrenzung eines eventuellen Schadens und ein Verpresssystem zur gezielten, flächigen Verpressung im Schadensfall gefordert.

3.3.1.5 Abdichtung gegen Druckwasser ab ca. 60 m WS

Bei hydrostatischen Drücken über ca. 60 m WS sind objektspezifische Maßnahmen festzulegen. Beispielsweise kann das kombinierte Dichtungssystem mit einer einlagigen 4 mm dicken Kunststoffdichtungsbahn in Verbindung mit einer Innenschale als WUB-Konstruktion ohne innenliegende, aber mit außenliegenden Fugenbändern oder als doppellagige KDB-Ab-

28

dichtung in Verbindung mit einer Innenschale ausgeführt werden, deren betontechnische Anforderungen dem Modul 853.4004 der Ril 853 bzw. den ZTV-ING entsprechen. Treten partiell oder über längere Strecken hydrostatische Drücke über ca. 60 m WS auf, kann es aus statischen Gründen bei geringem Bergwasserzulauf stattdessen sinnvoll sein, Bergwasser mit Zustimmung der Wasserbehörde kontrolliert zu fassen und bei Überschreitung des festgelegten zulässigen Drucks durch im Tunnel zugängliche Druckleitungen zur Druckreduzierung abzuführen.

Bei doppellagig verlegten Kunststoffdichtungsbahnen sind durch geeignete Abstandsstrukturen zwischen den beiden Lagen und durch wasserdichten Umschluss Kammerelemente herzustellen. Diese müssen einzeln mit Vakuum auf Dichtigkeit geprüft werden und können im Schadensfall bis zur Leckunterbrechung oder vollflächig verpresst werden. Der Abstand zwischen den beiden KDB-Lagen und die Kammergrößen sind so festzulegen, dass einerseits der Einbau des Dichtungssystems und die Durchführung der Dichtigkeitsprüfungen mit vertretbarem Aufwand möglich sind und andererseits das verpressbare Volumen und die benötigte Menge an Verpressstoffen möglichst klein sind. Die Ebenheit des Abdichtungsträgers und ein enger Ringspalt zwischen Spritzbetonschale und KDB-Abdichtung sind bei doppellagigen KDB-Abdichtungen besonders wichtig, um bei der Verpressung eines Kammerelements ein unkontrolliertes Aufwölben des Elements und Aufschälungen von Fügenähten zu vermeiden. Eine Ringabschottung ist auch bei doppellagig verlegten Kunststoffdichtungsbahnen erforderlich, um im Falle einer Perforation beider Lagen die Hinterläufigkeit auf einen Block zu begrenzen.

3.3.2 Offene Bauweise

3.3.2.1 Allgemeines und Übersicht

Für in offener Bauweise erstellte Bauwerke ist die Betonkonstruktion aus wasserundurchlässigem Ortbeton (WUB-Konstruktion) ohne KDB-Abdichtung die Regelbauweise. Andere Dichtungssysteme werden gewählt, wenn besondere Randbedingungen (z. B. starker chemischer Betonangriff durch das Bergwasser entsprechend Expositionsklasse XA3 oder besondere Anforderungen an die Dichtigkeit) die Regelbauweise nicht zulassen oder bei Sickerwasser eine Regenschirmabdichtung mit Kunststoffdichtungsbahnen eine kostengünstigere Variante bietet. Bei in geschlossener Bauweise erstellten Tunneln mit KDB-Abdichtung werden häufig die in offener Bauweise erstellten Portalbereiche ebenfalls mit Kunststoffdichtungsbahnen abgedichtet.

Da in der Praxis die Kunststoffdichtungsbahnen überwiegend lose verlegt werden, wird in diesen Empfehlung nur auf diese Verlegeart eingegangen.

Falls KDB-Abdichtungen vollflächig verklebt verlegt werden, sind die Vorgaben in DIN 18533-2 zu beachten. Weitere bautechnische Regelungen, z. B. bei Überführung von Verkehrswegen mit geringer Überdeckung über der Tunneldecke, sind z. B. im Abschnitt 2 der ZTV-ING Teil 5 zusammengestellt. Wenn bei Bauwerken mit KDB-Abdichtung unmittelbar über der Bauwerksdecke begrünte Flächen angelegt werden, sind die Grundsätze der Flachdachabdichtung mit Begrünung analog anzuwenden (ERNST, 2003).

Im Gegensatz zur geschlossenen Bauweise soll die Kunststoffdichtungsbahn bei in offener Bauweise erstellten Bauwerken unabhängig vom hy-

Tabelle 3.2 Abdichtungssystematik für in offener Bauweise erstellte Bauwerke in Abhängigkeit vom hydrostatischen Druck und ggf. von der Klasse des chemischen Betonangriffs (Expositionsklasse) durch das Bergwasser[1].

Nr.	KDB-Abdichtungsgeometrie	Hydrostatischer Druck über UK Tunnelsohle in m WS	Chemischer Betonangriff[2] (Expositionsklasse)	Dichtungssystem im Bereich			Erforderliche Zusatzmaßnahmen
				Decke/ Gewölbe	Wand	Sohle	
1	Regenschirm	ohne (kein Aufstau zulässig)	schwach, mäßig (XA1, XA2)	WUB-Konstruktion[3]			innenliegende Fugenbänder systembedingt vorhanden
2				KDB 3 mm[4]	KDB 3 mm[4]	–	nein
3	rundum		stark (XA3)	KDB 3 mm[4,5]			nein
4		bis ca. 30	schwach, mäßig (XA1, XA2)	WUB-Konstruktion[3]			innenliegende Fugenbänder systembedingt vorhanden
5			stark (XA3)	WUB-Konstruktion[3] + KDB 3 mm[5]			innenliegende Fugenbänder systembedingt vorhanden

[1] Hinweis: Zeile 3 und 5 der Tabelle haben nur geringe praktische Bedeutung und sind nur aus Gründen der Vollständigkeit aufgeführt.
[2] Klasseneinteilung chemisch angreifender Umgebungen nach DIN EN 206-1
[3] Regelbauweise, entspricht WUB-KO-Bauweise nach ZTV-ING oder einer Konstruktion aus wasserundurchlässigem Ortbeton nach Modulgruppe 853.42xx der Ril 853.
[4] Betontechnische Anforderungen an die Betonkonstruktion nach Modulgruppe 853.42xx der Ril 853 bzw. ZTV-ING; keine Konstruktion aus wasserundurchlässigem Ortbeton erforderlich
[5] Die Kunststoffdichtungsbahn hat bei starkem chemischem Betonangriff primär Korrosionsschutzfunktion für die Betonkonstruktion.

drostatischen Druck mindestens 3 mm dick sein. Der Grund dafür ist die größere Beschädigungsgefahr der im Bauzustand frei liegenden Abdichtungsflächen. Anders als bei in geschlossener Bauweise erstellten Bauwerken müssen im Bauzustand auch witterungsbedingte Beanspruchungen (z. B. UV-Strahlung und thermische Beanspruchung) der Kunststoffdichtungsbahnen berücksichtigt werden.

Tabelle 3.2 enthält eine Übersicht der Abdichtungssystematik in Abhängigkeit von den Bergwasserverhältnissen. In den Abschnitten 3.3.2.2 und 3.3.2.3 wird die Abdichtungssystematik näher erläutert.

3.3.2.2 Abdichtung gegen Sickerwasser

Das Bauwerk wird durch eine KDB-Regenschirmabdichtung gegen Feuchtigkeit geschützt und das zulaufende Sickerwasser drucklos über die Dränageleitungen am Fuß des Bauwerks abgeführt. Es ist ein konstruktiver Anschluss der KDB-Abdichtung an das Bauwerk herzustellen.

Wenn der chemische Betonangriff durch das Sickerwasser als „stark angreifend" (Expositionsklasse XA3) einzustufen ist, muss aus Korrosionsschutzgründen eine einlagige KDB-Abdichtung rundum eingebaut werden. Die Betonkonstruktion soll in diesem Fall die betontechnischen Anforderungen gemäß Modulgruppe 853.42xx der Ril 853 bzw. der ZTV-ING erfüllen.

3.3.2.3 Abdichtung gegen Druckwasser

Bei Druckwasser ist für in offener Bauweise erstellte Bauwerke eine Konstruktion aus wasserundurchlässigem Ortbeton (WUB-Konstruktion) die Regelbauweise. Eine Abdichtung mit Kunststoffdichtungsbahnen bietet sich in diesem Fall nicht an, weil die bei drückendem Bergwasser notwendige Abschottung in den Blockfugen durch außenliegende Fugenbänder in der Regel nur mit hohem Aufwand herzustellen ist. Nur wenn der chemische Betonangriff durch das Bergwasser als „stark angreifend" (Expositionsklasse XA3) einzustufen ist, wird das Bauwerk aus Korrosionsschutzgründen zusätzlich durch eine einlagige KDB-Abdichtung rundum geschützt.

3.4   Schutzschichten

3.4.1   Allgemeines

Durch die ein- oder beidseitige Anordnung von Schutzschichten werden Beschädigungen der Kunststoffdichtungsbahn durch statische und dynamische Beanspruchungen weitestgehend vermieden. Art und Dimensionierung der Schutzschichten sind auf die zu erwartenden mechanischen Beanspruchungen der Kunststoffdichtungsbahnen im Bau- und Betriebszustand des Bauwerks abzustimmen. In bestimmten Fällen können Schichten mit kombinierter Schutz- und Dränfunktion eingesetzt werden.

3.4.2 Geschlossene Bauweise

Bei in geschlossener Bauweise erstellten Bauwerken dient die bergseitige Schutzschicht zwischen Abdichtungsträger und Kunststoffdichtungsbahn (Bilder 3.2 und 3.3) zum Ausgleich von Ungleichmäßigkeiten in der Oberfläche des Abdichtungsträgers und zum Schutz vor örtlich vorhandenen kleineren Kanten und Graten in Verbindung mit Flächendruckbeanspruchungen insbesondere beim Betonieren der Innenschale. Als bergseitige Schutzschichten haben sich mechanisch verfestigte Vliesstoffe oder Verbundstoffe bewährt.

Bei Rundumabdichtungen ist im Sohlbereich wegen der mechanischen Beanspruchungen der Kunststoffdichtungsbahn im Bauzustand zusätzlich eine luftseitige Schutzschicht anzuordnen (Bild 3.3). Bei der Auswahl dieser Schutzschicht ist zu berücksichtigen, ob die KDB-Abdichtung im Bauzustand befahren wird oder nicht. Für nicht befahrene Sohlbereiche haben sich Kunststoffschutzbahnen bewährt; für befahrene Sohlbereiche ist ein bewehrter Schutzbeton erforderlich.

3.4.3 Offene Bauweise

Bei in offener Bauweise erstellten Bauwerken wird im Gegensatz zur geschlossenen Bauweise in der Regel neben der bodenseitigen auch eine bauwerkseitige Schutzschicht angeordnet (Bilder 3.4 und 3.5).

Die bauwerkseitige Schutzschicht dient zum Ausgleich von Imperfektionen in der Oberfläche der Betonkonstruktion. Es haben sich dafür mechanisch verfestigte Vliesstoffe bewährt.

Die bodenseitige Schutzschicht dient dem Schutz gegen Beanspruchungen im Bauzustand und durch den Einbau des Hinterfüllbodens. Je nach den vorliegenden Beanspruchungen und Randbedingungen, z. B. der Querschnittsgeometrie, haben sich Kunststoffschutzbahnen, Schutzmauerwerk, Schutzbeton, Geotextilien bzw. Verbundstoffe und mineralische Schutzschichten bewährt (Tabelle 3.3). Die Schutzschicht kann erforderlichenfalls bei Sickerwasserabdichtungen zusätzlich als Dränschicht ausgebildet werden. Bei der Anwendung von geotextilen Schutzschichten für den bodenseitigen Schutz von Kunststoffdichtungsbahnen ist darauf zu achten, dass eine mögliche örtliche Ausdünnung des Geotextils bei Verdichtung des Hinterfüllbodens oder bei Bodensetzungen durch geeignete Maßnahmen ausgeschlossen wird (z. B. Gewebeeinlage) ausgeschlossen wird.

Tabelle 3.3 Anordnung und Art der Schutzschichten für KDB-Abdichtungen bei in offener Bauweise erstellten Bauwerken.

Nr.	Querschnitts-bereich	Mögliche Schutzschicht	
		bodenseitig	bauwerkseitig
1	Sohle	Vliesstoff	Kunststoffschutzbahn bewehrter Schutzbeton
2	Wand	Kunststoffschutzbahn Schutzmauerwerk [1] Geotextil/Verbundstoff [1]	Vliesstoff
3	Decke	Kunststoffschutzbahn Schutzbeton Geotextil/Verbundstoff [1] mineralische Schutzschicht [1]	Vliesstoff
4	Gewölbe	Kunststoffschutzbahn Schutzmauerwerk im Ulmen-bereich [1] Geotextil/Verbundstoff [1]	Vliesstoff

[1] ggf. auch für Dränfunktion geeignet

3.5 Dränung

3.5.1 Allgemeines

Bei dränierten Bauwerken ist Vorsorge zu treffen, dass die mögliche Wasserdruckbeanspruchung der Abdichtung und des Tragwerks vollständig oder in ausreichendem Maße abgebaut wird. Dieses Ziel wird erreicht, wenn dem an der Bauwerksoberfläche zudringenden Bergwasser hydraulisch ausreichende Abflussmöglichkeiten zur Verfügung stehen. Falls ein vollständiger Druckabbau angestrebt wird, muss das Bergwasser auf Dauer rückstaufrei in die Dränage- und anschließend gegebenenfalls in eine Sammelleitung gelangen und abfließen können. Für die Ableitung von Bergwasser ist eine Genehmigung durch die zuständige Wasserbehörde erforderlich. Auch bei nur zeitweise über der Bauwerkssohle anstehendem Bergwasser sollte über die Dränageleitungen hinaus eine Flächendränung vorgesehen werden.

In der Vergangenheit haben sich Dränage- und Sammelleitungen in vielen Fällen als anfällig für Versinterung und sonstige Formen des Zusetzens (z. B. Verockerung) erwiesen. Deshalb sind wartungsarme Systeme zu wählen, die dem aktuellen Stand der Technik entsprechen (RI-BWD-TU).

33

3.5.2 Geschlossene Bauweise

3.5.2.1 Dränung im aufgehenden Gewölbe

Da die Dränageleitung in Sohlhöhe des Bauwerks liegt, kommt der Flächendränung im aufgehenden Gewölbe nur die Aufgabe zu, das Bergwasser zu fassen und den drucklosen Abfluss zur Dränageleitung auf Dauer sicherzustellen. Die Regelkonstruktion sieht einen Aufbau gemäß Bild 3.2 vor. Um bei in geschlossener Bauweise erstellten Bauwerken die notwendige Kraftübertragung zwischen Gebirge und Innenschale möglichst wenig zu beeinträchtigen, werden gegebenenfalls notwendige Dränelemente nur streifenweise eingebaut (Bild 4.5). Das abzuführende Bergwasser fließt den Dränelementen direkt vom Gebirge durch die in den meisten Fällen vorhandene Spritzbetonschale sowie über den Ringspalt zwischen Spritzbetonschale und KDB-Abdichtung zu. Das geforderte Wasserableitvermögen der Dränelemente muss unter Zugrundelegung von Flächendruckbeanspruchungen im Bauzustand aus Betonier- und Verpressdruck bis zu 200 kN/m^2 gewährleistet werden. Die Dränelemente haben nur die temporäre Funktion, während des Betonierens im Ringspalt einen dauerhaften Hohlraum für die Flächendränung zu schaffen. Sie müssen daher selbst nicht langzeitbeständig sein, dürfen allerdings bei einem möglichen späteren Zerfall während der Nutzungsphase des Bauwerks keine Verstopfungen der Wasserwege und lokalen Wasserdrücke verursachen.

Es ist besonders darauf zu achten, dass sowohl die Dränelemente als auch die Kunststoffdichtungsbahn bis auf Höhe der Ulmendränage heruntergeführt werden. Versehentliches Zubetonieren der Dränageleitung und der umgebenden Filterkiespackung ist durch Abdeckung mit Geotextil oder Kunststoffdichtungsbahn zu verhindern (siehe Richtzeichnung T Drän1 der BASt). In der Betriebsphase des Bauwerks besteht die Gefahr, dass sich durch Versinterung, Verockerung und Teilchenablagerung Fließwege zusetzen. Dadurch bedingte mögliche Funktionsbeeinträchtigungen müssen weitestgehend vermieden werden. Zu diesem Zweck ist einerseits Spritzbeton mit alkalifreien Beschleunigern oder Spritzzementen zu verwenden. Andererseits sind geeignete konstruktive Maßnahmen an den Entwässerungseinrichtungen vorzunehmen. Bei der Dimensionierung von Dränageleitungen ist auf eine ausreichende Robustheit sowie hydraulisch und statisch zweckmäßige Geometrie, insbesondere Schlitzbreiten größer als ca. 5 mm, zu achten. Eine Eignung der Dränage- und Sammelleitungen für das Hochdruckspülverfahren ist zwingend erforderlich. Auf Materialverträglichkeit der Entwässerungseinrichtungen mit der KDB-Abdichtung ist zu achten. Weitere Hinweise können der einschlägigen Literatur entnommen werden (z. B. Abel/Heimbecher 2002, Kirschke 1997, 2001).

3.5.2.2 Flächendränung in der Sohle

Bei entwässerten Tunneln ist der vollständige Wasserdruckabbau insbesondere unter einer Sohlplatte von entscheidender Bedeutung, weil die Sohle insbesondere bei geringer oder fehlender Krümmung empfindlich gegen Wasserdruckbeanspruchung ist. Zu diesem Zweck wird üblicherweise eine durchlässige, zugleich aber tragfähige mineralische Dränschicht mit einer Dicke von mindestens 0,20 m eingebaut, die kontinuierlich oder in regelmäßigen Abständen an die Sohldränage angebunden wird.

In vielen Fällen ist es aufgrund der vorhandenen Randbedingungen von Vorteil oder sogar alternativlos erforderlich, auf die Dränung zu verzichten und ein Sohlgewölbe sowie eine druckwasserhaltende Rundumabdichtung anzuordnen. Bei der Entscheidung muss berücksichtigt werden, dass die Dränung und Ableitung von Bergwasser erhebliche Betriebskosten verursachen und notwendige Wartungsarbeiten die Verfügbarkeit des Tunnels zeitweise einschränken können. Ein Versagen der Dränung und des Wasserabflusses kann unter Umständen sogar zum Verlust der Gebrauchstauglichkeit oder zu schwerwiegenden Schäden an der Bauwerkskonstruktion führen. Bei der Deutschen Bahn AG ist der undränierte, druckwasserhaltende Tunnel aus diesen Gründen als Regelfall vorgeschrieben (Ril 853).

3.5.3 Offene Bauweise

Mit Kunststoffdichtungsbahnen gegen Sickerwasser abgedichtete Bauwerksflächen sind grundsätzlich mit einer vollflächigen Dränschicht zu versehen. Es ist eine seitliche Fußentwässerung unterhalb der Arbeitsfuge Sohle/Wand anzuordnen. Im Übrigen sind die üblichen Grundsätze für die Ausbildung und Dimensionierung von Flächendränungen und Entwässerungen zu beachten.

3.6 Fugendichtungen, Abschottungen, Anschlüsse und Durchdringungen

3.6.1 Allgemeines

Bei Anschlüssen von KDB-Abdichtungen an Betonbauteile im Übergang zu einer WUB-Konstruktion sind folgende Grundsätze zu beachten:

– Bei Sickerwasserabdichtungen müssen alle Anschlüsse an Betonbauteile außerhalb von Bauwerksfugen und mindestens 0,3 m oberhalb des höchsten zu erwartenden Bergwasserspiegels liegen.

– Bei druckwasserhaltenden KDB-Abdichtungen muss der Abstand zwischen dem Anschluss und der Blockfuge nach DIN 18533-1, Anhang A mindestens 0,5 m, erfahrungsgemäß aber möglichst 1,0 m betragen (Bild 3.9).

– Bei Verwendung von Profilbändern müssen die Anschweißenden mit den Kunststoffdichtungsbahnen wasserdicht gefügt und die Sperranker umlaufsicher in die Betonkonstruktion eingebunden werden. Alternativ zu einbetonierten Profilbändern sind für Sondersituationen auch Klemm- oder Klebeanschlüsse möglich.

Bei Profilbändern werden unterschieden:

– Anschlussbänder, die in erster Linie die Funktion haben, einen wasserdichten Anschluss von Kunststoffdichtungsbahnen an die Betonkonstruktion/Innenschale herzustellen

– außenliegende Fugenbänder für in geschlossener Bauweise hergestellte Bauwerke, die folgende Funktionen haben:
  – Abdichtung in der Blockfuge
  – Abschottung Block gegen Block
  – Schutz für die Kunststoffdichtungsbahnen im Blockfugenbereich

Wechsel der Abdichtungssysteme bzw. Abdichtungsübergänge treten in folgenden Fällen auf:

– in der Regel bei druckwasserhaltenden Tunnelbauwerken beim Übergang von der bergmännischen Bauweise mit KDB-Abdichtung zur offenen Bauweise als wasserundurchlässige Betonkonstruktion (siehe hierzu auch die Richtzeichnung „T Dicht 10" für den Bau von Straßentunneln)

– innerhalb der bergmännischen Bauweise, z. B. wenn für Tunnelabschnitte mit stark Beton angreifendem Baugrund oder aggressiven Bergwässern von einer WUB-Konstruktion auf eine KDB-Abdichtung gewechselt wird

Wenn die Betonkonstruktion bereits fertiggestellt ist und erst nachträglich ein Dichtungssystem mit Kunststoffdichtungsbahn angeschlossen werden soll, ist ein Abdichtungsübergang mit einbetonierten außenliegenden Fugenbändern nicht möglich. Nachträglich herzustellende, wasserdichte KDB-Anschlüsse an wasserundurchlässige Betonkonstruktionen können beispielsweise bei der Nachrüstung von Querstollen mit KDB-Abdichtung für bereits bestehende Tunnel als Anschlüsse an Tübbingtunnel (Abschnitt 3.6.5) oder als Anschlüsse von Schächten mit KDB-Abdichtung an Tunnelröhren erforderlich sein.

3.6.2 Fugendichtung und Abschottung im Blockfugenbereich bei geschlossener Bauweise

Bei mit Kunststoffdichtungsbahnen gegen Druckwasser abgedichteten Bauwerken werden außenliegende Fugenbänder wie im Bild 3.6 dargestellt in der Blockfuge angeordnet. Die Übersicht im Bild 3.6 zeigt die Anordnung der Ringabschottung im Tunnel. Es wird empfohlen, im Firstbereich ein Entlüftungsventil für den Hohlraum zwischen Kunststoffdichtungsbahn und Fugenband anzuordnen, um Luftansammlungen während des Betonierens der Innenschale zu vermeiden. In den Detailzeichnungen wird der Kreuzungspunkt zwischen Block- und längslaufender Arbeitsfuge dargestellt. Arbeitsfugen werden in der Regel nicht mit Fugenbändern abgedichtet, sondern erhalten ggf. ein Fugenblech oder einen Verpressschlauch zur bedarfsweisen Verpressung.

Das außenliegende Fugenband erfüllt die in Abschnitt 3.6.1 genannten Funktionen. Im Falle einer beschädigten Kunststoffdichtungsbahn soll durch die wasserdichte Ringabschottung der Wassereintritt auf einen Block beschränkt werden (Abschottung). Hiermit wird auch die Voraussetzung für eine gezielte Nachverpressung des Blocks im Ringraum zwischen Kunststoffdichtungsbahn und Innenschale geschaffen. Die Schutzfunktion

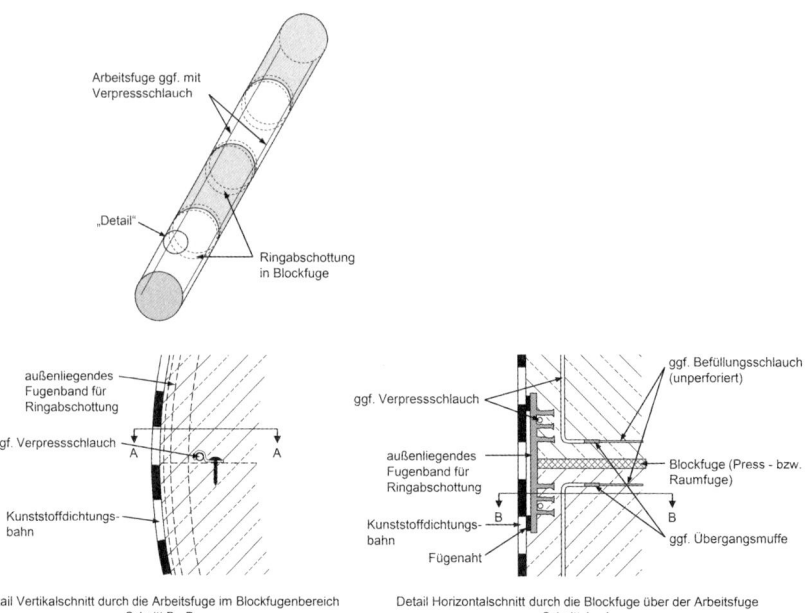

Detail Vertikalschnitt durch die Arbeitsfuge im Blockfugenbereich
Schnitt B - B

Detail Horizontalschnitt durch die Blockfuge über der Arbeitsfuge
Schnitt A - A

Bild 3.6 Ausbildung der Ringabschottung.

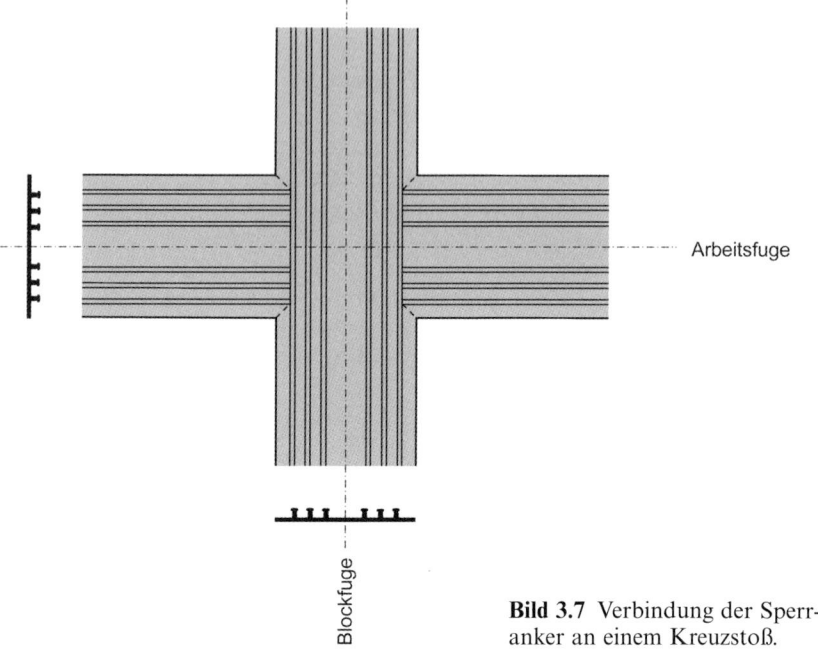

Arbeitsfuge

Blockfuge

Bild 3.7 Verbindung der Sperranker an einem Kreuzstoß.

des außenliegenden Fugenbandes dient der Verhinderung mechanischer Beschädigungen der Kunststoffdichtungsbahnen durch die Stirnschalung und durch Betonkanten in der Blockfuge. Bei Regenschirmabdichtungen werden die Kunststoffdichtungsbahnen im Bereich von Blockfugen in der Regel nicht mit außenliegenden Fugenbändern versehen, sondern lediglich mit ca. 0,50 m breiten KDB-Streifen (Schutzstreifen) vor mechanischen Beschädigungen geschützt.

Sofern die Blöcke zur weiteren Begrenzung möglicher Undichtigkeiten mit längslaufenden Profilbändern in Gewölbe- und Sohlabschnitte unterteilt werden sollen, ist durch geeignete Ausbildung des Kreuzstoßes gemäß Bild 3.7 eine Überbrückung der wichtigeren Ringabschottung zu verhindern.

3.6.3 Anschlüsse von Kunststoffdichtungsbahnen an die Betonkonstruktion bei offener Bauweise und Sickerwasser

Kunststoffdichtungsbahnen werden in Sickerwasserbereichen entweder mit Anschlussbändern (Bild 3.8) oder geeigneten Klemmvorrichtungen an die Betonkonstruktion angeschlossen.

38

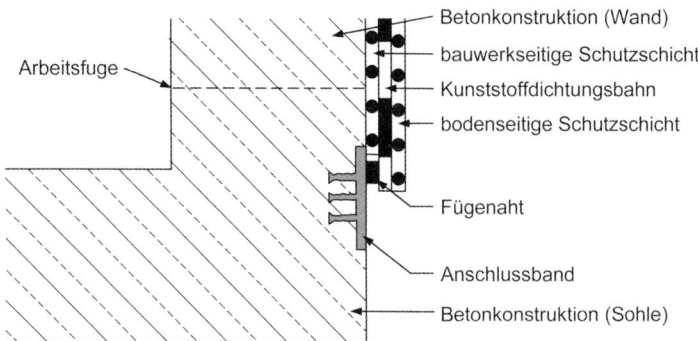

Bild 3.8 Anschluss einer Kunststoffdichtungsbahn mit Anschlussband an die Betonkonstruktion bei Sickerwasser.

Für ausreichende Dränung des außen am Bauwerk abfließenden Wassers ist Sorge zu tragen. Anschlüsse (z.B. mit Anschlussbändern gemäß Bild 3.8) am Fuß des Bauwerks müssen unterhalb der Arbeitsfuge Sohle/Wand angeordnet und in die Betonsohle eingebunden werden.

3.6.4 Übergang von KDB-Abdichtung auf wasserundurchlässige Betonkonstruktion mit Profilbändern bei geschlossener Bauweise

Der Wechsel von einem Abdichtungssystem mit Kunststoffdichtungsbahn (KDB) auf eine reine wasserundurchlässige Betonkonstruktion (WUB-Konstruktion) wird in der Regel mit auf der KDB aufgeschweißten außenliegenden Fugenbändern und Anschlussbändern realisiert, die wasserdicht in den WU-Beton einbinden.

Im Bild 3.9 ist ein typischer Abdichtungsübergang mit einem außenliegenden Fugenband (rechts im Bild) und einem Anschlussband (links im Bild) dargestellt. Rechts von der Blockfuge befindet sich der letzte mit Kunststoffdichtungsbahnen abgedichtete Block mit einem außenliegenden Fugenband über der Raumfuge, links im Bild der Übergangsblock zur reinen WUB-Konstruktion, deren Blockfugen ab hier mit innenliegenden Fugenbändern abgedichtet werden. Zur Vermeidung einer Wasserwegigkeit muss die Arbeitsfuge des Übergangsblocks zwischen Fugenblech und Außenschale systematisch verpresst werden.

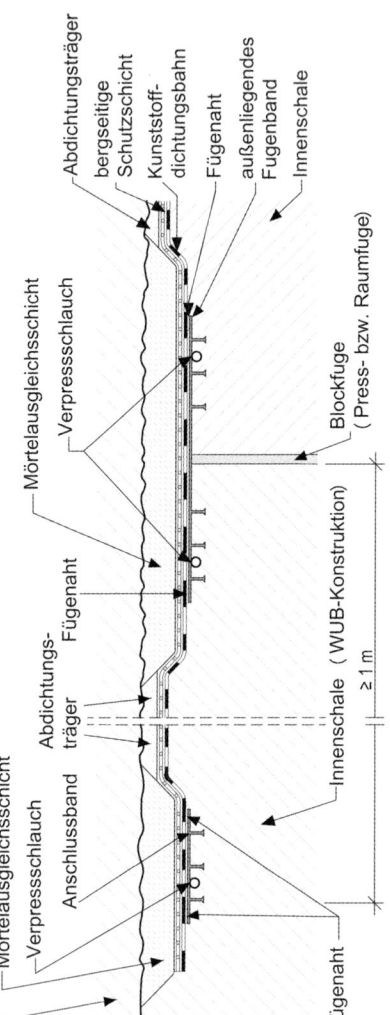

Bild 3.9 Beispiel eines Anschlusses einer KDB-Abdichtung mit außenliegendem Fugenband und Anschlussband an die Innenschale als WUB-Konstruktion (geschlossene Bauweise, nicht maßstäblich).

3.6.5 Übergänge von Querstollen mit KDB-Abdichtung an Tübbingtunnel

3.6.5.1 Allgemeines

Häufig wird in der Ausschreibung der anspruchsvolle Übergang von KDB-Dichtungssystemen an einen Tübbingtunnel vernachlässigt, indem nur ein „dichter Anschluss" gefordert wird. Dies kann in der Praxis gegebenenfalls dazu führen, dass die Anschlussdetails erst zu spät geplant werden. Wenn die Bauwerke bereits im Rohbau fertiggestellt sind und, wie oft praktiziert, für den Anschluss der KDB-Abdichtung keine optimalen Vorkehrungen getroffen wurden, ergeben sich unter Umständen zu komplizierte Anschlussdetails und Probleme hinsichtlich der Dichtigkeit.

Zu späte und unzureichende Berücksichtigung dieser anspruchsvollen Anschlussdetails kann darüber hinaus zum Misslingen des Abdichtungsanschlusses, zu deutlichen Mehrkosten und zu einer Verlängerung der Bauzeit führen. Um derartige Probleme zu vermeiden, ist der Anschluss der KDB-Abdichtung an Bauwerke wie z. B. einen Tübbingtunnel im Detail rechtzeitig zu planen. Hierfür sind unter anderem die in Tabelle 3.4 zusammengestellten Randbedingungen des jeweiligen Tunnels zu berücksichtigen.

Die verschiedenen projektspezifischen Randbedingungen führen zwangsläufig zu unterschiedlichen Lösungen, die in den Abschnitten 3.6.5.2 bis 3.6.5.4 näher erläutert werden.

Tabelle 3.4 Relevante Randbedingungen für die Planung der Übergänge von Querstollen mit KDB-Abdichtung an Tübbingtunnel.

Nr.	Randbedingung	Mögliche Varianten
1	Tübbingtyp im Anschlussbereich	– Standard – Sonderausführung, z. B. Stahltübbings
2	Zeitpunkt der Öffnungsherstellung	– während Herstellung des Tübbingtunnels – bei Bestandsbauwerken zu späterem Zeitpunkt
3	Art der Öffnungsherstellung	– Bohren oder Sägen – Herausnehmen spezieller Tübbings oder Tübbingteile
4	Art des Anschlusses	– Klemmanschluss – Schweißverbindung – Klebeverbindung – Anbetonieren mit dichtender Nachverpressung
5	Lage des Anschlusses	– in der Laibung der Öffnung – an der Gebirgsseite des Tübbings – an der Luftseite des Tübbings
6	Verschließen der Tübbingfugen im Bereich der Dichtebene des Tübbingtunnels (Tübbingdichtungsprofile) bis zur Dichtebene des Anschlusses der KDB- Abdichtung	

Für einen nachträglichen wasserdichten Anschluss einer KDB-Abdichtung an eine Tübbingröhre aus Stahlbeton kann grundsätzlich zwischen den folgenden Systemen bzw. Verfahren gewählt werden:

– Klemmanschluss

– Klebeanschluss

Unabhängig von der Art des Anschlusses sind die Verdämmung der Tübbingfugen und der Ausgleich von Versätzen und Beschädigungen in der Tübbingoberfläche im Anschlussbereich bei der Herstellung der Öffnung eine wesentliche Grundvoraussetzung für die Herstellung eines funktionsfähigen Anschlusses. Alle Anschlüsse kreuzen Ring- und Längsfugen. Durch die Verdämmung wird ein fester Untergrund für den Anschluss erstellt und ein druckwasserdichter Anschluss der beiden Abdichtungsebenen Dichtanschluss und Tübbingdichtungsprofile ermöglicht.

Für eine bedarfsweise nachträgliche Ertüchtigung im Schadensfall wird empfohlen, Nachverpressungen zu ermöglichen oder Quellfugenbänder im Übergangsbereich von der Kunststoffdichtungsbahn zum Tübbingsystem vorzusehen.

3.6.5.2 Klemmanschluss

Bild 3.10 zeigt die Ausbildung einer Klemmkonstruktion im Übergang zwischen KDB-Abdichtung und Tübbingtunnel.

Vorteile von Klemmanschlüssen sind:

– Verwendung von Materialien und Bauteilen möglich, die nicht angeklebt oder angeschweißt werden können

– bei Stahlbeton- und Stahltübbings anwendbar

– System bekannt und vielfach ausgeführt

– Ausführung der Klemmung auch bei Nässe oder niedrigen Temperaturen möglich, da temperaturempfindliche Komponenten vermieden werden können

Nachteile von Klemmanschlüssen sind:

– Die Anforderungen an die Ebenheit des Untergrunds sind hoch. Bei hohen Wasserdrücken erlaubt der starre und unflexible Losflansch nur minimale Unebenheiten im Mörtelbett. Vor allem bei Versätzen an den Tübbingfugen können Mörtelbettdicken von bis zu 3 cm erforderlich sein.

– Das aufwendig hergestellte Mörtelbett muss für die Ankerung durchbohrt werden. Dies erfordert eine erneute Bearbeitung und Reinigung der Mörtelfläche.

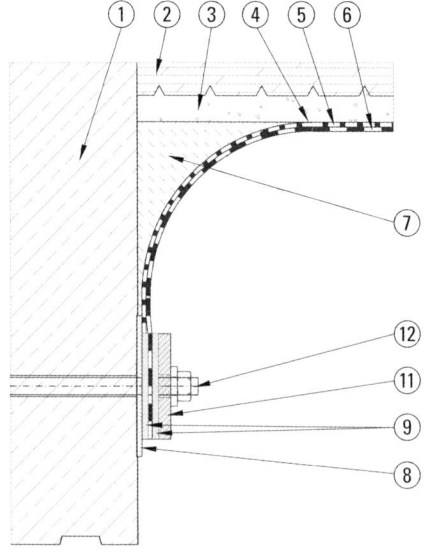

Bild 3.10 Anschluss eines KDB-Dichtungssystems an einen Tübbingtunnel mit Klemmkonstruktion.

(1) Tübbing
(2) Fels/Gebirge
(3) Spritzbetonschale
(4) Abdichtungsträger
(5) geotextile Schutzschicht
(6) Kunststoffdichtungsbahn
(7) Mörtelhohlkehle
(8) Mörtelschicht als Ausgleichsschicht
(9) Ethylen-Propylen-Dien-Kautschuk-(EPDM-) Dichtstreifen
(10) –
(11) Klemmflansch
(12) Klebeanker

– Die Ankerung der Klemmkonstruktion erfordert einen hohen Montage- und Prüfaufwand mit mehrmaligem Anziehen bzw. Überprüfen der Schrauben mit Drehmomentschlüssel DIN 18533-1, Anhang A.

– Fügenähte im Klemmbereich verursachen eine Unstetigkeit der Flächenpressung unter dem Losflansch und bei hohen Wasserdrücken häufig eine Undichtigkeit und sind z. B. durch ausreichend breite Kunststoffdichtungsbahnen vermeidbar.

– Die Fugen zwischen den einzelnen Losflanschelementen verursachen ebenfalls eine Unstetigkeit der Flächenpressung und möglicherweise Undichtigkeiten.

Eine Sondervariante eines Klemmanschlusses mit Übergangsblock ist im Bild 3.11 dargestellt. Diese Sondervariante weist grundsätzlich die Vor- und Nachteile des Klemmanschlusses aus Bild 3.10 auf. Das Winkelfugenband, in diesem Beispiel in der Öffnungslaibung angeklemmt, stellt den Abdichtungsübergang zu einem Übergangsblock als WUB-Konstruktion her. Dieser schließt mit dem im Abschnitt 3.6.4 dargestellten Abdichtungsübergang an die KDB-Abdichtung an.

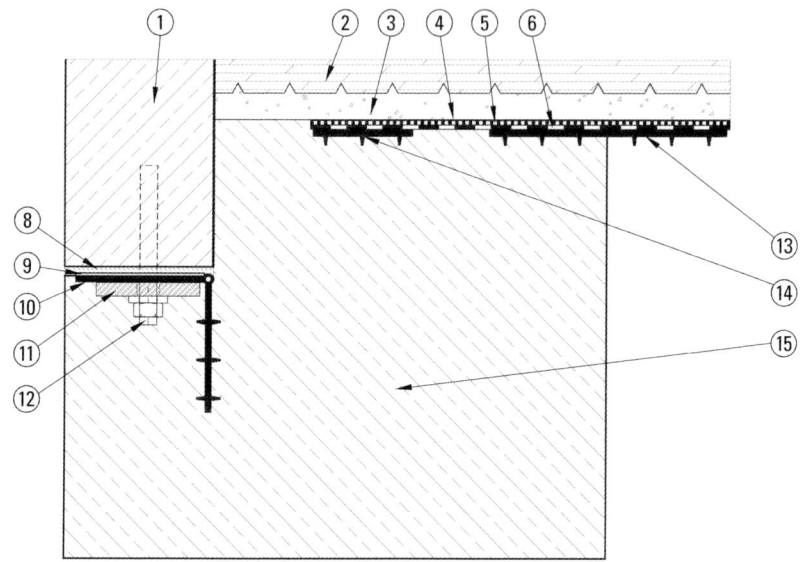

Bild 3.11 Anschluss eines KDB-Dichtungssystems an einen Tübbingtunnel mit Übergangsblock.

(1) Tübbing
(2) Fels/Gebirge
(3) Spritzbetonschale
(4) Abdichtungsträger
(5) geotextile Schutzschicht
(6) Kunststoffdichtungsbahn
(7) –
(8) Mörtelschicht als Ausgleichsschicht

(9) EPDM-Dichtstreifen
(10) Winkelfugenband
(11) Klemmflansch
(12) Klebeanker
(13) außenliegendes Fugenband
(14) Anschlussband
(15) Übergangsblock als WUB-Konstruktion

3.6.5.3 Klebeanschluss

Bild 3.12 zeigt die Ausbildung eines Klebeanschlusses im Übergang zwischen KDB-Abdichtung und Tübbingtunnel.

Vorteile von Klebeanschlüssen sind:

– geringe Anforderungen an die Ebenheit des Betonuntergrunds, da das klebbare Abdichtungselement aufgrund seiner Flexibilität Unebenheiten folgen kann

– bei Stahlbeton- und Stahltübbings anwendbar

44

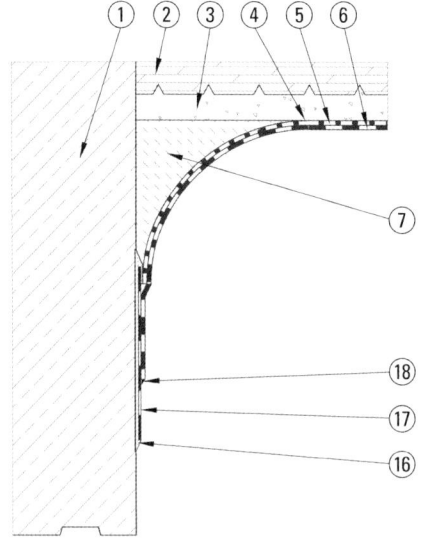

Bild 3.12 Klebeanschluss eines KDB-Dichtungssystems an einen Tübbingtunnel.

(1) Tübbing
(2) Fels/Gebirge
(3) Spritzbetonschale
(4) Abdichtungsträger
(5) Geotextile Schutzschicht
(6) Kunststoffdichtungsbahn
(7) Mörtelhohlkehle
(8)–(15) –
(16) Epoxidharz-Spachtel als Klebeschicht und zum Ausgleich von Unebenheiten
(17) klebbarer Kunststoffdichtungsbahnstreifen
(18) Fügen von (6) und (17) mit Warmgasschweißen oder Warmgasextrusionsschweißen

– geringer Montage- und Kontrollaufwand im Vergleich zur Klemmkonstruktion

– geringere Personal- und Materialkosten im Vergleich zur Klemmkonstruktion

– für hohe Wasserdrücke einsetzbar

Nachteile von Klebeanschlüssen sind:

– Die Arbeitsbereiche müssen frei von Nässe sein.

– Die Temperaturen müssen eine Verarbeitung des Klebers erlauben.

3.6.5.4 Bewertung der Systeme und Sondervarianten

Aufgrund der Vielzahl der unterschiedlichen Randbedingungen – insbesondere auch hinsichtlich der Geologie und Hydrologie – und wegen der zurzeit noch fehlenden Langzeiterfahrungen kann keine Lösung als Universallösung empfohlen werden. Die Auswahl einer geeigneten Anschlussvariante einer KDB-Abdichtung an ein Bauwerk wie einen Tübbingtunnel muss deshalb zurzeit noch im Rahmen einer Einzelfallentscheidung getroffen werden, die die jeweiligen Randbedingungen wie auch die Kraftübertragung der Tübbings im Öffnungsbereich berücksichtigt.

3.6.6 Durchdringungen

Durchdringungen der KDB-Abdichtung sind möglichst zu vermeiden.

Im Falle temporärer Grundwasserabsenkungen, beispielsweise im Bauzustand druckwasserhaltender Bauwerke, werden dafür erforderliche Durchdringungen der Innenschale und der KDB-Abdichtung mit Brunnentöpfen aus Polyethylen (PE) (Bild 3.13 links) oder Stahl (Bild 3.13 rechts) ausgebildet. Die Brunnentöpfe müssen kraftschlüssig in die Innenschale eingebunden, druckwasserdicht an die KDB-Abdichtung angeschlossen und nach Ende der Grundwasserabsenkung dicht verschlossen werden. Der Werkstoff bestimmt die Art der Verbindung zwischen Brunnentopf und KDB-Abdichtung. Bei PE werden die Kunststoffdichtungsbahnen direkt durch Schweißen mit dem PE-Anschweißring des Brunnentopfs gefügt. Bei Stahl werden die Kunststoffdichtungsbahnen mit einer Los-/Festflanschkonstruktion durch Klemmen/Verschrauben angeschlossen. Bild 3.13 zeigt typische Ausführungsvarianten der Durchdringungen mit einem Brunnentopf aus PE und aus Stahl.

Wichtige Ausführungsdetails außer dem Anschluss der Kunststoffdichtungsbahn an den Brunnentopf sind:

– die kraftschlüssige Einbettung des Brunnentopfs in die Außen- bzw. Innenschale

– der dichte Verschluss und die Verdämmung von Baudränage und Brunnentopf

– der nachträgliche Verschluss des Schachts mit einer bewehrten Betonplombe

3.7 Befestigung der Abdichtung

Befestigungssysteme für die Kunststoffdichtungsbahnen dienen ausschließlich Montagezwecken. In vielen Fällen wird die Kunststoffdichtungsbahn über Rondellen am Abdichtungsträger befestigt. Diese Rondellen können gleichzeitig der Befestigung der bergseitigen Schutzschicht dienen. Inzwischen kommen zum Zweck einer mechanisierten Verlegung oft alternative Befestigungssysteme zum Einsatz, die im Abschnitt 4.7 beschrieben werden.

Die Befestigungselemente dürfen die Kunststoffdichtungsbahnen nicht beschädigen; notfalls muss sich die Kunststoffdichtungsbahn schadensfrei vom Befestigungselement ablösen können. Die Kunststoffdichtungsbahnen dürfen von keinem Befestigungselement perforiert werden.

Bei in offener Bauweise erstellten Bauwerken werden die bauwerkseitigen Schutzschichten und die Kunststoffdichtungsbahnen in der Regel so weit

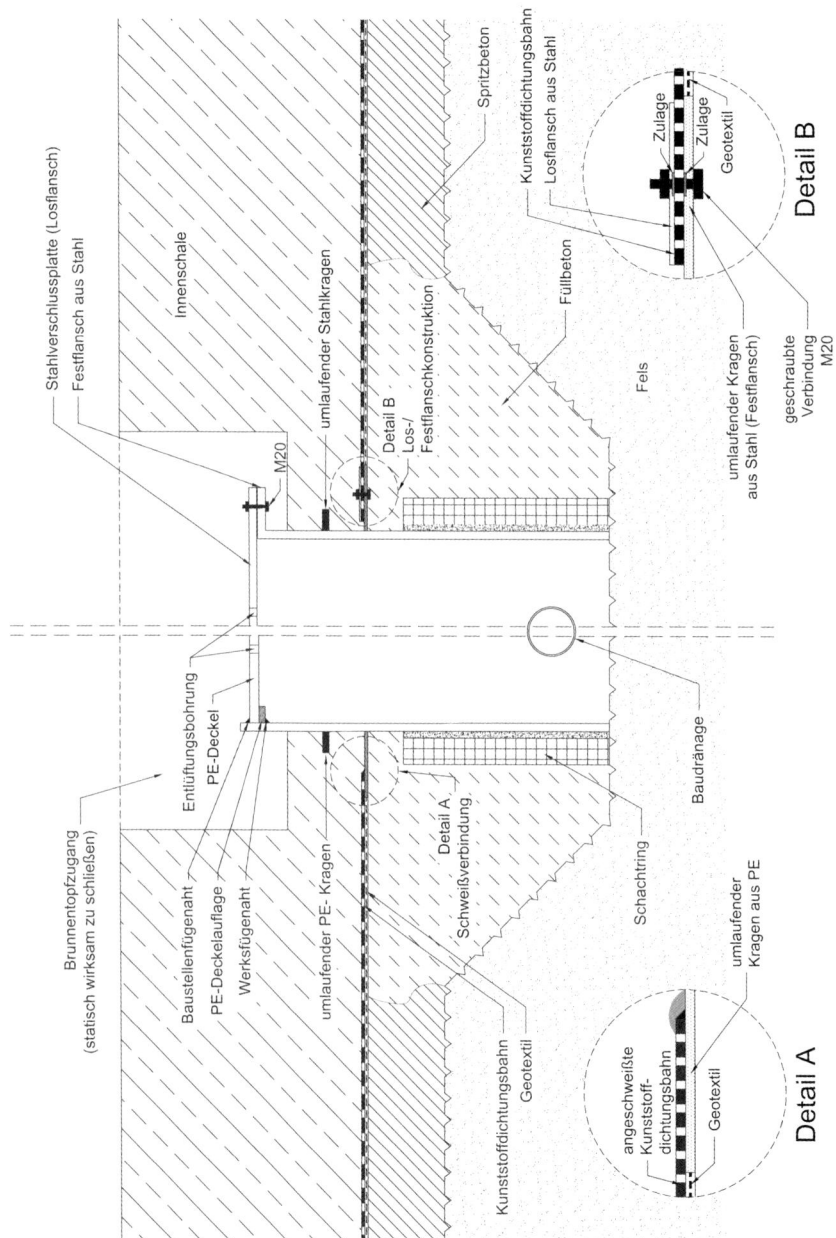

Bild 3.13 Durchdringungen im Sohlbereich mit einem Brunnentopf (links aus Polyethylen, rechts aus Stahl).

wie möglich ohne Befestigung auf die Betonkonstruktion aufgelegt. Nur wo die Kunststoffdichtungsbahnen senkrecht hängen (Wände von Rechteckquerschnitten) oder überhängen (unterer Teil von Gewölbequerschnitten), werden sie befestigt. Dabei gelten die gleichen Grundsätze wie zuvor beschrieben.

3.8 Verpressvorgänge

3.8.1 Geschlossene Bauweise

Einrichtungen zum Verpressen von Hohlräumen dienen der Herstellung eines funktionstüchtig abgedichteten Bauwerks. Tabelle 3.5 gibt für in geschlossener Bauweise herzustellende Tunnel einen Überblick über planmäßige Verpressvorgänge nach dem Betonieren der Innenschale und bedarfsweise nachträgliche Verpressvorgänge. Planmäßige Verpressvorgänge dienen der funktionsgerechten Herstellung der Innenschale. Für die Abdichtung muss zum einen eine geeignete bergseitige Oberfläche der Innenschale erreicht werden. Vermieden werden sollen Beschädigungen der Kunststoffdichtungsbahnen, wenn sie beim Wiederanstieg des Bergwasserspiegels gegen die Innenschale gedrückt werden. Zum anderen dienen planmäßige Verpressvorgänge zur Ertüchtigung einzelner abdichtungswirksamer Elemente, wie beispielsweise zur vollständigen Einbettung der Sperranker von Profilbändern im Beton. Bedarfsweise nachträgliche Verpressvorgänge dienen zur Herstellung der Abdichtungsfunktion im Schadensfall. Schäden an Kunststoffdichtungsbahnen, Profilbändern und Mängel von Fügenähten können allerdings nicht beseitigt werden. Erste Priorität hat daher immer die Herstellung einer dichten KDB-Abdichtung ohne nachträgliche Verpressungen. Mithilfe der Einrichtungen zur bedarfsweisen nachträglichen Verpressung können möglicherweise Leckagen frühzeitig erkannt werden, wenn durch die Schlauchsysteme schnell Wasser in das Tunnelinnere austritt.

Unter anderem abhängig von Hohlraumgeometrie und -volumen werden unterschiedliche Verpressstoffe verwendet, nämlich:

- Zementsuspension (ZS)
- Zementleim (ZL)
- Zementmörtel (ZM)
- schwindarmer Vergussmörtel/-beton
- Acrylat/Methacrylatgel (AC/AY)
- Polyurethan (PUR)
- flexibles Silikatharz (SIL)

Tabelle 3.5 Chronologisch geordnete planmäßige oder bedarfsweise Verpressvorgänge bei geschlossener Bauweise.

Nr.	Art	Verpressvorgang/ -bereich	Zeitpunkt	Anordnung der Austrittsöffnungen	Zweck
1	plan-mäßig	Firstbereich	frisch in frisch nach Betonage der Innenschale	punktuell	Nachbetonieren der Innenschale
2		Blockfugenbereich		punktuell	Einbettung der Sperranker des außenliegenden Fugenbands
3	plan-mäßig	Firstspalt, und gegebenenfalls vorab Verfüllen von Bereichen mit großen Minderdicken	≥ 28 Tage nach Betonage (ZTV-ING ≥ 56 Tage) vor Wiederanstieg des Bergwassers	punktuell oder linear	abdichtungsgerechte Oberfläche, bedarfsweise zuvor Nachbetonieren der Innenschale
4	bedarfs-weise	im Fugenbereich: a) Sperrankerbereich von außenliegenden Fugenbändern und Anschlussbändern b) Arbeitsfugen ohne Profilband c) Klebeanschlüsse an WUB-Konstruktionen	während oder nach Wiederanstieg des Bergwassers	a) punktuell oder linear b) linear c) linear	a) Ringabschottung und dichter Anschluss b) Fugendichtung c) Fugendichtung
5	bedarfs-weise	flächig: a) Schottfeld zwischen Blockfugen im Spalt zwischen KDB und Innenschale bei einlagiger KDB-Abdichtung b) Kammerelement bei doppellagiger KDB-Abdichtung		punktuell	Herstellung der Dichtungsfunktion

Zum Einsatz kommen unterschiedliche Verpresseinrichtungen, nämlich:

- Verpressstutzen, starr oder flexibel, mit punktueller Austrittsöffnung (P) und lagestabiler Befestigung, damit die Austrittsöffnung in der späteren Bauwerksfuge liegt

- Verpressschlauchsystem mit linienförmig verteilten Austrittsöffnungen (L) bestehend aus:
  - ggf. Packer
  - Befüllungsschlauch
  - Verbindungselement
  - Verpressschlauch mit über die Länge verteilten Austrittsöffnungen

49

- Verbindungselement
- Entlüftungsschlauch
- Befestigungsmittel

Die Anordnung der Verpresssysteme im Tunnel und ihre Anzahl, die Auswahl geeigneter Elemente, die Ausführung der Verpressvorgänge und die erforderlichen Qualitätssicherungsmaßnahmen hängen von den vorgesehenen Verpressvorgängen und -bereichen, der Tunnelgeometrie und den Eigenschaften der vorgesehenen Verpressstoffe ab. Sie richten sich einerseits nach den Vorgaben des Bauherrn und andererseits nach technischen Erfordernissen.

Es ist generell darauf zu achten, dass durch den Verpressdruck an der Austrittsstelle die Standsicherheit des Bauwerks oder einzelner Bauteile nicht gefährdet, die Abdichtungselemente nicht beschädigt und ihre langfristige Funktionsfähigkeit nicht gefährdet werden. Außerdem ist zu beachten, dass die Verpresseinrichtungen auf die beim Verpressen auftretenden größeren Drücke vor der Austrittsöffnung ausgelegt werden. Die Abschnitte 4.8, 4.11, 5.3.9, 5.3.10 und 6.5.4 gehen auf diese Aspekte ein.

3.8.2 Offene Bauweise

Für Verpressungen bei in offener Bauweise erstellten Bauwerken gelten die Vorgaben der ZTV-ING, Teil 3, Abschnitt 5, des ABI-Merkblatts der STUVA sowie der relevanten abP's; die vorliegenden Empfehlungen gehen darauf nicht näher ein.

3.9 Einbauteile

Einbauteile, z. B. an Durchdringungen, dürfen die Funktionsfähigkeit des Dichtungssystems nicht beeinträchtigen. Der wasserdichte Anschluss der Kunststoffdichtungsbahnen an die Einbauteile erfolgt in der Regel mit Klemmvorrichtungen nach DIN 18533-1, Anhang A.

3.10 Qualität

Schäden am Dichtungssystem können aufwendige und kostenintensive Reparaturmaßnahmen verursachen, insbesondere wenn bei in geschlossener Bauweise erstellten Bauwerken die Schäden zu spät erkannt werden. Sie können den Baufortschritt oder die Gebrauchstauglichkeit der Bauwerke im Betriebszustand erheblich beeinträchtigen und unter Umständen erhebliche Folgekosten verursachen (z. B. ständige Bergwasserbeseitigung bei Tunneln in Wannenlage). Qualitätssicherungsmaßnahmen sind daher zwingend notwendig und müssen neben der Überwachung der verwendeten Bauprodukte insbesondere auch die Bauausführung erfassen. Dabei sind die abdichtungsrelevanten Aspekte der übrigen Gewerke und die abdichtungsrelevanten Schnittstellen zwischen den Gewerken einzubinden.

3.11 Spritz-, Sprüh- oder Flüssigabdichtungen

3.11.1 Generelle Einschätzung

Spritz-, Sprüh- oder Flüssigabdichtungen unterscheiden sich von KDB-Abdichtungen, bei denen Kunststoffdichtungsbahnen lose verlegt werden. Sie werden entweder analog zum Spritzbeton an die Tunnellaibung appliziert oder als pastöser Anstrich auf den jeweiligen Untergrund aufgebracht.

Zurzeit fehlen ausreichend detaillierte Erkenntnisse zu den chemisch-physikalischen Eigenschaften derartiger Systeme, zu den verfahrenstechnischen Voraussetzungen und Einschränkungen ihres Einbaus sowie zu ihrem Langzeitverhalten im Bauwerkslebenszyklus. Zudem sind die vertraglichen Randbedingungen hinsichtlich Gewährleistung und Qualitätsanforderungen unklar. Daher kann die Anwendung derartiger Dichtungssysteme bei Tunnelbauwerken mit Anforderungen an die Wasserdichtigkeit zurzeit nicht empfohlen werden. Sie sind daher bewusst nicht in der Systematik mit WUB-Konstruktionen und KDB-Abdichtungen dieser Empfehlungen (Tabellen 3.1 und 3.2) enthalten. Gründe dafür werden in den Abschnitten 3.11.2 und 3.11.3 erläutert.

3.11.2 Übliche Materialien, Anwendungsgebiete und Anforderungen

Spritz-, Sprüh- oder Flüssigabdichtungen auf Epoxy-, Acrylat- Polyurea- oder Polyurethanbasis werden schon seit langem angewendet. Einsatzgebiete sind z. B. Industrieböden, Brückenbeschichtungen, Reparaturen bei Foliendächern, Abdichtungsschichten bei Betonkonstruktionen in offener Bauweise oder Spritzschutzsysteme im Tunnelinnenausbau. Charakteristische Anforderungen für den Einbau sind ein geeigneter ebener, porenfreier und trockener Untergrund, geringe Luftfeuchtigkeit und minimaler Staubeinfluss, für das jeweilige Material geeignete Umgebungstemperaturen, ein mehrschichtiger, meist horizontaler Auftrag mit entsprechender Trocknungsphase, definierte Haftzugwerte und gegebenenfalls zusätzliche Arbeitsschutzmaßnahmen.

Neuerdings kommt es im Tunnelbau vereinzelt zur Anwendung von Spritz-abdichtungen, z. B. aus nicht-reaktiven (redispergierbaren) latexähnlichen Systemen oder Pasten z. B. aus zementösen Pulvermischungen auf Basis von Ethylenvinylacetaten (EVA), aus Acrylaten oder aus Reaktivharzen wie Methylmethacrylat (MMA) oder Polyurea.

3.11.3 Hinweise zu möglichen Vor- und Nachteilen

Vorteile von Spritz-, Sprüh- und Flüssigabdichtungen gegenüber KDB-Ab-dichtungen mit lose verlegten Bahnen können sein (ITAtech, 2013):

– direkte Applikation auf die vorläufige Sicherung und Erstellung dauer-hafter Spritzbetonschichten als endgültige Sicherung, sodass aufwän-dige Schalungsarbeiten und bei Verwendung eines faserbewehrten Spritzbetons Bewehrungsarbeiten entfallen

– nahtloser Einbau der Abdichtung ohne Fügearbeiten, was insbesondere bei komplexen Geometrien vorteilhaft ist

– als Verbundkonstruktion aus mehreren Schichten Spritzbeton Entwick-lung einer monolithischen Tragwirkung, sodass die vorläufige Sicherung in die Tragwirkung der Schalenkonstruktion eingebunden wird

– Vermeidung von Wasserhinterläufigkeiten zwischen Spritzabdichtung und Innenschale

– Kosteneinsparungen

Dem stehen folgende mögliche Nachteile gegenüber, die in der Regel die Vorteile erheblich überwiegen (LEMKE, 2015):

– wesentlicher Einfluss der Untergrundbedingungen, wie Spritzbeton-rauigkeit und -güte, Feuchtigkeit, Staub und Wasserzuflüsse, und der Umgebungsbedingungen, wie Temperatur und Luftfeuchte, sowie der Qualifikation und Arbeitsweise des Personals auf Qualität der Abdich-tung

– umfangreiche Qualitätskontrollen in situ während und nach der Herstel-lung erforderlich, wie der:
  – Schichtdicken
  – Aushärtungszeiten und -bedingungen
  – Änderungen der Kohäsionseigenschaften
  – biaxialen Rissüberbrückungseigenschaften
  – Haftzug- und Schälwerte
  – Materialkompatibilitäten mit angrenzenden Schichten

– Nachweis der dauerhaften Dicht- und der für die Verbundbauweise sta-tisch relevanten Tragwirkung der Dichtungsschicht über die Nutzungsdauer des Bauwerks schwierig; um unkontrollierte Wasserwegigkeiten für das gegebenenfalls betonangreifende Bergwasser zu vermeiden, besonderes Augenmerk auf Haftverbund erforderlich, der bei der Herstellung vor Ort vielen Einflüssen unterliegt

- durch Herstellung in situ großer Prüf- und Dokumentationsaufwand während der Herstellung; unbedingt Nachweise zur Materialidentifikation und zur Umweltverträglichkeit erforderlich

- keine Systeme zur bedarfsweisen Beseitigung von Undichtigkeiten wie bei KDB-Abdichtungen vorgesehen

- systembedingt nicht ohne Zusatzmaßnahmen für dränierte Tunnel geeignet, da der vollflächige Verbund mit dem Abdichtungsträger keine ausreichende Wasserwegigkeit zulässt und daher der lokale Aufbau von Wasserdruckspitzen zu erwarten ist, die gegebenenfalls in der Tunnelstatik zu berücksichtigen sind

4 Produkt- und Systemanforderungen

4.1 Allgemeines

Die Anforderungen an die im Kapitel 3 genannten Elemente des Dichtungssystems ergeben sich aus den Beanspruchungen in Bau- und Betriebszustand des Bauwerks. Wichtige Eigenschaften der Produkte, wie die mechanische Festigkeit, die Schweißbarkeit und die Beständigkeit, lassen sich auf die zu erwartenden Beanspruchungen des Bauwerks abstimmen. Auch die Wechselwirkungen von Systemteilen untereinander und verlegungstechnische Gesichtspunkte sind zu beachten. Miteinander in Kontakt stehende Elemente des Dichtungssystems müssen dauerhaft verträglich sein. Außerdem sind die verwendeten Werkstoffe eindeutig zu identifizieren.

Die in den Abschnitten 3.2.1 und 3.2.2 genannten Abdichtungselemente müssen grundsätzlich die in den Abschnitten 4.2 bis 4.10 gestellten Anforderungen erfüllen. Falls die KDB-Abdichtung besonderen Beanspruchungen wie z. B. hohen Temperaturen, Drücken oder speziellen chemischen Angriffen ausgesetzt ist, sind nötigenfalls projektspezifisch weitere zusätzliche Anforderungen festzulegen und deren Einhaltung nachzuweisen.

Falls in den folgenden Abschnitten für Geokunststoffe ein Originalrohstoff („virgin material") gefordert wird, dürfen nur Rohstoffe mit dokumentierter, nachgewiesener Zusammensetzung und Herkunft eingesetzt werden. Innerhalb eines Verfahrens und Produktionsprozesses ist die Zugabe von Umlaufmaterial des gleichen Werkstoffs ohne Einschränkung zulässig, wenn das Material im Aufbereitungsprozess nicht pelletiert wird. Pelletiertes Umlaufmaterial darf ohne weitere Nachweise nur bis zu 10 % der Masse zugegeben werden.

Folgende harmonisierte europäische Normen sind zu berücksichtigen:

- DIN EN 13252:
  Geotextilien und geotextilverwandte Produkte – Geforderte Eigenschaften für die Anwendung in Dränanlagen

- DIN EN 13256:
  Geotextilien und geotextilverwandte Produkte – Geforderte Eigenschaften für die Anwendung im Tunnelbau und in Tiefbauwerken

- DIN EN 13491:
  Geosynthetische Dichtungsbahnen – Eigenschaften, die für die Anwendung beim Bau von Tunneln und damit verbundenen Tiefbauwerken erforderlich sind

Empfehlungen zu Dichtungssystemen im Tunnelbau EAG-EDT, 2. Auflage.
Deutsche Gesellschaft für Geotechnik (Hrsg.).
© 2018 Ernst & Sohn GmbH & Co. KG. Published 2018 by Ernst & Sohn GmbH & Co. KG.

Aktuelle Vorgaben der genannten Europäischen Normen wurden bei der Festlegung der im Abschnitt 4.3 für Kunststoffdichtungsbahnen, im Abschnitt 4.5 für geotextile Schutzschichten und im Abschnitt 4.6 für geotextile bzw. geotextilverwandte Dränschichten gestellten Anforderungen beachtet. Die CE-Zertifizierung durch den Produzenten wird hier nicht im Einzelnen behandelt; sie ist eine notwendige Grundanforderung für die Geokunststoffe. Für Kunststoffschutzbahnen, Profilbänder und für solche Dränmatten, die nicht den Geotextilien und geotextilverwandten Produkten zuzuordnen sind, gibt es zurzeit keine harmonisierten europäischen Normen, die zu berücksichtigen sind.

Für die nach den harmonisierten europäischen Normen im Rahmen der CE-Zertifizierung erforderlichen Prüfungen wird auf der Leistungserklärung als Ergebnis der Mittelwert ± Abweichung angegeben. Bei der Eignungsprüfung müssen hingegen die Mittelwerte der Messproben die nachfolgenden Anforderungswerte erfüllen.

Die Prüfmethoden und -randbedingungen sind den Tabellen 4.1 bis 4.7, den darin genannten Prüfvorschriften und/oder Abschnitt 4.12 zu entnehmen.

Die Grund- und Eignungsprüfungen dürfen nur von Prüflaboratorien durchgeführt werden, die für diese Prüfungen akkreditiert und unabhängig vom Auftragnehmer und Produzenten sind (Kapitel 6).

4.2   Abdichtungsträger

4.2.1   Geschlossene Bauweise

Zur Ermöglichung eines spannungsarmen und faltenfreien Einbaus der Kunststoffdichtungsbahnen muss der Abdichtungsträger folgende Anforderungen erfüllen:

– frei von losen Bestandteilen

– ausreichende Festigkeit (mindestens Betonfestigkeitsklasse C 20/25) und Formbeständigkeit zur Aufnahme des Dichtungssystems

– Mindestdicke 30 mm

– Mindestradius der Ausrundungen an Kanten und Kehlen 0,2 m

– bei Unebenheiten des Abdichtungsträgers Ausbildung der Geometrie nach den Vorgaben im Bild 4.1

– Spritzbeton mit einem Größtkorn von maximal 8 mm Durchmesser als separate 30 mm dicke anforderungsgerechte Zusatzschicht auf der Spritzbetonschale

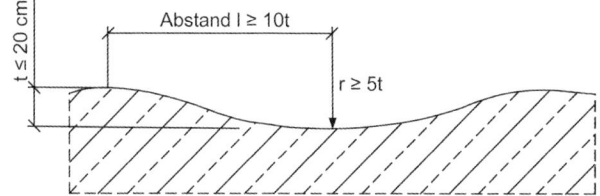

Bild 4.1 Zulässige Unebenheiten im Abdichtungsträger.

– als gebrochene Zuschlagstoffe nur Edelsplitt

– Spritzbetonschale für Aufbringen des Abdichtungsträgers frei von losen Bestandteilen und vorstehenden scharfkantigen Teilen, die nicht geeignet überdeckt werden können

– planebene und gleichmäßig gekrümmte Ausbildung des Abdichtungsträgers ggf. durch Mörtelausgleichsschicht für umlaufend angeordnete außenliegende Fugenbänder im Bereich von Blockfugen

– möglichst trockene Oberfläche, gegebenenfalls Fassung zulaufenden Bergwassers durch geeignete Maßnahmen (z. B. Abschlauchung oder Dränelemente) und Abführung zur Sohle

4.2.2 Offene Bauweise

Bei in offener Bauweise erstellten Bauwerken muss die bodenseitige Oberfläche der Betonkonstruktion als Abdichtungsträger frei von Kiesnestern, Graten und vorspringenden Kanten sein. Eine ausreichende Überdeckung der Bewehrung mit Beton muss gewährleistet sein. Wenn die KDB-Abdichtung an bauwerksbedingte Aufkantungen angeschlossen werden soll, muss deren Ausrundungsradius mindestens 0,1 m betragen, damit die KDB-Abdichtung eng anliegen kann. Außenkanten in Decke/Sohle und Wand, über die die KDB-Abdichtung führt, müssen gebrochen sein.

4.3 Kunststoffdichtungsbahnen

Für die in diesen Empfehlungen EAG-EDT behandelten KDB-Abdichtungen werden Kunststoffdichtungsbahnen aus flexiblen Polyolefinen (FPO) oder aus PVC-P verwendet, die durch Schweißen gefügt werden.

Die polymeren Werkstoffe werden nach dem Temperaturverlauf der Schubmoduln und des Zugverformungsrestes bei Raumtemperatur eingeteilt. Diese Einteilung wird durch das mechanische Verhalten im Gebrauchstemperaturbereich bestimmt:

– Thermoplaste sind Werkstoffe, die sich im Gebrauchstemperaturbereich vorwiegend energieelastisch (fester Zustand) verhalten. Es werden für KDB-Abdichtungen in Tunnelbauwerken nur unvernetzte Werkstoffe verwendet, die aufgrund ihres Schmelzbereichs oberhalb des Gebrauchstemperaturbereichs wiederholt umform- und verarbeitbar (schweißbar) sind.

– Thermoplastische Elastomere sind Werkstoffe, die sich im Gebrauchstemperaturbereich vorwiegend gummielastisch verhalten. Sie haben ebenfalls oberhalb ihrer Gebrauchstemperatur einen Schmelzbereich. Thermoplastische Elastomere sind mehrphasige Polymere oder Polymerblends mit gummielastischen Eigenschaften, die plastisch verformbar sind.

Die erforderliche Flexibilität der Kunststoffdichtungsbahnen wird bei Werkstoffen auf Polyolefinbasis durch Zugabe niedermolekularer Polymere aus PE oder durch Copolymerisation und bei PVC-P durch Zugabe niedermolekularer Weichmacher oder niedermolekularer Polymere erreicht. Zudem ist die Herstellung von Polyolefinen (PE, PP) mit geeigneter Flexibilität mithilfe dafür geeigneter, in den letzten Jahrzehnten erheblich weiter entwickelter Katalysatortechniken möglich. Den Kunststoffdichtungsbahnen können außerdem Füllstoffe, Flammschutzmittel, Stabilisatoren, Verarbeitungshilfen, und Pigmente beigemischt werden. Für die Anwendung im Tunnelbau kommen in Deutschland überwiegend flexible Polyolefine (FPO), üblicherweise „very-low-density polyethylene" (VLDPE) oder mit Ethylenvinylacetat (EVA) modifiziertes Polyethylen (PE) und zu einem geringeren Teil weichmacherhaltiges Polyvinylchlorid (PVC-P) zum Einsatz.

Die Kunststoffdichtungsbahnen müssen mindestens die in Tabelle 4.1 zusammengestellten Anforderungen erfüllen. Da die Anforderungen an Kunststoffdichtungsbahnen für in geschlossener und offener Bauweise erstellte Bauwerke weitestgehend identisch sind, gilt Tabelle 4.1 für beide Bauweisen. Die Kunststoffdichtungsbahnen erhalten grundsätzlich einseitig eine helle Signalschicht mit Kontrast zur KDB-Grundfarbe. Bei in geschlossener Bauweise erstellten Bauwerken ermöglicht die luftseitig anzuordnende Signalschicht im Bauzustand visuelle Prüfungen auf Beschädigungen und verbessert durch ihre helle Farbe auch die Arbeitsbedingungen im Tunnel. Bei in offener Bauweise erstellten Bauwerken ist eine hellfarbige Signalschicht nicht zwingend erforderlich, jedoch wegen der geringeren Erwärmung bei Sonneneinstrahlung zur Verhinderung von Faltenbildung sinnvoll.

Es ist stets projektbezogen zu prüfen, ob die in Tabelle 4.1 genannten Mindestanforderungen dem jeweiligen Anwendungsfall genügen.

Sikaplan®

DICHTE TUNNELBAU-WERKE MIT FLEXIBLEN PVC-P & FPO KUNSTSTOFF-DICHTUNGSBAHNEN

- **GEPRÜFTE LANGLEBIGKEIT**
- **HERVORRAGENDE BESTÄNDIGKEIT**
- **HÖCHSTE SICHERHEIT**
- **OPTIMALE VERARBEITBARKEIT**

www.sika.de

BUILDING TRUST

Ernst & Sohn
A Wiley Brand

Steffen Praetorius,
Britta Schößer
Bentonithandbuch
Ringspaltschmierung für
den Rohrvortrieb
2015. 242 Seiten.
€ 59,–*
ISBN: 978-3-433-03136-0
Auch als **e**book erhältlich

Online Bestellung:
www.ernst-und-sohn.de

Bentonithandbuch

Das Buch behandelt nahezu alle Aspekte der Ring-
raumschmierung im Rohrvortrieb – von Baugrund-
bedingungen, über Eigenschaften des Bentonits bis
hin zu technischen Aspekten. Darüber hinaus werden
Berechnungen und Vorschlagswerte über Bentonit-
verbrauchsmengen zusammengefasst.

Das könnte Sie auch interessieren:

- Geotechnik –
  Bodenmechanik
- Zielgenau bis ans
  Ende des Tunnels

Ernst & Sohn
Verlag für Architektur und technische
Wissenschaften GmbH & Co. KG

Kundenservice: Wiley-VCH
Boschstraße 12
D-69469 Weinheim

Tel. +49 (0)6201 606-400
Fax +49 (0)6201 606-184
service@wiley-vch.de

Der €-Preis gilt ausschließlich für Deutschland. Inkl. MwSt. zzgl. Versandkosten. Irrtum und Änderungen vorbehalten. 1115126_dp

Alles über Tunnelbau

 **Ernst & Sohn**
A Wiley Brand

Taschenbuch für den Tunnelbau 2017

Taschenbuch für den Tunnelbau 2016

nur € 79,–

Beton-Kalender 2014
Schwerpunkte: Unterirdisches Bauen – Grundbau – Eurocode 7

Spezialtiefbau 2.0
Durch Schaden wird man klug

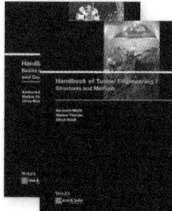

Handbook of Tunnel Engineering
Vol. I and Vol. II

Rock Mechanics Based on an Anisotropic Jointed Rock Model (AJRM)

TBM Excavation in Difficult Ground Conditions
Case Studies from Turkey

Faszination Tunnelbau

Maschineller Tunnelbau im Schildvortrieb
deutsch und englisch

Bauprozesse und Bauverfahren des Tunnelbaus

Betonkonstruktionen im Tunnelbau

Bentonithandbuch

Geomechanics and Tunnelling

Beton- und Stahlbetonbau

geotechnik

Alle Zeitschriften und ausgewählte Bücher sind als

journal

und

book

erhältlich

Online Bestellung: www.ernst-und-sohn.de/thema-tunnelbau

Ernst & Sohn
Verlag für Architektur und technische Wissenschaften GmbH & Co. KG

Kundenservice: Wiley-VCH
Boschstraße 12
D-69469 Weinheim

Tel. +49 (0)6201 606-400
Fax +49 (0)6201 606-184
service@wiley-vch.de

Tabelle 4.1 Anforderungen an Kunststoffdichtungsbahnen.

Nr.	Eigenschaft	Prüfung nach Regelwerk und/ oder Angaben in EAG-EDT		Anforderung[1]	
		Regelwerk	EAG-EDT	auf Polyolefinbasis	aus PVC-P
1	Art der Kunststoffdichtungsbahn[2,3,E]		4.12.1	Originalrohstoffe, i. d. R. einseitig helle Signalschicht mit Kontrast zur KDB-Grundfarbe, Deklarierung des Polymerrohstoffs oder bei Blends der Polymerrohstoffe	
				flexible Polyolefine (FPO)	PVC-P
2	Beschreibung[E]				
2.1	Kennzeichnung	DIN EN ISO 10320	4.12.1	Typenkennzeichnung Markierung für Überlappung im Nahtbereich Auf Verpackung: CE- und Verpackungsetikett	
2.2	Unterlagen		6	– Leistungserklärung für CE-Zertifizierung – Vertrauliche Hinterlegung der vollständigen Rezeptur gemäß Erläuterung empfohlen – ggf. Prüfberichte der gültigen Eignungsprüfung und der Fremdüberwachung(en)	
3	allgemeine Beschaffenheit	DIN EN 1850-2		frei von Blasen, Rissen, Lunkern und Fremdeinschlüssen, vollflächiger Verbund der Signalschicht mit dem Grundmaterial	
4	Geradheit (g)[E] Planlage (p)[E]	DIN EN 1848-2		$g \leq 50$ mm $p \leq 50$ mm	
5	flächenbezogene Masse[E]	DIN EN 1849-2		Wert ermitteln	
6	Abmessungen[E]				
6.1	Dicke ohne Signalschicht	DIN EN 1849-2	4.12.2.1	Nenndicke: 4,0 mm; 3,0 mm; 2,0 mm Mittelwert: $\geq$ Nenndicke Kleinstwert: $\geq$ Mittelwert – 5% Größtwert: $\leq$ Mittelwert + 5%	
6.2	Dicke der Signalschicht	DIN EN 1849-2	4.12.2.1	$\leq 0,20$ mm	
6.3	Gesamtdicke	DIN EN 1849-2		Wert ermitteln	

Fortsetzung **Tabelle 4.1**

Nr.	Eigenschaft	Prüfung nach Regelwerk und/ oder Angaben in EAG-EDT		Anforderung[1]	
		Regelwerk	EAG-EDT	auf Polyolefinbasis	aus PVC-P
7	Identität der Zusammensetzung[E]				
7.1	Dichte	DIN EN ISO 1183-1		Toleranz ≤ ±0,010 g/cm³	
7.2	DSC-Analyse	DIN EN ISO 11357-1 u. -3	4.12.2.2	Diagramm ermitteln	–
7.3	Oxidationszeit (OIT)	DIN EN ISO 11357-6, 200 °C		Wert ermitteln	–
7.4	Schmelze-Masse-fließrate (MFR)	DIN EN ISO 1133-1 190 °C/5,0 kg	4.12.2.3	Wert ermitteln Toleranz: ≤ ±15%	–
7.5	IR-Spektroskopie		4.12.2.4	–	Diagramm ermitteln
7.6	Gaschromato-grafie		4.12.2.5	–	Diagramm ermitteln, kein DEHP-Weich-macher[4]
8	Verhalten bei Zugbeanspruchung[E]				
8.1	Sekantenmodul (E_{1-2}-Modul) in Längs- und Quer-richtung	DIN EN ISO 527-1 u. -3, Probekörper 5	4.12.2.6	≤ 100 N/mm²	≤ 20 N/mm²
8.2	Zugfestigkeit in Längs- und Quer-richtung			≥ 14 N/mm²	
8.3	Bruchdehnung in Längs- und Quer-richtung			≥ 500%	≥ 300%
9	Wölbbogen-dehnung im mehrachsigen Zugversuch[E]	DIN EN 14151	4.12.2.7	≥ 50%	
10	Bestimmung des Widerstands gegen stoßartige Belastung[E]	DIN EN 12691, Verfahren A 500 g		für Nenndicke 2 mm: keine Undichtig-keit bei 750 mm Fallhöhe für Nenndicke 3 mm: keine Undichtig-keit bei 1250 mm Fallhöhe	
11	Verhalten nach Warmlagerung[E]				
11.1	Maßänderung	DIN EN 1107-2 6 h, 80 °C[5]		±2,0% gegenüber Anlieferungszustand	
11.2	Beschaffenheit			keine Blasenbildung, keine Ausblühun-gen	

Fortsetzung **Tabelle 4.1**

Nr.	Eigenschaft	Prüfung nach Regelwerk und/ oder Angaben in EAG-EDT		Anforderung[1]	
		Regelwerk	EAG-EDT	auf Polyolefinbasis	aus PVC-P
12	Verhalten bei niedriger Temperatur (–20 °C) (Biegeverhalten)[E]	DIN EN 495-5		–	keine Risse
13	Langzeitbeständigkeit[E]				
13.1	Oxidationsbeständigkeit für Nutzungsdauer von 50 Jahren[6]: Ofentest nach DIN EN 14575	DIN EN 13491 und DIN EN 14575	4.12.2.8	Änderung von Zugfestigkeit und Bruchdehnung bei 180 d, 80 °C gegenüber Anlieferungszustand: Ofentest nach DIN EN 14575 ≤ 25 %	DIN EN 14575: Ofentest bei 70 °C und 360 d: – Masseabnahme: ≤ 10 % – Änderung der Bruchdehnung gegenüber Anlieferungszustand: ≤ 25 %, Bruchkraft ist zu dokumentieren
				Verhalten beim Falzen in der Kälte (−20 °C): keine Risse	
13.2	Beständigkeit gegen Auslaugung	DIN EN 14415 und für Polyolefine in Verbindung mit DIN EN 13491 Anhang A und für PVC-P in Verbindung mit Anhang in TL/TP KDB		80 °C und 56 d: Änderung von Zugfestigkeit und Bruchdehnung gegenüber Anlieferungszustand ≤ 25 %	70 °C und 360 d: Änderung von Zugfestigkeit und Bruchdehnung gegenüber Anlieferungszustand ≤ 25 % Masseabnahme: ≤ 5 % sichtbare Anzeichen eines Abbaus dokumentieren
13.3	Verhalten nach Lagerung in wässrigen Lösungen gesättigte Kalkmilchlösung (50 °C, 120 d) 5–6 %ige schweflige Säure (23 °C, 28 d)	DIN EN 14415 DIN EN 1847		Änderung von Zugfestigkeit und Bruchdehnung gegenüber Anlieferungszustand: ≤ 20 %	
				–	Verhalten beim Falzen in der Kälte (−20 °C): keine Risse
13.4	Witterungsbeständigkeit	DIN EN 12224, 350 MJ/m²		Nur bei offener Bauweise mit längerer Freiliegedauer als drei Tage: Nachweis für ein Jahr	

61

Fortsetzung **Tabelle 4.1**

Nr.	Eigenschaft	Prüfung nach Regelwerk und/ oder Angaben in EAG-EDT		Anforderung [1]	
		Regelwerk	EAG-EDT	auf Polyolefinbasis	aus PVC-P
14	Umwelt-unbedenklich-keit [1,E]	BBodSchV MGeok E 2016	4.12.2.9	Unbedenklich auf Grundlage der Prüf-werte der BBodSchV für Wirkungspfad Boden–Grundwasser nach Verfahren MGeok E, Ziffer 6.29	
				Keine Verwendung von DEHP, BBP und DBP	
15	Brandverhalten [E]	DIN EN ISO 11925-2 DIN EN 13501-1		Klasse E	
16	Fügeverbindung				
16.1	Beschaffenheit der Fügenaht	DVS 2225-5		fehlerfrei	
16.2	Verhalten der Fügenaht beim Scherversuch	DIN EN 12317-2 DVS 2226-1 und -2		Bruch oder Verstrecken außerhalb der Fügenaht	
16.3	Kurzzeitfügefak-tor der Fügenaht			$\geq 0{,}6$	
16.4	Verhalten der Fügenaht beim Schälversuch	DIN EN 12316-2 DVS 2226-1 und -3		Aufschälen ist zulässig, falls Schälwider-stand erreicht wird	
16.5	Schälwiderstand			≥ 6 N/mm	

[1] für Grund- bzw. Eignungsprüfung Anforderung an Mittelwert der Messproben einer Probe
[2] generell nur Einbau umweltverträglicher Bauprodukte (BBodSchV, UBA, 2007, REACH, DIBt)
[3] ggf. einseitig Noppenstruktur für doppellagige KDB-Abdichtung (Noppenfläche $\leq 30\%$ der KDB-Oberfläche, Noppenhöhe $\geq 0{,}3$ mm und $\leq 0{,}8$ mm)
[4] als Indikator für Einsatz von Fremdrezyklat
[5] falls Erweichungsbereich über $100\,°C$: Prüfbedingung 1 h/$100\,°C$
[6] Für die angestrebte Nutzungsdauer von 100 Jahren liegen zurzeit noch keine allgemein aner-kannten Prüfstandards vor (s. Erläuterung).
[E] siehe nachfolgende Erläuterungen

Erläuterungen zu Tabelle 4.1

Zu Nr. 1: Art der Kunststoffdichtungsbahnen

Durch die Auswahl und Zusammensetzung der Werkstoffe können die Kunststoffdichtungsbahnen gezielt für die im Tunnelbau gestellten Anfor-derungen eingestellt werden. Es wird empfohlen, Aspekte des Umwelt-schutzes, der Chemikalienbeständigkeit (Gütertransport), der mechani-schen Langzeitbeständigkeit, des Brandverhaltens und der Arbeitssicherheit bei der Auswahl der Kunststoffdichtungsbahnen hinsichtlich ihrer Werk-stoffe und Rezepturen zu berücksichtigen.

Bei doppellagigen KDB-Abdichtungen benötigt die bergseitige Kunststoff-dichtungsbahn keine Signalschicht. Die luftseitige Kunststoffdichtungs-bahn hat auf der Bergseite eine Noppenstruktur, um die Kammerelemente mit Vakuum auf Dichtigkeit prüfen zu können.

Zu Nr. 2: Beschreibung
Die Typenkennzeichnung erfolgt nach DIN EN ISO 10320. Dem Bauherrn wird empfohlen, eine streng vertrauliche Hinterlegung folgender Angaben über die Kunststoffdichtungsbahnen und die für ihre Ermittlung verwen-deten Prüf- und Analysemethoden bei einer geeigneten Stelle mit einem geeigneten Prozedere und klar definierten Bedingungen vertraglich zu ver-einbaren:

– Art und Menge der Polymere, Toleranzen

– Art und Menge der Stabilisatoren, Toleranzen

– Art und Menge von Füllstoffen, Toleranzen

– Art und Menge von Flammschutzmitteln, Toleranzen

– Art und Menge von Weichmachern, Toleranzen

– DSC-Fingerprint (erste und zweite Aufheizung einschließlich Prüfrand-bedingungen) und IR-Spektrum

Eine geeignete Stelle kann beispielsweise der Bauherr, ein Prüfinstitut oder eine Bundesbehörde wie die Bundesanstalt für Materialforschung und -prüfung (BAM), die Bundesanstalt für Straßenwesen (BASt) oder das Eisenbahn-Bundesamt (EBA) sein. Wichtig ist, dass die Verfügbarkeit der hinterlegten Daten über die Nutzungsdauer des Tunnels sichergestellt und das Prozedere zur Dateneinsicht festgelegt wird.

Zu Nr. 4: Geradheit und Planlage
Kantengeradheit und Planlage der Kunststoffdichtungsbahn sind Voraus-setzungen für eine sachgemäße Verlegung und Schweißung und müssen daher gewährleistet sein.

Zu Nr. 5: Flächenbezogene Masse
Die flächenbezogene Masse von PVC-P-Dichtungsbahnen ist ein Bezugs-wert für die Massenänderung infolge Weichmacherwanderung. Eine An-forderung an den Wert ist nicht erforderlich.

Zu Nr. 6: Abmessungen
Anwendungsbezogen werden im Kapitel 3 abhängig von der Bauweise, vom Dichtungssystem und den Bergwasserverhältnissen Mindestnenndi-cken ohne Signalschicht von 2,0 mm, 3,0 mm oder 4,0 mm gefordert. Um auch geringfügige mechanische Beschädigungen visuell erkennen zu kön-nen, soll die Dicke der Signalschicht 0,20 mm nicht überschreiten. Es ist in

der Diskussion, ob zukünftig für homogene Bahnen die Dickenanforderungen für die Gesamtdicken inklusive Signalschicht gelten können.

Zu Nr. 7: Identität der Zusammensetzung

Die Prüfungen zur Identität der Zusammensetzung ermöglichen Rückschlüsse auf die Werkstoffzusammensetzung. Eine gleichbleibende Zusammensetzung ist Voraussetzung für möglichst gering schwankende Produkteigenschaften. Prüfungen zur Identität während der Produktion oder während der Bauausführung und mit kurzer Prüfdauer dienen der Überprüfung der Gleichmäßigkeit in Relation zur Grundprüfung. Angestrebt wird, dass aufwendige Prüfungen zur Bewertung der Langzeitbeständigkeit mit langer Prüfdauer nur in großen Abständen im Rahmen der Grundprüfung durchgeführt werden.

Zu Nr. 8: Verhalten bei einachsiger Zugbeanspruchung

Die Kennwerte Zugfestigkeit und Bruchdehnung dienen in erster Linie der Sicherung der gleichbleibenden Qualität im Rahmen der Qualitätssicherung sowie der Ermittlung der Bezugswerte für Alterungsprüfungen. Generell beschreibt der E-Modul die Steifigkeit (Flexibilität) und ermöglicht somit bei gleicher Dicke einen Werkstoffvergleich. Damit die Kunststoffdichtungsbahnen gut zu verlegen sind und sich möglichst vollflächig an den Abdichtungsträger anlegen, ist eine hohe Flexibilität (geringe Steifigkeit) gefordert. Andererseits dürfen die Kunststoffdichtungsbahnen nicht zu empfindlich gegen mechanische Beanspruchungen in der Bau- und Betriebsphase sein und sich beim Betonieren keine Überwurffalten mit Knicken ergeben. Außerdem bestimmt die Größe des E-Moduls die Auswahl des Schweißverfahrens, die erreichbaren Fügenahtfestigkeiten und das maßgebliche Versagensverhalten. Bei Veränderungen der Flexibilität sind demnach insbesondere Wechselwirkungen mit den Punkten Nr. 8, 10 und 16 in Tabelle 4.1 sowie den Eigenschaften der Schutzschichten (Abschnitt 4.5) zu berücksichtigen. Der Sekantenmodul ist der Elastizitätsmodul zwischen 1 und 2 % Dehnung (E_{1-2}-Modul). Der Sekantenmodul von PVC-P-Kunststoffdichtungsbahnen liegt üblicherweise in einem Bereich von 10 bis 20 N/mm^2. Kunststoffdichtungsbahnen auf Polyolefinbasis liegen in der Regel zwischen 60 und 90 N/mm^2.

Zu Nr. 9: Wölbbogendehnung im mehrachsigen Zugversuch

Die Prüfung dient in erster Linie der Materialcharakterisierung und nicht dem Nachweis maximal zulässiger mehrachsiger Verformungen im Bauwerk.

Zu Nr. 10: Verhalten beim Perforationsversuch

Beim Perforationsversuch wird eine punktförmige dynamische Stoßbelastung mit hoher Verformungsgeschwindigkeit beim Einbau simuliert. Die Widerstandsfähigkeit gegen dynamische Stoßbelastung ist ein wichtiges

Merkmal der Kunststoffdichtungsbahnen. Das Perforationsverhalten ist werkstoff- und vor allem auch dickenabhängig; mit zunehmender Dicke steigt die Widerstandsfähigkeit überproportional an.

Zu Nr. 11: Verhalten nach Warmlagerung
Generell erlauben Kunststoffdichtungsbahnen mit geringen Maßänderungen nach Warmlagerung eine einwandfreie und werkstoffgerechte Verarbeitung. Während der Herstellung der Kunststoffdichtungsbahnen mit dem Extrusions- oder Kalanderverfahren werden die Molekülketten in Herstellrichtung orientiert und bei der Abkühlung „eingefroren". Beim Erwärmen, z. B. auch beim Schweißen, werden diese Eigenspannungen wieder weitestgehend freigesetzt.

Zu Nr. 12: Verhalten bei niedriger Temperatur
Die Prüfung dient dazu, das Verhalten der Kunststoffdichtungsbahnen beim einmaligen Falzen in der Kälte bei $-20\,°C$ im Hinblick auf eine Rissbildung zu überprüfen. Die Prüfung ist nur bei den amorphen PVC-P-Kunststoffdichtungsbahnen erforderlich. Im Neuzustand liegt deren Glasübergangstemperatur zwischen -30 und $-40\,°C$. Kunststoffe sind unterhalb der Glasübergangstemperatur ausgesprochen spröde. Durch Weichmacherverluste erhöht sich die Glasübergangstemperatur von PVC-P im Laufe der Zeit. Die Geschwindigkeit des Weichmacherverlustes kann durch die Auswahl des Weichmachers beeinflusst werden.

Zu Nr. 13: Langzeitbeständigkeit
Die KDB-Abdichtung soll unter dem Einfluss vorhersehbarer Einwirkungen die wesentlichen Anforderungen an die Dichtigkeit des Bauwerks über die Nutzungsdauer von 100 Jahren erfüllen. Unter vorhersehbaren Einwirkungen versteht man potenzielle Minderungsfaktoren, wie erhöhte Temperaturen, Feuchtigkeit, Wasser, chemische Angriffe, mechanische Belastungen (Druck, Zug, Ermüdung). Diese Faktoren können auch synergistisch wirken.

Die wichtigste Kenngröße für das Alterungsverhalten polyolefiner Werkstoffe ist die Oxidationsbeständigkeit. Sie ist abhängig vom Werkstoff und seiner Stabilisierung. Oxidationstests als Ofentests oder Tests bei erhöhtem Sauerstoffdruck bieten einen potenziellen Lösungsansatz zur Abschätzung des Langzeitoxidationsverhaltens der Kunststoffdichtungsbahn. Zusätzlich sind das chemische Verhalten der Stabilisatoren und das Extraktionsverhalten zu beachten.

Für die angestrebte Nutzungsdauer von 100 Jahren liegen zurzeit noch keine allgemein anerkannten Prüfstandards vor. Forschungsergebnisse zu Autoklaventests mit erhöhtem Sauerstoffprüfdruck, erhöhten Temperaturen und in flüssigem Medium zeigen auf, dass mit dieser Testmethode das Langzeitverhalten über einen Zeitraum von 100 Jahren abgeschätzt werden kann (z. B. Robertson et al. 2014, Koroliuk et al. 2016), auch wenn noch Aspekte und offene Punkte, wie die optimale Höhe des Drucks, zu klären sind. Für die vorgesehene Nutzungsdauer von mindestens 100 Jahren für Tunnelbauwerke wird daher die Durchführung mehrstufiger Autoklaventests empfohlen.

Die Prüfungen nach Nr. 13.1 dienen dazu, die durch natürliche Alterung hervorgerufenen Änderungen der mechanischen Eigenschaften beschleunigt herbeizuführen.

Bei PVC-P ist die Beständigkeit gegen Auslaugung die wichtigste Kenngröße für das Alterungsverhalten. Bei der langzeitigen Einwirkung von Wasser (Nr. 13.2) überlagern sich grundsätzlich zwei Vorgänge:

– Es erfolgt eine gewisse Wasseraufnahme.

– Es werden Bestandteile (z. B. Weichmacher bei PVC-P sowie Stabilisatoren bei PVC-P und bei Polyolefinen) herausgelöst.

Bei erhöhten Temperaturen kommt es bei PVC-P darüber hinaus zu einer teilweisen Verseifung des Weichmachers. Dies führt zu einem Herauslösen der wasserlöslichen Verseifungsprodukte und somit zu einem Weichmacherverlust und einer Versprödung. Es ist zu prüfen, ob die Einbauorte im jeweiligen Tunnel kritische Temperaturen aufweisen.

Die Wasserlagerung bei erhöhter Temperatur soll für PVC-P zeitraffend das langzeitige Verhalten bei den üblicherweise niedrigeren Einsatztemperaturen simulieren. Es gibt allerdings noch keine allgemein anerkannten Prüfrandbedingungen und -anforderungen. Auch die Einflüsse unterschiedlicher Wasserzusammensetzungen werden dabei bisher nicht berücksichtigt. Die Herauslösung der in nur sehr geringen Massenanteilen enthaltenen Stabilisatoren kann über die Änderung der Zugfestigkeit, der Bruchdehnung und der Masse bei Lagerung im warmen Wasser nicht zuverlässig erfasst werden.

Die Kunststoffdichtungsbahnen müssen eine hohe Dauerbeständigkeit gegen alkalisches oder saures Bergwasser aufweisen. Auskunft über die Beständigkeit liefert die Lagerung in wässrigen Lösungen (Nr. 13.3).

Zu Nr. 14: Umweltunbedenklichkeit
Die Art und Mengenanteile wasserlöslicher und/oder wasserauswaschbarer Zusätze, die bei der Herstellung ein- oder aufgebracht werden, müssen in der Produktbeschreibung angegeben und Sicherheitsdatenblätter für diese Zusätze beigefügt werden. Diese Stoffangaben können entfallen, wenn für die Kunststoffdichtungsbahn eine von einem staatlich anerkannten oder einem akkreditierten Hygieneinstitut oder Umweltprüflabor ausgestellte Unbedenklichkeitsbescheinigung auf Grundlage der Prüfwerte der Bun-

des-Bodenschutz- und Altlastenverordnung (BBodSchV) für den Wirkungspfad Boden–Grundwasser nach dem Verfahren MGeok R 2016, Ziffer 6.29, vorgelegt wird. Dem Bauherrn wird empfohlen, nur Bescheinigungen mit beigefügten Prüfwerten und -ergebnissen anzuerkennen. Phthalate werden mit der Unbedenklichkeitsbescheinigung nach BBodSchV nicht erfasst. Dazu wird empfohlen, die Vorgaben nach REACH und die Empfehlungen des UBA zu berücksichtigen (UBA, 2007).

Zu Nr. 15: Brandverhalten
Während der Einbauphase der Kunststoffdichtungsbahnen kann eine Brandgefahr nicht ausgeschlossen werden. Durch vorbeugenden, auf den Werkstoff abgestimmten Brandschutz ist eine solche Gefahr so weit wie möglich auszuschließen. Daher müssen die zum Einsatz kommenden Abdichtungselemente und ihre Werkstoffe rechtzeitig vor Beginn der Abdichtungsarbeiten an den Sicherheits- und Gesundheitsschutzkoordinator (SiGeKo) gemeldet werden.

4.4 Profilbänder

Bei Tunneln mit KDB-Abdichtung werden thermoplastische Profilbänder zur Herstellung von Schottfeldern und zum Anschluss von Kunststoffdichtungsbahnen an die Betonkonstruktion/Innenschale verwendet. Innenliegende Fugenbänder für Bauwerke mit WUB-Konstruktion ohne Kunststoffdichtungsbahnen werden in den EAG-EDT nicht behandelt. Nähere Angaben hierzu sind z. B. in DIN 18541 (thermoplastische Kunststoffe) und DIN 7865 (elastomere Kunststoffe) enthalten.

Thermoplastische Profilbänder für die Anwendung bei KDB-Abdichtungen bestehen aus folgenden Grundelementen:

– Grundplatte

– Sperrankern

– Dehnteil

– Anschweißenden

Aus den genannten Grundelementen werden folgende Typen von Profilbändern (Bild 4.2) hergestellt:

– Anschlussbänder, die aus einer Grundplatte mit Sperrankern (Dichtteil) sowie Anschweißenden bestehen

– außenliegende Fugenbänder, die aus einem Dehnteil, beidseitig symmetrisch anschließenden Grundplatten mit Sperrankern (Dichtteil) und Anschweißenden bestehen

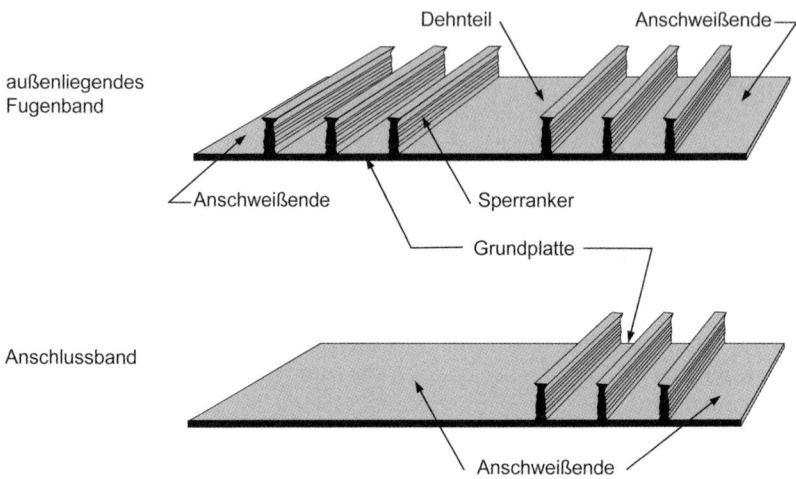

Bild 4.2 Systemskizzen der Profilbandtypen mit Kennzeichnung ihrer Grundelemente.

Die Profilbänder müssen eine gleichmäßige Werkstoffqualität, hohe Profilgenauigkeit und ausreichende Formstabilität aufweisen. Die Werkstoffe der Profilbänder und der Kunststoffdichtungsbahnen müssen so aufeinander abgestimmt sein, dass sie schweißbar und auf Dauer miteinander verträglich sind. Es ist aber zu beachten, dass sich herstellungs- und funktionsbedingt nicht jeder KDB-Werkstoff ohne Modifizierungen für Profilbänder eignet. Die als Anschluss- oder als außenliegende Fugenbänder verwendeten Profilbänder müssen die in Tabelle 4.2 genannten Anforderungen erfüllen.

Profilbänder sind so herzustellen, zu transportieren und zu lagern, dass nennenswerte bleibende Schiefstellungen der Sperranker, Wellenbildung der Sperrankerköpfe sowie Beulenbildung der Grundplatte ausgeschlossen sind. Es wird daher empfohlen, die Profilbänder unmittelbar nach der Herstellung bis zur vollständigen Abkühlung (Auskristallisation) möglichst auf ebener Unterlage und kantengerade zu lagern. Falls Profilbänder für den Transport aufgewickelt werden, soll der Wickeldurchmesser mindestens der 50-fachen Profilhöhe der Sperranker entsprechen und mindestens 1 m betragen.

68

Tabelle 4.2 Anforderungen an Profilbänder.

Nr.	Eigenschaft[E)	Prüfung nach Regelwerk und/ oder Angaben in EAG-EDT		Anforderung	
		Regelwerk	EAG-EDT	auf Polyolefinbasis	aus PVC-P
1	Art der Profil-bänder		4.12.1	Originalrohstoffe, aus gleichem Grundwerkstoff wie Kunststoff-dichtungsbahnen	
2	Beschreibung				
2.1	Kennzeichnung		4.12.1	– Typenkennzeichnung: Hersteller, Typenbezeichnung, Gesamtbreite, Werkstoff und Herstellzeitraum – Verpackungsetikett	
2.2	Unterlagen			– Informationen zur Zusammensetzung gemäß Erläuterung	
3	Allgemeine Beschaffenheit	DIN 18541-2 Abschnitt 4.2		frei von Blasen, Rissen, Lunkern und Fremdeinschlüssen, keine Verwerfung der Profile	
4	Geometrie und Abmessungen (Bilder 4.3 und 4.4)				
4.1	Dicke der Grund-platte einschließ-lich Dehnteil	DIN 18541-1 und DIN 18541-2		Nenndicke: 4,0 mm Mittelwert: ≥ Nenndicke Toleranz: ≤ ± 0,5 mm	
4.2	Dicke der Anschweißenden			Nenndicke: 3,0 mm Mittelwert: ≥ Nenndicke Toleranz: ≤ ± 0,5 mm	
4.3	Maßhaltigkeit der Längsachsen der Sperranker			mindestens halbseitige Überlappung der Sperranker im Stoßbereich, in der Regel erreicht durch eine zulässige Toleranz: ≤ ± 2 mm	
5	Identität der Zusammensetzung				
5.1	Dichte	DIN EN ISO 1183-1		Toleranz: ≤ ± 0,020 g/cm³	
5.2	DSC-Analyse	DIN EN ISO 11357-1 u. -3	4.12.2.2	Diagramm ermitteln	–
5.3	Schmelze-Masse-fließrate (MFR)	DIN EN ISO 1133-1	4.12.2.3	Toleranz: ≤ ± 15%	–
6	Verhalten bei Zugbeanspruchung				
6.1	Sekantenmodul (E_{1-2}-Modul) in Längs- und Quer-richtung	DIN EN ISO 527-2, Probe-körper 5	4.12.2.6	≤ 100 N/mm²	≤ 20 N/mm²
6.2	Zugfestigkeit in Längs- und Quer-richtung			≥ 15 N/mm²	≥ 12 N/mm²
6.3	Bruchdehnung in Längs- und Quer-richtung			≥ 500%	≥ 250%

69

Fortsetzung **Tabelle 4.2**

Nr.	Eigenschaft[E]	Prüfung nach Regelwerk und/ oder Angaben in EAG-EDT		Anforderung	
		Regelwerk	EAG-EDT	auf Polyolefinbasis	aus PVC-P
7	Langzeitbeständigkeit				
7.1	Verhalten nach Wärmealterung (70 d, 80 °C)	in Anlehnung an DIN EN 1296		–	Änderung von Zugfestigkeit und Bruchdehnung gegenüber Anlieferungszustand: ≤20%
					Verhalten beim Falzen in der Kälte (−20 °C): keine Risse
7.2	Oxidationsbeständigkeit für Nutzungsdauer von 50 Jahren: Ofentest nach DIN EN 14575	in Anlehnung an DIN EN 13491	4.12.2.8	Änderung von Zugfestigkeit und Bruchdehnung bei 90 d, 85 °C gegenüber Anlieferungszustand: Ofentest in Anlehnung an DIN EN 14575 ≤25%	–
8	Brandverhalten	DIN EN ISO 11925-2 DIN EN 13501-1		Klasse E	
9	Fügeverbindung Profilband/Kunststoffdichtungsbahn				
9.1	Beschaffenheit der Fügenaht[1]	DVS 2225-5		fehlerfrei	
9.2	Verhalten der Fügenaht beim Scherversuch	DIN EN 12317-2 DVS 2226-1 und -2		Bruch oder Verstrecken außerhalb der Fügenaht	
9.3	Kurzzeitfügefaktor der Fügenaht			≥0,6	
9.4	Verhalten der Fügenaht beim Schälversuch	DIN EN 12316-2 DVS 2226-1 und -3		Aufschälen ist zulässig, falls Schälwiderstand erreicht wird	
9.5	Schälwiderstand			≥6 N/mm	

[1] für Grund- bzw. Eignungsprüfung Anforderung an Mittelwert der Messproben einer Probe
[E] siehe nachfolgende Erläuterungen

70

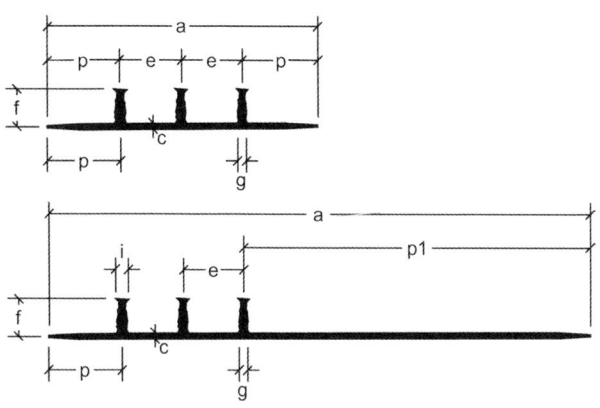

Breiten	Dicke	Profilierung				Breite Anschweißende	
a	c	N	e	f	g	i	p	p1
250 400	4	3	70	30	4	10	55	205

N: Anzahl der Sperranker
alle Maßangaben in mm

Bild 4.3
Geometrie und
Abmessungen von
Anschlussbändern.

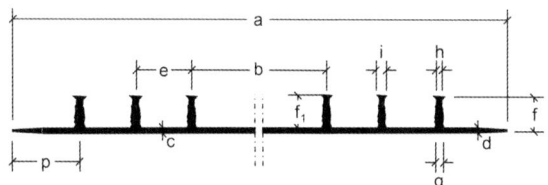

Breiten			Dicke		Profilierung							
a	b	p	c	d	N	e	f	f_1	g	h	i	r
600	200-220	50-60	4-5	3-4	6	70	30-35	≥ 26	≥ 5	≥ 4	12-14	≥ 3

Maßangaben in mm

a: Gesamtbreite des Fugenbands
b: Breite des Dehnteils
c: Dicke der Grundplatte
d: Dicke der Anschweißenden
e: Achsabstand der Sperranker
f: Gesamthöhe des Fugenbands
f_1: Höhe der Sperranker über der
   Grundplatte (ohne Rippen)

g: Breite der Sperranker am Fuß oberhalb der
   Ausrundung
h: Breite der Sperranker an der schmalsten Stelle
   (ohne Rippen)
i: Breite der Kopfverstärkung an den Sperrankern
N: Anzahl der Sperranker
p: Breite der Anschweißenden
r: Radius der Ausrundung für den Anschluss an die
   Grundplatte

Bild 4.4 Geometrie und Abmessungen außenliegender Fugenbänder
in Anlehnung an KIRSCHKE (2005).

Erläuterungen zu Tabelle 4.2

Zu Nr. 1: Art des Profilbands
Zur Sicherstellung der Schweißbarkeit müssen die Profilbänder aus dem gleichen Grundwerkstoff wie die Kunststoffdichtungsbahnen hergestellt werden.

Zu Nr. 2: Beschreibung
Die Kennzeichnung dient der Vermeidung von Verwechslungen und zur Erleichterung der Qualitätssicherungsmaßnahmen. Zur vertraulichen Hinterlegung der Rezeptur gelten die gleichen Anmerkungen wie zu Nr. 2 in Tabelle 4.1.

Zu Nr. 3: Allgemeine Beschaffenheit
Es gelten die gleichen Anmerkungen wie zu Nr. 3 in Tabelle 4.1.

Zu Nr. 4: Geometrie und Abmessungen
Die Einhaltung der Profilgeometrie ist wichtig, um eine funktionsgerechte Verankerung im Beton zu gewährleisten und Querstöße von Profilbändern mit Stumpfnähten passgerecht schweißen zu können.

Die ausreichende Dicke der Grundplatten gewährleistet die Formstabilität der Profilbänder beim Einbau und den Schutz der KDB-Abdichtung im Bereich der Stirnschalung.

Zu Nr. 5: Identität der Zusammensetzung
Eine gleichbleibende Werkstoffqualität ist eine Voraussetzung für sichere Schweißverbindungen und damit funktionsfähige Profilbänder.

Zu Nr. 6: Verhalten bei Zugbeanspruchung
Die im Zugversuch ermittelten Eigenschaften dienen ebenfalls der Überprüfung der Werkstoffidentität.

Zu Nr. 7: Langzeitbeständigkeit
Es gelten die gleichen Anmerkungen wie zu Nr. 13 in Tabelle 4.1.

Zu Nr. 8: Brandverhalten
Es gelten die gleichen Anmerkungen wie zu Nr. 15 in Tabelle 4.1.

Zu Nr. 9: Fügeverbindung
Eine zuverlässige und gute Schweißbarkeit der Profilbänder untereinander sowie mit den Kunststoffdichtungsbahnen ist eine wesentliche Voraussetzung für die Dichtigkeit der Fügeverbindungen und die Schottwirkung. Für die Fügeverbindungen der Profilbänder mit Kunststoffdichtungsbahnen gelten die gleichen Anforderungen wie für Kunststoffdichtungsbahnen in Tabelle 4.1.

4.5 Schutzschichten

4.5.1 Geschlossene Bauweise

4.5.1.1 Bergseitige Schutzschicht

Als bergseitige Schutzschichten sind Geotextilien zu verwenden, die die in Tabelle 4.3 genannten Anforderungen erfüllen.

Tabelle 4.3 Anforderungen an bergseitige geotextile Schutzschichten für in geschlossener Bauweise erstellte Bauwerke.

Nr.	Eigenschaft	Prüfung nach Regelwerk und/ oder Angaben in EAG-EDT		Anforderung[1]
		Regelwerk	EAG-EDT	
1	Art der Schutzschicht[E]		4.12.1	mechanisch verfestigter Vliesstoff oder Verbundstoff, Polyolefine, Originalrohstoff
2	Beschreibung[E]			
2.1	Kennzeichnung	DIN EN ISO 10320	4.12.1	– Typenkennzeichnung – Markierung für Überlappstreifen – auf Verpackung: CE- und Verpackungsetikett
2.2	Unterlagen			– CE-Leistungserklärung – Informationen zur Zusammensetzung gemäß Erläuterung
3	flächenbezogene Masse[E]	DIN EN ISO 9864		≥ 900 g/m^2
4	Dicke unter Normalspannung von[E]			
4.1	2 kPa	DIN EN ISO 9863-1		≤ 10 mm
4.2	20 kPa			≥ 4 mm
5	Identität der Zusammensetzung[E]			
5.1	DSC-Analyse	DIN EN ISO 11357-1 u. -3	4.12.3.1	Diagramm ermitteln Toleranz der Schmelztemperatur vom Wert der Grundprüfung: $\leq \pm 10\%$
5.2	Anteil der in konzentrierter Salzsäure löslichen Bestandteile		4.12.3.2	$\leq 3\%$

Fortsetzung **Tabelle 4.3**

Nr.	Eigenschaft	Prüfung nach Regelwerk und/ oder Angaben in EAG-EDT		Anforderung[1]
		Regelwerk	EAG-EDT	
6	Verhalten im Zugversuch[E]			
6.1	Zugkraft bei 10% Dehnung[2]	DIN EN ISO 10319	4.12.3.3	≥ 4 kN/m
6.2	Höchstzugkraft[2]			≥ 30 kN/m
6.3	Höchstzugkraftdehnung			Wert ermitteln
6.4	Höchstzugkraftdehnung des Vliesstoffpeaks[2]			$\geq 40\%$
7	Stempeldurchdrückkraft	DIN EN ISO 12236		≥ 7 kN und ≤ 20 kN
8	Durchschlagverhalten (Kegelfallversuch)	DIN EN ISO 13433		Wert ermitteln
9	Durchflussrate q_N aus Wasserdurchlässigkeits- versuch senkrecht zur Ebene ohne Auflast[E]	DIN EN ISO 11058	4.12.3.5	$\geq 0,5$ l/(m²s)
10	Oxidationsbeständigkeit[E]	DIN EN 13256 und DIN EN ISO 13438		Nachweis für maximale Nutzungsdauer gemäß aktueller Fassung der DIN EN 13256
11	Umweltunbedenklichkeit[E]	BBodSchV MGeok E	4.12.3.8	Unbedenklichkeitsbescheinigung auf Grundlage der Prüfwerte der BBodSchV für Wirkungspfad Boden– Grundwasser nach Verfahren MGeok E, Ziffer 6.29
12	Brandverhalten[E]	DIN EN 13501-1 und DIN EN ISO 11925-2		Klasse E
13	Systemprüfung: Eindrückung der Kunststoffdichtungsbahn[E]			
13.1	Flächendruckversuch	–	4.12.3.9	$\leq 0,4$ mm
13.2	Pyramidendruckversuch	in Anlehnung an DIN EN 14574		Wert der Eindrücktiefe ermitteln Abweichung vom Wert der Grundprüfung: $\leq 0,1$ mm

[1] für Grund- bzw. Eignungsprüfung Anforderung an Mittelwert der Messproben einer Probe
[2] Mittelwerte jeweils aus Produktionsrichtung (md) und quer zur Produktionsrichtung (cmd).
[E] siehe nachfolgende Erläuterungen

Erläuterungen zu Tabelle 4.3

Zu Nr. 1: Art der Schutzschicht

Mechanisch verfestigte Vliesstoffe oder Verbundstoffe haben sich für den Einsatz als bergseitige Schutzschicht für Kunststoffdichtungsbahnen bewährt. Die Verwendung von Originalrohstoffen ist für die eindeutige Identifizierbarkeit der Werkstoffe notwendig. Dies ist insbesondere zur Bewertung der Langzeitbeständigkeit, der Umweltverträglichkeit und des Verhaltens im Brandfall wichtig.

Zu Nr. 2: Beschreibung

Die Typenkennzeichnung erfolgt nach DIN EN ISO 10320. Nicht eindeutig identifizierbare und gekennzeichnete Produkte dürfen nicht eingebaut werden. Die Verpackung muss mit dem CE- und dem Verpackungsetikett beschriftet sein. Außerdem muss jeder Lieferung eine CE-Leistungserklärung beigefügt werden.

Zu Nr. 3: Flächenbezogene Masse

Eine ausreichende flächenbezogene Masse ist für die Wirksamkeit der geotextilen Schutzschichten wesentlich, andererseits ist aus tunnelstatischen Gründen eine obere Begrenzung erforderlich (siehe Nr. 4).

Im Sonderfall kann die geotextile Schutzschicht aus zwei Lagen bestehen, beispielsweise eine einzeln verlegte Lage und eine auf der Dichtungsbahn kaschierte Lage, die zusammen die Anforderung an die Masse erfüllen müssen. Das Brandverhalten muss aber generell für die Einzelprodukte die Anforderungen gemäß Klasse E erfüllen.

Zu Nr. 4: Dicke

Um die Breite des Ringspalts zwischen Abdichtungsträger (Spritzbetonschale/Gebirge) und Innenschale zur Übertragung von Bettungsreaktionen möglichst gering zu halten, muss die Schutzschicht eine Obergrenze für die Dicke unter Normalspannung von 2 kPa einhalten. Um andererseits die Schutzwirksamkeit zu gewährleisten, darf die Dicke unter Normalspannung von 20 kPa den geforderten Mindestwert nicht unterschreiten.

Zu Nr. 5: Identität der Zusammensetzung

Die DSC-Analyse dient der Bestimmung des Werkstoffs und damit der Prüfung, ob es sich um ein Polyolefin handelt.

Es soll ausgeschlossen werden, dass eine Verbesserung des Brandverhaltens durch Zugabe von Polyesterfasern erreicht wird. In der DSC-Analyse werden nur zwei Proben mit Einwaagen von 5 bis 10 mg untersucht. Die Probeneinwaagen sind so gering, dass die Gefahr einer nicht repräsentativen Probenentnahme ohne Polyesterfasern besteht. Polyester ist in konzentrierter Schwefelsäure löslich. Daher ist zusätzlich zur DSC-Analyse an Proben mit größeren Einwaagen zu prüfen, welcher Anteil des Geotextils in konzentrierter Schwefelsäure löslich ist.

Zu Nr. 6: Verhalten im Zugversuch

Die Zugfestigkeit der Geotextilien hat einen geringeren Einfluss auf die Schutzwirksamkeit als die flächenbezogene Masse. Die Kennwerte Höchstzugkraft und Höchstzugkraftdehnung dienen der Sicherung einer gleich bleibenden Qualität im Rahmen der Qualitätssicherung und auch als Bezugsgröße für Beständigkeitsprüfungen. In situ sind die zu erwartenden Dehnungen der Schutzschichten erheblich geringer als die Höchstzugkraftdehnung. Um bei tatsächlich in situ zu erwartenden Dehnungen ausreichende Festigkeiten zu haben, wird eine Anforderung an die Zugkraft bei 10% Dehnung gestellt. Der Wert kann aus dem ohnehin geforderten Zugversuch abgeleitet werden, sodass zum Nachweis keine zusätzliche Prüfung notwendig ist.

Zu Nr. 9: Durchflussrate q_N

Die Schutzschichten müssen senkrecht zu ihrer Ebene wasserdurchlässig sein.

Zu Nr. 10: Oxidationsbeständigkeit

Es werden Prüfungen zur Oxidationsbeständigkeit gemäß aktueller Fassung der DIN EN 13256 gefordert.

Zu Nr. 11: Umweltunbedenklichkeit

Es gelten die gleichen Anmerkungen wie zu Nr. 14 in Tabelle 4.1.

Zu Nr. 12: Brandverhalten

Es gelten die gleichen Anmerkungen wie zu Nr. 15 in Tabelle 4.1.

Zu Nr. 13: Systemprüfung

Die Anforderungen an eine geotextile Schutzschicht können nicht nur durch Kenngrößen der Geotextilien selbst formuliert werden. Das Maß von Eindrückungen in die Kunststoffdichtungsbahnen hängt wesentlich von der Beschaffenheit der Kunststoffdichtungsbahnen ab, zumal im Tunnelbau Kunststoffdichtungsbahnen in unterschiedlichen Dicken und aus unterschiedlichen Werkstoffen mit relativ großen Bandbreiten der Steifigkeit und Härte zum Einsatz kommen. Außerdem sind für die Zukunft technische Weiterentwicklungen der Kunststoffdichtungsbahnwerkstoffe zu erwarten. Aus diesem Grund werden wirklichkeitsnähere Systemprüfungen am Schichtpaket aus Kunststoffdichtungsbahn und Schutzschicht gefordert und die in den Systemprüfungen mit Flächendruckbelastung (Nr. 13.1) ermittelten Eindrückungen begrenzt. Die Indexprüfungen mit Pyramidendruckstempel (Nr. 13.2) ermöglichen hingegen relative Vergleiche im Rahmen der Qualitätssicherung.

4.5.1.2 Luftseitige Schutzschicht in der Sohle

Bei Befahren der Sohle nach dem Verlegen der Kunststoffdichtungsbahn ist eine luftseitige Sohlschutzschicht aus mindestens 0,07 m dickem Beton anzuordnen, die mit mindestens einer Matte Q 131 zu bewehren ist. Wenn die Sohlschutzschicht in der Bauphase nicht befahren wird, kann anstelle des bewehrten Schutzbetons eine luftseitige Sohlschutzschicht aus Kunststoffschutzbahnen mit Signalschicht eingesetzt werden. Die Kunststoffschutzbahnen müssen die in Tabelle 4.4 genannten Anforderungen erfüllen.

Tabelle 4.4 Anforderungen an Kunststoffschutzbahnen für in geschlossener Bauweise erstellte Bauwerke.

Nr.	Eigenschaft	Prüfung nach Regelwerk und/ oder Angaben in EAG-EDT		Anforderung	
		Regelwerk	EAG-EDT	auf Polyolefinbasis	aus PVC-P
1	Art der Kunststoffschutzbahn[E)	–	4.12.1	Bahn auf gleicher Werkstoffbasis wie Kunststoffdichtungsbahn (Rezyklat zulässig), einseitig helle Signalschicht mit Kontrastfarbe zum Grundmaterial	
2	allgemeine Beschaffenheit	DIN EN 1850-2		frei von Blasen, Rissen, Lunkern und Fremdeinschlüssen, vollflächiger Verbund der Signalschicht mit dem Grundmaterial	
3	Dicke[E)				
3.1	Dicke ohne Signalschicht	DIN EN 1849-2	4.12.2.1	Nenndicke: 3,0 mm Mittelwert: $\geq$ Nenndicke	
3.2	Dicke der Signalschicht			$\leq 0,20$ mm	
4	Stempeldurchdrückkraft	DIN EN ISO 12236		≥ 4000 N	
5	Verhalten beim Perforationsversuch[E)	DIN EN 13956, Anhang G, 500 g		keine Perforation bei 1250 mm Fallhöhe	
6	Brandverhalten[E)	DIN EN ISO 11925-2 DIN EN 13501-1		Klasse E	

[E) siehe nachfolgende Erläuterungen

Erläuterungen zu Tabelle 4.4

Zu Nr. 1: Art der Kunststoffschutzbahnen

Die Kunststoffschutzbahnen müssen mit der Kunststoffdichtungsbahn schweißbar sein und daher aus dem gleichen Grundwerkstoff bestehen. Rezyklate sind zulässig.

Die Kunststoffschutzbahnen erhalten grundsätzlich einseitig eine helle Signalschicht mit Kontrast zur KDB-Grundfarbe. Die bei in geschlossener Bauweise erstellten Bauwerken luftseitig anzuordnende Signalschicht ermöglicht im Bauzustand visuelle Prüfungen auf Beschädigungen und verbessert durch ihre helle Farbe auch die Arbeitsbedingungen im Tunnel.

Zu Nr. 3: Dicke

Es wird generell eine Mindestnenndicke von 3,0 mm gefordert. Im Übrigen gelten für die Dicke der Signalschicht die gleichen Anmerkungen wie zu Nr. 6 in Tabelle 4.1.

Zu Nr. 5: Verhalten beim Perforationsversuch

Es gelten die gleichen Anmerkungen wie zu Nr. 10 in Tabelle 4.1.

Zu Nr. 6: Brandverhalten

Es gelten die gleichen Anmerkungen wie zu Nr. 15 in Tabelle 4.1.

4.5.2   Offene Bauweise

In der offenen Bauweise sind die in den Bildern 3.4 und 3.5 dargestellten bauwerk- und bodenseitigen Schutzschichten für die KDB-Abdichtung erforderlich.

Als bauwerkseitige Schutzschicht zwischen Betonkonstruktion und KDB-Abdichtung sind Geotextilien zu verwenden. Sie müssen die in Tabelle 4.5 genannten Anforderungen erfüllen.

Wenn als bodenseitige Schutzschicht Geotextilien verwendet werden, müssen sie ebenfalls die Anforderungen in Tabelle 4.5 erfüllen. Wenn als bodenseitige Schutzschicht Kunststoffschutzbahnen verwendet werden, müssen sie bis auf das Verhalten im Brandfall die im Abschnitt 4.5.1.2 in Tabelle 4.4 genannten Anforderungen erfüllen. Zusätzlich sind die Nachweise der Witterungsbeständigkeit gemäß Anforderung Nr. 10 in Tabelle 4.5 und der Umweltunbedenklichkeit gemäß Anforderung Nr. 14 in Tabelle 4.1 zu erbringen.

Wenn bodenseitig kombinierte geotextile Schutz- und Dränschichten verwendet werden, müssen sie die im Abschnitt 4.6.2 in Tabelle 4.7 genannten Anforderungen erfüllen.

Tabelle 4.5 Anforderungen an geotextile Schutzschichten ohne Dränfunktion für in offener Bauweise erstellte Bauwerke.

Nr.	Eigenschaft	Prüfung nach Regelwerk und/ oder Angaben in EAG-EDT		Anforderung [1]
		Regelwerk	EAG-EDT	
1	Art der Schutzschicht[E]		4.12.1	mechanisch verfestigter Vliesstoff oder Verbundstoff, Polyolefine, Originalrohstoff
2	Beschreibung[E]			
2.1	Kennzeichnung	DIN EN ISO 10320	4.12.1	– Typenkennzeichnung – Markierung für Überlappstreifen – auf Verpackung: CE- und Verpackungsetikett
2.2	Unterlagen			– CE-Leistungserklärung – Informationen zur Zusammensetzung gemäß Erläuterung
3	flächenbezogene Masse[E]	DIN EN ISO 9864		≥ 450 g/m² bei bodenseitiger Schutzschicht objektspezifisch [2] Toleranz vom Ergebnis der Grundprüfung: $\leq -5\%$
4	Dicke unter Normalspannung von[E]			
4.1	2 kPa	DIN EN ISO 9863-1		Wert ermitteln
4.2	20 kPa			$\geq 2,5$ mm
5	DSC-Analyse[E]	DIN EN ISO 11357-1 u. -3	4.12.3.1	Diagramm ermitteln Toleranz vom Ergebnis der Grundprüfung: $\leq \pm 10\%$
6	Verhalten im Zugversuch			
6.1	Höchstzugkraft	DIN EN ISO 10319	4.12.3.3	≥ 10 kN/m
6.2	Dehnung bei Höchstzugkraft			Wert ermitteln
7	Durchschlagverhalten[E]	DIN EN ISO 13433		Wert ermitteln
8	Schutzwirksamkeit	DIN EN 13719		Wert ermitteln
9	Oxidationsbeständigkeit[E]	DIN EN 13256 und DIN EN ISO 13438		Nachweis für maximale Nutzungsdauer gemäß aktueller Fassung der DIN EN 13256
10	Witterungsbeständigkeit[E]	DIN EN 12224	4.12.3.7	Restfestigkeit $\geq 60\%$ bei höchstzulässiger Freiliegedauer von 1 Monat

Fortsetzung **Tabelle 4.5**

Nr.	Eigenschaft	Prüfung nach Regelwerk und/ oder Angaben in EAG-EDT		Anforderung [1]
		Regelwerk	EAG-EDT	
11	Umweltunbedenklich-keit[E]	BBodSchV MGeok E	4.12.3.8	Unbedenklichkeitsbescheinigung auf Grundlage der Prüfwerte der BBodSchV für Wirkungspfad Boden–Grundwasser nach Verfahren MGeok E, Ziffer 6.29

[1] für Grund- bzw. Eignungsprüfung Anforderung an Mittelwert der Messproben einer Probe
[2] Dimensionierung in Abhängigkeit vom Füllboden
[E] siehe nachfolgende Erläuterungen

Erläuterungen zu Tabelle 4.5

Zu Nr. 1: Art der Schutzschicht

Mechanisch verfestigte Vliesstoffe haben sich insbesondere für den Einsatz als bauwerkseitige Schutzschicht bewährt. Als bodenseitige Schutzschicht eignen sich mechanisch verfestigte Vliesstoffe oder Verbundstoffe aus Vliesstoff und Gewebe nur, wenn keine Dränfunktion gefordert wird. Die Eignung ist zusätzlich vom Hinterfüllboden abhängig. Zur Forderung von Originalrohstoffen gelten die gleichen Anmerkungen wie zu Nr. 1 in Tabelle 4.3.

Zu Nr. 2: Beschreibung

Es gelten die gleichen Anmerkungen wie zu Nr. 2 in Tabelle 4.3.

Zu Nr. 3: Flächenbezogene Masse

Eine ausreichende flächenbezogene Masse ist für die Schutzwirksamkeit wesentlich. Bei bodenseitigen Schutzschichten hängt die flächenbezogene Masse von der Art und Kornverteilung des Hinterfüllbodens ab und ist daher projektspezifisch festzulegen.

Zu Nr. 4: Dicke

Die Dicke unter Normalspannung von 2 kPa ist ein Kennwert zur Sicherung einer gleich bleibenden Qualität im Rahmen der Qualitätssicherung. Die Anforderung an die Mindestdicke unter Normalspannung von 20 kPa dient der Sicherstellung der Schutzwirksamkeit.

Zu Nr. 5: DSC-Analyse

Die DSC-Analyse dient der Bestimmung des Werkstoffs und damit der Prüfung, ob es sich um ein Polyolefin handelt.

Zu Nr. 6: Verhalten im Zugversuch
Die Mindestanforderung an die Höchstzugkraft dient einerseits der Sicherstellung einer gewissen Robustheit beim Einbau, und andererseits sind die Höchstzugkraft und die Höchstzugkraftdehnung Kennwerte zur Sicherung einer gleich bleibenden Qualität im Rahmen der Qualitätssicherung.

Zu Nr. 7: Durchschlagverhalten
Es gelten die gleichen Anmerkungen wie zu Nr. 8 in Tabelle 4.2.

Zu Nr. 9: Oxidationsbeständigkeit
Es werden Prüfungen zur Oxidationsbeständigkeit gemäß aktueller Fassung der DIN EN 13256 gefordert.

Zu Nr. 10: Witterungsbeständigkeit
Da eine umgehende Überdeckung der Schutzschichten bei üblichen Unwägbarkeiten im Bauablauf nicht immer möglich ist, wird generell eine Anforderung an die Witterungsbeständigkeit für eine höchstzulässige Freiliegedauer von einem Monat gestellt. Bei noch längerer Freiliegedauer sind projektspezifisch entsprechende Anforderungen festzulegen.

Zu Nr. 11: Umweltunbedenklichkeit
Es gelten die gleichen Anmerkungen wie zu Nr. 15 in Tabelle 4.1.

4.6 Dränschichten aus Geokunststoffen

4.6.1 Geschlossene Bauweise

Die Dränelemente müssen die in Tabelle 4.6 genannten Anforderungen erfüllen. Da die in Streifen verlegten Dränelemente gemäß Abschnitt 3.5.2 nur eine temporäre Funktion während der Bauphase (bis zum Abschluss der Betonierarbeiten) haben, entfällt die Vorgabe der DIN EN 13252 zur Prüfung der Langzeitbeständigkeit. Ein Teil der Anforderungen gilt nur für Dränelemente, die den Geotextilien zuzuordnen sind.

Tabelle 4.6 Anforderungen an Dränelemente aus Geokunststoffen für in geschlossener Bauweise erstellte Bauwerke.

Nr.	Eigenschaft[E)]	Prüfung nach Regelwerk und/oder Angaben in EAG-EDT		Anforderung[1)]
		Regelwerk	EAG-EDT	
1	Art der Dränelemente		4.12.1	Dränelemente ohne bergseitige Filterschicht[2)], Polyolefine mit Nutzungsdauer nach DIN EN 13252 von bis zu 5 Jahren

Fortsetzung **Tabelle 4.6**

Nr.	Eigenschaft[E]	Prüfung nach Regelwerk und/oder Angaben in EAG-EDT		Anforderung[1]
		Regelwerk	EAG-EDT	
2	Beschreibung			
2.1	Kennzeichnung	DIN EN ISO 10320	4.12.1	Dränelemente, die den Geotextilien zuzuordnen sind: – Typenkennzeichnung – auf Verpackung: CE- und Verpackungsetikett
2.2	Unterlagen			Dränelemente, die den Geotextilien zuzuordnen sind: CE-Leistungserklärung
3	Flächenbezogene Masse	DIN EN ISO 9864		Wert ermitteln
4	Dicke unter Normalspannung von			
4.1	2 kPa	DIN EN ISO 9863-1		Wert ermitteln
4.2	200 kPa			≥ 5 mm und ≤ 12 mm
5	Wasserableitvermögen h/w bei $i = 1$ und nach Nr. 4 ermittelter Dicke bei 200 kPa	DIN EN ISO 12958	4.12.3.6	$\geq 0,12$ l/(m · s)
6	Umweltunbedenklichkeit	BBodSchV MGeok E	4.12.3.8	Unbedenklichkeitsbescheinigung auf Grundlage der Prüfwerte der BBodSchV für Wirkungspfad Boden–Grundwasser
7	Brandverhalten	DIN EN ISO 11925-2 DIN EN 13501-1		Klasse E[3]

[1] für Grund- bzw. Eignungsprüfung Anforderung an Mittelwert der Messproben einer Probe
[2] Für Dränelemente wie z. B. Hohlnoppenbahnen, die nicht zu den Geotextilien oder geotextilverwandten Produkten zählen, entfallen die explizit für Geotextilien genannten Anforderungen.
[3] Bei sofortiger Überdeckung der Dränelemente nach dem Einbau ist objektspezifisch zu prüfen, ob Klasse E entfallen kann.
[E] siehe nachfolgende Erläuterungen

Erläuterungen zu Tabelle 4.6

Zu Nr. 1: Art des Dränelements

Zur Reduzierung der Versinterungsgefahr dürfen die Dränelemente keine bergseitige Filterschicht aufweisen, und ihre Struktur darf die Versinterungsgefahr nicht begünstigen.

Zu Nr. 2: Beschreibung

Für Dränelemente, die den Geotextilien zuzuordnen sind: Es gelten die gleichen Anmerkungen wie zu Nr. 2 in Tabelle 4.3.

Zu Nr. 3: Flächenbezogene Masse
Die flächenbezogene Masse ist ein Kennwert zur Sicherung einer gleich bleibenden Qualität im Rahmen der Qualitätssicherung.

Zu Nr. 4: Dicke
Die Dicke unter Normalspannung von 2 kPa ist ein Kennwert zur Sicherung einer gleich bleibenden Qualität im Rahmen der Qualitätssicherung. Die Anforderungen an die Dicke unter Normalspannung von 200 kPa sind aufgrund der üblicherweise im Bauzustand zu erwartenden Druckbeanspruchungen von bis zu 200 kPa beim Betonieren oder Verpressen erforderlich. Außerdem geht die Dicke unter Normalspannung von 200 kPa als Bezugswert in die Prüfung des Wasserableitvermögens, also des wichtigsten Kennwerts eines Dränelements, ein.

Zu Nr. 5: Wasserableitvermögen
Das geforderte Wasserableitvermögen muss unter den maximal im Bauzustand zu erwartenden Druckbeanspruchungen, also einer Normalspannung von 200 kPa, gewährleistet werden.

Zu Nr. 6: Umweltunbedenklichkeit
Es gelten die gleichen Anmerkungen wie zu Nr. 14 in Tabelle 4.1.

Zu Nr. 7: Brandverhalten
Es gelten die gleichen Anmerkungen wie zu Nr. 15 in Tabelle 4.1.

4.6.2 Offene Bauweise

Wenn bodenseitig kombinierte Schutz- und Dränschichten aus Geotextilien verwendet werden, müssen sie die in Tabelle 4.7 genannten Anforderungen erfüllen. Bei mehr als 6 m Überschüttungshöhe des Bauwerks müssen die Anforderungen der Tabelle 4.7 objektspezifisch für höhere Normalspannungen als 100 kPa modifiziert werden.

Tabelle 4.7 Anforderungen an bodenseitige Drän- und kombinierte Schutz-/Dränschichten für in offener Bauweise erstellte Bauwerke.

Nr.	Eigenschaft[E)]	Prüfung nach Regelwerk und/ oder Angaben in EAG-EDT		Anforderung[1)]
		Regelwerk	EAG-EDT	
1	Art der Drän- oder kombinierten Schutz-/Dränschicht		4.12.1	Dränmatte mit beidseitiger Vliesstoffschicht, Kunststoffkomponenten aus Polyolefinen und Originalrohstoffen

Fortsetzung **Tabelle 4.7**

Nr.	Eigenschaft[E)]	Prüfung nach Regelwerk und/ oder Angaben in EAG-EDT		Anforderung[1)]
		Regelwerk	EAG-EDT	
2	Beschreibung			
2.1	Kennzeichnung	DIN EN ISO 10320	4.12.1	– Typenkennzeichnung – auf Verpackung: CE- und Verpackungsetikett
2.2	Unterlagen			– CE-Leistungserklärung – Informationen zur Zusammensetzung gemäß Erläuterung
3	flächenbezogene Masse des			
3.1	Verbundprodukts	DIN EN ISO 9864		Wert ermitteln
3.2	KDB-seitigen Vliesstoffs			≥ 150 g/m^2
4	Dicke unter Normalspannung von			
4.1	2 kPa	DIN EN ISO 9863-1		Wert ermitteln
4.2	100 kPa			≥ 5 mm
5	DSC-Analyse	DIN EN ISO 11357-1 u. -3	4.12.3.1	Diagramm ermitteln
6	Höchstzugkraft	DIN EN ISO 10319	4.12.3.3	≥ 10 kN/m
7	Stempeldurchdrückkraft des KDB-seitigen Vliesstoffs	DIN EN ISO 12236		$\geq 1,5$ kN
8	Dicke im Kriechversuch nach 1 Jahr unter Druckbeanspruchung von 100 kPa oder objektspezifischer Auflast	DIN EN ISO 25619-1	4.12.3.4	Wert ermitteln
9	Öffnungsweite O_{90} des bodenseitigen Vliesstoffs	DIN EN 12956		objektspezifisch, abhängig vom Hinterfüllboden
10	Durchflussrate q_N aus Wasserdurchlässigkeitsversuch senkrecht zur Ebene ohne Auflast	DIN EN ISO 11058	4.12.3.5	$\geq 0,5$ l/(m^{2}s)
11	Wasserableitvermögen h/w bei $i = 1$ und bei in Nr. 8 ermittelter Dicke	DIN EN ISO 12958	4.12.3.6	objektspezifisch, aber mindestens $\geq 0,12$ l/(m · s)

Nr.	Eigenschaft[E]	Prüfung nach Regelwerk und/ oder Angaben in EAG-EDT		Anforderung[1]
		Regelwerk	EAG-EDT	
12	Beständigkeit			
12.1	Oxidationsbeständigkeit	DIN EN 13256 und DIN EN ISO 13438		Nachweis für maximale Nutzungsdauer gemäß aktueller Fassung der DIN EN 13256
12.2	Witterungsbeständigkeit	DIN EN 12224	4.12.3.7	Restfestigkeit $\geq 60\%$ bei höchstzulässiger Freiliegedauer von 1 Monat
13	Umweltunbedenklichkeit	BBodSchV MGeok E	4.12.3.8	Unbedenklichkeitsbescheinigung auf Grundlage der Prüfwerte der BBodSchV für Wirkungspfad Boden–Grundwasser

[1] für Grund- bzw. Eignungsprüfung Anforderung an Mittelwert der Messproben einer Probe
[E] siehe nachfolgende Erläuterungen

Erläuterungen zu Tabelle 4.7

Zu Nr. 1: Art des Geokunststoffs
Anders als bei in geschlossener Bauweise hergestellten Bauwerken dürfen nur Dränmatten mit beidseitigen Vliesstoffschichten verwendet werden. Die KDB-seitige Vliesstoffschicht dient dem Schutz der Kunststoffdichtungsbahn gegen punktuelle Beanspruchungen durch die Dränmatte selbst. Die bodenseitige Vliesstoffschicht verhindert Bodeneintrag in die Dränmatte und eine damit verbundene Verringerung des Wasserableitvermögens.

Zu Nr. 2: Beschreibung
Es gelten die gleichen Anmerkungen wie zu Nr. 2 in Tabelle 4.3.

Zu Nr. 3: Flächenbezogene Masse
Die geforderte flächenbezogene Masse des KDB-seitigen Vliesstoffs ist so gewählt, dass die Robustheitsklasse GRK 3 gemäß Straßenbaumerkblatt (MGeok E) erfüllt wird.

Zu Nr. 4: Dicke
Die Dicken unter Normalspannung von 2 kPa und 100 kPa sind Kennwerte zur Sicherung einer gleich bleibenden Qualität im Rahmen der Qualitätssicherung.

Zu Nr. 5: DSC-Analyse
Es gelten die gleichen Anmerkungen wie zu Nr. 5 in Tabelle 4.5.

Zu Nr. 6: Höchstzugkraft
Es gelten die gleichen Anmerkungen wie zu Nr. 6 in Tabelle 4.5.

Zu Nr. 7: Stempeldurchdrückkraft des KDB-seitigen Vliesstoffs
Die geforderte Stempeldurchdrückkraft des KDB-seitigen Vliesstoffs ist so gewählt, dass die Robustheitsklasse GRK 3 gemäß Straßenbaumerkblatt (M Geok E 2005) erfüllt wird.

Zu Nr. 8: Kriechverhalten unter Druckbeanspruchung
Damit das Wasserableitvermögen dauerhaft über die Nutzungsdauer erhalten bleibt, sind Kenntnisse über das Kriechverhalten unter den maximal zu erwartenden Druckbeanspruchungen nötig. Die Auflast von 100 kPa ergibt sich aus üblichen bis zu 6 m dicken Überdeckungen. Die im Kriechversuch ermittelte Dicke nach einem Jahr ist der Bezugswert zur Ermittlung des Wasserableitvermögens (Nr. 11 in Tabelle 4.7).

Zu Nr. 9: Öffnungsweite O_{90} des bodenseitigen Vliesstoffs
Die erforderliche Öffnungsweite ist projektspezifisch abhängig vom jeweiligen Hinterfüllboden zu ermitteln.

Zu Nr. 10: Durchflussrate q_N
Durch einen ausreichend großen Geschwindigkeitsindex VI_{H50} im Wasserdurchlässigkeitsversuch senkrecht zur Ebene soll sichergestellt werden, dass das abzuleitende Wasser durch den bodenseitigen Vliesstoff in den wasserableitenden Dränkörper gelangt.

Zu Nr. 11 in Tabelle 4.7: Wasserableitvermögen
Das geforderte Wasserableitvermögen muss unter den maximal zu erwartenden Druckbeanspruchungen, also üblicherweise einer Normalspannung von 100 kPa, dauerhaft gewährleistet werden. Die Dicke für die Ermittlung des Wasserableitvermögens ergibt sich aus der Dicke, die im Kriechversuch nach Nr. 8 in Tabelle 4.7 ermittelt wird.

Zu Nr. 12 in Tabelle 4.7: Beständigkeit
Zur Langzeitbeständigkeit gelten im Hinblick auf die Oxidationsbeständigkeit (Nr. 12.1) die gleichen Anmerkungen wie zu Nr. 9 in Tabelle 4.5 und im Hinblick auf die Witterungsbeständigkeit (Nr. 12.2) wie zu Nr. 10 in Tabelle 4.5.

Zu Nr. 13 in Tabelle 4.7: Umweltunbedenklichkeit
Es gelten die gleichen Anmerkungen wie zu Nr. 14 in Tabelle 4.1.

4.7 Befestigungssysteme

Befestigungssysteme sind temporäre Montagehilfen für den Einbau von KDB-Abdichtungen. Die Kunststoffdichtungsbahn muss sich vor Erreichen ihrer Streckgrenze ohne Beschädigung vom Befestigungssystem ablösen. Das Befestigungssystem darf weder beim Einbau noch danach die in den Abschnitten 4.3, 4.5 und 4.6 geforderten Eigenschaften der Kunststoffdichtungsbahnen, der Schutzschicht und gegebenenfalls der Dränschicht nennenswert beeinträchtigen.

Zum Einsatz kommen derzeit:

– Rondellen (zur thermischen Fixierung, Klebe- oder Klettfixierung),wobei die Rondellen mit Setzbolzen am Abdichtungsträger befestigt werden und bei hochfestem Beton Dübelbefestigungen erforderlich sind

– thermische Fixierung zwischen vliesstoffkaschierten Dichtungsbahnen und bergseitiger Schutzschicht

– Schmelzklebesysteme auf Kunststoffdichtungsbahnen

– sonstige Klebstoffsysteme

Rondellen zur Befestigung der KDB-Abdichtung müssen folgende Anforderungen erfüllen:

– artgleicher Werkstoff wie bei der Kunststoffdichtungsbahn aus Gründen der Schweißbarkeit bei thermischer Fixierung

– geeignetes Schweiß- und Schmelze-Masseflißverhalten der Rondellen für die thermische Fixierung, um eine sichere und schnelle Montage zu ermöglichen und ein Durchschmelzen der Kunststoffdichtungsbahnen zu vermeiden

– integrierte Sollbruchstelle

– Vertiefung in der Rondelle für Unterlegscheibe und zentrisches Loch für die Nageldurchführung, sodass weder Unterlegscheibe noch Nagelkopf über die Schweißebene ragen

– Schweißfläche von mindestens 5 cm^2

Bei flächigen Befestigungssystemen wie thermischen Fixierungen zwischen vliesstoffkaschierter Kunststoffdichtungsbahn und bergseitiger Schutzschicht oder Fixierungen mit Schmelzklebesystemen auf Kunststoffdichtungsbahnen und sonstigen Klebstoffsystemen muss die spezifische Haft- und Scherverbindung auf die flächenbezogene Masse der zu befestigenden KDB abgestimmt werden. Außerdem müssen die langfristige Materialverträglichkeit der Schmelzklebesysteme und Klebstoffe mit der Kunststoffdichtungsbahn und der geotextilen Schutzschicht sowie deren Umweltverträglichkeit (Sicherheitsdatenblatt) gewährleistet sein.

4.8 Verpressvorgänge

4.8.1 Übersicht der Verpressvorgänge und zugehörigen Verpresseinrichtungen und -stoffe

In Tabelle 4.8 sind die Verpresseinrichtungen und -stoffe für die gemäß Abschnitt 3.8 vorgesehenen Verpressvorgänge angegeben. Die Anforderungen an die Elemente der Verpresssysteme sowie die Verpressstoffe werden in den Abschnitten 4.8.2 und 4.8.3 beschrieben.

Tabelle 4.8 Verpresseinrichtungen und -stoffe für planmäßige und bedarfsweise Verpressvorgänge in Tunneln mit geschlossener Bauweise.

Nr.	Verpressvorgang/-bereich	Verpresssystem	Verpressstoffe
1	Firstbereich	Verpressstutzen P	– Zementsuspension (ZS)
2	Blockfugenbereich	Verpressstutzen P	– Zementleim (ZL) – Zementmörtel (ZM)
3	Firstspalt und gegebenenfalls vorab Verfüllen von Bereichen mit großen Minderdicken	Verpressstutzen P	– Zementsuspension (ZS) – Zementleim (ZL) – ggf. Verguss-beton/-mörtel
4	linienförmig im Fugenbereich: a) Sperrankerbereich von außenliegenden Fugenbändern und Anschlussbändern b) Arbeitsfuge ohne Profilband c) Klebeanschluss an WUB-Konstruktion	a) Verpressstutzen P oder Verpress-schlauchsystem L b) Verpressschlauch-system L oder Quellband c) Verpressschlauch-system L oder Quellband L	– Zementsupension (ZS) – Zementleim (ZL) – Stoff auf Acrylat-basis (AC/AY) – Stoff auf Poly-urethanbasis (PUR)
5	flächig: a) Schottfeld zwischen Blockfugen im Spalt zwischen KDB und Innenschale bei einlagiger KDB-Abdichtung b) Kammerelement bei doppellagiger KDB-Abdichtung	a) Verpressstutzen P b) Verpressstutzen P	

4.8.2 Verpresseinrichtungen

Beim Verpressen können die Drücke an der Pumpe bei zementhaltigen Verpressstoffen zwischen 5 und 10 bar und bei Verpressstoffen aus Kunststoff zwischen 5 und 20 bar betragen. Vor allem können die Drücke an der Austrittsöffnung je nach Eignung und Ausbildung der Verpresseinrichtungen und je nach Verpressstoff stark variieren. Die Drücke an der Austrittsöffnung – auch beim Öffnen des Systems – sollen zum Schutz der KDB-Abdichtung so gering wie möglich sein. Die jeweiligen Drücke sind bei der Auswahl der Verpresseinrichtungen zu beachten.

Die Verpressstutzen sollen

– einen Innendurchmesser von mindestens 20 mm aufweisen (bei Firstspaltverpressungen mindestens 50 mm),

– mit Befestigungs- und Verbindungselementen, Rohren oder Schläuchen ausgestattet sein, die nicht mit der nachfolgend einzubauenden Bewehrung der Innenschale kollidieren,

– eine lagestabile Befestigung aufweisen, damit die Austrittsöffnung in der späteren Bauwerksfuge liegt,

– widerstandsfähig gegen Beanspruchungen beim Schal- und Bewehrungseinbau sein,

– so gestaltet sein, dass beim Betonieren und Verdichten der Innenschale keine Stoffe in den Verpressstutzen eindringen können, die Verstopfungen verursachen und

– für die bei den vorgesehenen Verpressvorgängen auftretenden Drücke geeignet sein.

Die Verpressschlauchsysteme sollen

– maximal 15 m lang sein,

– einen bauaufsichtlichen Verwendbarkeitsnachweis mit allgemeinem bauaufsichtlichen Prüfzeugnis (abP) haben,

– widerstandsfähig gegen die Beanspruchungen beim Schal- und Bewehrungseinbau sein,

– über ihre gesamte Länge mit geeigneten Befestigungsmitteln fixiert werden, um Verschiebungen und ein Aufschwimmen beim Betonieren zu verhindern und

– die Nachverpressbarkeit innerhalb der Verarbeitbarkeitsdauer des Verpressstoffs sicherstellen.

4.8.3 Verpressstoffe

Die in Abschnitt 3.8 und in Tabelle 4.8 genannten zum Einsatz kommenden Verpressstoffe benötigen Eignungsnachweise nach den Vorgaben der in Tabelle 4.9 aufgeführten Regelwerke. Für nicht geregelte Verpressstoffe, die zu Abdichtungszwecken eingesetzt werden, sind die im ABI-Merkblatt Teil II Abschnitt 2.3 beschriebenen Prüfungen verbindlich, wenn keine anwendungsbezogene allgemeine bauaufsichtliche Zulassung vorliegt.

Tabelle 4.9 Anforderungen an Verpressstoffe.

Nr.	Verpressstoff	Anforderungen
1	Zementsuspension (ZS) [1]	Vorgaben in ZTV-ING, Teil 3, Abschnitt 5 und Anhang
2	Zementleim (ZL) [1]	
3	Zementmörtel (ZM)	
4	Vergussmörtel/-beton	schwindarm, Richtlinie DAfStb „Herstellung und Verwendung von zementgebundenem Vergussbeton und Vergussmörtel", Juni 2006
5	Stoffe auf Acrylatbasis (AC/AY)	Vorgaben zur Prüfung im ABI-Merkblatt, Teil II, Abschnitt 2.3 (STUVA, 2014), DIN EN 1504-5
6	Stoffe auf Polyurethanbasis (PUR)	Vorgaben in ZTV-ING, Teil 3, Abschnitt 5, und zugehöriger TL/TP FG-PUR und Vorgaben zur Prüfung im ABI-Merkblatt, Teil II, Abschnitt 2.3 (STUVA, 2014), DIN EN 1504-5

[1] Verbesserung durch polymere Zusatzstoffe möglich.

Zementsuspensionen und -leime können durch polymere Zusatzstoffe in ihrer Wirksamkeit nachhaltig verbessert werden.

Verpressstoffe, die für Abdichtungsverpressungen eingesetzt werden, dürfen nachweislich nicht korrosionsfördernd sein und müssen einen Eignungsnachweis mit folgenden Bestandteilen besitzen:

– Eignungsprüfung

– werkseigene Produktionskontrolle (WPK)

– Fremdüberwachung als Überprüfung der WPK durch eine Prüfstelle

Die vorgelegten Eignungsprüfungen sollen nicht älter als 5 Jahre sein. Der Produzent ist verpflichtet, die Prüfberichte auf Nachfrage dem Bauherrn, Planer oder Verarbeiter in ungekürzter Version zur Verfügung zu stellen.

4.9 Einbauteile und sonstige spezielle Anschlusselemente

Einbauteile wie Klemmvorrichtungen (Flanschanbindungen, Anschlussschienen), Verankerungen oder sonstige Verbindungen und Durchdringungen an der Abdichtungsschicht müssen den Vorgaben der 18533-1, Anhang A entsprechen.

Für Klemmvorrichtungen zum Einsatz kommende Dichtstreifen müssen hinsichtlich ihres Rückstellverhaltens und ihrer Materialverträglichkeit geeignet sein und auf das jeweilige Abdichtungssystem abgestimmt werden.

Abdichtungselemente für Klebeanschlüsse (Kunststoffstreifen, Epoxidharz etc.) sind aufeinander abzustimmen und müssen aus verträglichen Werkstoffen bestehen.

4.10 Innenschale bei in geschlossener Bauweise erstellten Bauwerken

Um die Funktionsfähigkeit der KDB-Abdichtung dauerhaft zu gewährleisten, muss die Innenschale folgende Qualitätsanforderungen erfüllen:

– hohlraumfrei und frei von Kiesnestern

– bergseitig möglichst ebene und graten-/spitzenfreie Oberfläche, an die sich die Kunststoffdichtungsbahn bei Wasserdruckbeanspruchung formschlüssig anlegen kann

– formschlüssige Einbettung der Sperranker von Profilbändern

– bei Druckwasser Eignung als Ersatzdichtung ggf. in Verbindung mit Verpresseinrichtungen

4.11 Dichtungssystem

4.11.1 Allgemeines

In den Abschnitten 3.2 und 3.3 wird der generelle Aufbau der Dichtungssysteme im Tunnelquerschnitt beschrieben (Bilder 3.2 bis 3.5) und die Abschnitte 3.4 bis 3.9 beschreiben weitere Entwurfsgrundsätze im Zusammenhang mit Schutzschichten, der Dränung, Fugendichtungen, Abschottungen, Anschlüssen und Durchdringungen, der Befestigung und Verpressvorgängen. Dieser Abschnitt enthält darauf aufbauend die Anforderungen an die räumliche Anordnung der einzelnen Abdichtungselemente mit Angaben zur Ausbildung von Stößen, Anschlüssen und Durchdringungen.

4.11.2 Geschlossene Bauweise

4.11.2.1 Anordnung von Dränelementen, Schutzschichten und zugehörigen Befestigungselementen

Dränelemente Bei dränierten Tunneln werden im Bedarfsfall umlaufend Dränelemente in Streifen verlegt (Bild 4.5). Die Streifen sind erfahrungsgemäß etwa 0,5 m breit und die Achsabstände etwa 3 m. Die umlaufenden streifenförmigen Dränelemente werden bei Bedarf durch horizontale Dränstreifen in den freien Zwischenräumen ergänzt. Die genaue Anordnung und die Abmessungen sind projektspezifisch festzulegen. Zur Befestigung von Dränelementen reichen in der Regel ein bis zwei Befestigungspunkte je m² Fläche aus.

Bergseitige geotextile Schutzschicht Die bergseitige geotextile Schutzschicht wird vollflächig aufgebracht, auch wenn die Tunnel mit Dränelementen ausgerüstet sind. Bei Verbundstoffen wird die Gewebeseite bergseitig angeordnet. Die Überlappung der Geotextilien soll 0,10 m betragen. Bei einlagigen KDB-Abdichtungen können die Geotextilien mit den Befestigungselementen für die Kunststoffdichtungsbahnen befestigt werden. Bei doppellagigen KDB-Abdichtungen sollen die Geotextilien gesondert befestigt werden, um ein enges Anliegen des Dichtungssystems an den Abdichtungsträger zu ermöglichen.

Luftseitige Sohlschutzschichten Zwischen luftseitigen Sohlschutzschichten aus bewehrtem Schutzbeton und Kunststoffdichtungsbahnen ist eine mindestens 0,4 mm dicke Trenn- und Gleitfolie anzuordnen.

Luftseitige Sohlschutzschichten aus Kunststoffschutzbahnen müssen mit Überlappung angeordnet werden. Zur Vermeidung von Betonunterläufigkeiten werden Stöße der Kunststoffschutzbahnen und Anschlüsse an die KDB-Abdichtung durch Schweißen geheftet.

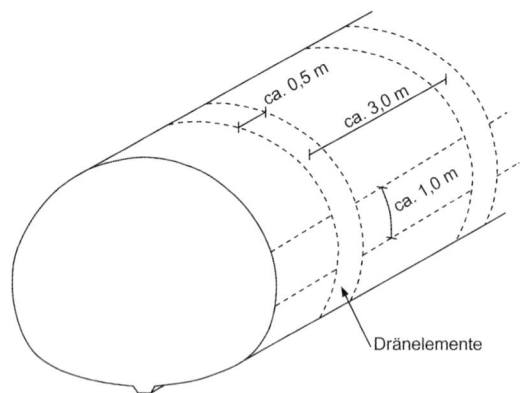

Bild 4.5 Anordnung von Dränelementen bei in geschlossener Bauweise erstellten Bauwerken.

4.11.2.2 Anordnung von Kunststoffdichtungsbahnen, außenliegenden Fugenbändern und zugehörigen Befestigungselementen

Die Kunststoffdichtungsbahnen sollen aus Gründen des Arbeitsablaufs quer zur Tunnellängsachse umlaufend eingebaut werden.

Bei Regenschirmabdichtungen müssen die Kunststoffdichtungsbahnen bis zu den Längsentwässerungseinrichtungen heruntergeführt und gegen das Eindringen von Beton beim Herstellen der Innenschale verwahrt werden.

Bei Rundumabdichtungen werden die Kunststoffdichtungsbahnen in der Regel arbeitsbedingt oberhalb der Anschlussbewehrung zwischen Sohl- und aufgehendem Gewölbe gestoßen.

Bei doppellagigen KDB-Abdichtungen wird bergseitig eine 3 mm dicke Kunststoffdichtungsbahn in der Regel ohne Signalschicht eingebaut. Die zweite Kunststoffdichtungsbahn (2 mm dick) wird mit luftseitiger Signalschicht und bergseitiger Noppenprofilierung angeordnet. Aus den beiden KDB-Lagen werden Kammerelemente in der Regel mit einer Fläche zwischen 40 und 70 m² ausgebildet (Bilder 4.6 und 4.7). Der Zusammenschluss der quer zur Tunnellängsachse umlaufend verlegten Kammerelemente zwischen Sohle und aufgehendem Gewölbe kann entweder direkt oder durch ein über die gesamte Blocklänge horizontal verlaufendes Kammerelement hergestellt werden.

Die Fügenähte zwischen Kunststoffdichtungsbahn und Profilband müssen den Anforderungen der DVS 2225-5 entsprechen. Die Nähte sind entweder

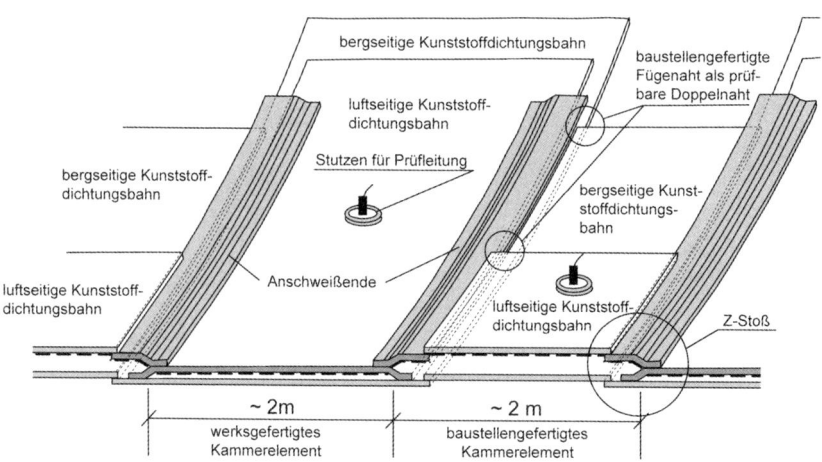

Bild 4.6 Beispiel einer doppellagigen KDB-Abdichtung mit überlappenden Kammerelementen und Z-Nähten.

mit Handnähten oder mit Schweißmaschinen auszuführen. Die Nahtgeometrien sind gemäß den Vorgaben in Abschnitt 4.11.4 auszubilden. Die Stöße sind so anzuordnen, dass Kreuzstöße möglichst vermieden und T-Stöße untereinander einen Abstand von mindestens 0,3 m aufweisen.

Bei doppellagigen KDB-Abdichtungen muss jedes Kammerelement einzeln auf Dichtigkeit prüfbar sein und im Schadensfall verpresst werden können. Die einzelnen Kammerelemente können entweder mit Überlappung durch die Anordnung von Z-Nähten (Bild 4.6) hergestellt werden und auf diese Weise eine flächendeckende Dichtigkeitsprüfung ermöglichen oder einfacher mit kammerabgrenzenden prüffähigen Fügenähten ausgebildet werden (Bild 4.7).

In Tabelle 4.10 sind Mindestanforderungen an die Anordnung von Befestigungselementen zusammengestellt. Die Befestigungselemente und ihre Anordnung sind abhängig von den jeweiligen Randbedingungen, wie Ebenheit des Abdichtungsträgers, Werkstoff und flächenbezogener Masse der Kunststoffdichtungsbahn, projektspezifisch zu wählen und zu bemessen.

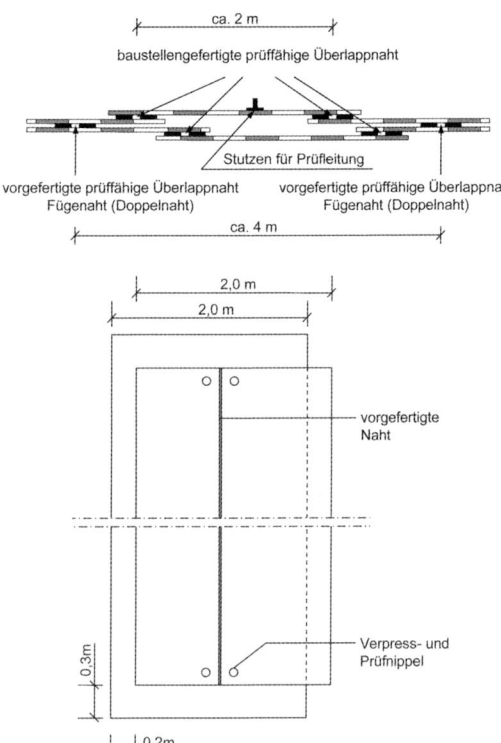

Bild 4.7 Beispiel einer doppellagigen KDB-Abdichtung ohne Überlappung der Kammerelemente mit prüffähigen Überlappnähten.

Tabelle 4.10 Anhaltswerte zur Anordnung von Befestigungselementen für Kunststoffdichtungsbahnen bei in geschlossener Bauweise erstellten Bauwerken.

Nr.	Querschnittsbereich	Rondelle (Anzahl in Stück/m²)		Haftbefestigung	
		Mindestanforderung	Regelausführung	punktuell (Anzahl pro m²)	linear (Abstand in m)
1	Sohle	0,5	0,5	ca. 0,5	≤ ca. 0,5 (bei Streifenbreite ≥ 20 mm)
2	Ulme	1	1 bis 2	ca. 2 bis 4	
3	First	1 bis 2	2 bis 3 [1]	ca. 3 bis 4	

[1] Bei doppellagiger KDB-Abdichtung 3 bis 4 Stück/m².

Bei doppellagigen KDB-Abdichtungen benötigen die beiden KDB-Lagen untereinander mindestens drei Befestigungspunkte pro m², die im Regelfall als Heftverbindungen ausgeführt werden.

Bei in geschlossener Bauweise erstellten Bauwerken dürfen außenliegende Fugenbänder nur auf der durchgehend verlegten KDB-Abdichtung angeordnet werden; eine Unterbrechung der KDB-Abdichtung im Fugenbandbereich ist unzulässig.

Anschlüsse von Kunststoffdichtungsbahnen an die Innenschale werden in der Regel mit Anschlussbändern hergestellt. Bei besonderen Anschlussgeometrien wie z. B. Durchdringungen können sie mit Bahnenzuschnitten ausgebildet werden, die abhängig vom Wasserdruck entweder über mechanische Klemmanschlüsse oder Flanschanbindungen gemäß DIN 18195-9 an die Innenschale angeschlossen werden.

4.11.2.3 Anordnung von Verpresssystemen

In Tabelle 4.11 sind die Anordnungen der Verpresssysteme für die unterschiedlichen (wie in den Abschnitten 3.8 und 4.8 chronologisch geordneten) Verpressvorgänge zusammengestellt; die Bilder 4.8 bis 4.10 illustrieren die verschiedenen Anordnungen.

Der Verpressvorgang Nr. 1 in Tabelle 4.9, also das Nachbetonieren frisch-in-frisch, wird üblicherweise mithilfe von sogenannten Spionrohren ausgeführt, die an der Schalung für die Innenschale befestigt und nach Erhärten des Innenschalenbetons gezogen werden. Die in der Innenschale verbleibenden Öffnungen werden für die Firstspaltverpressung Nr. 3 genutzt.

Tabelle 4.11 Anordnung der Verpresssysteme für Verpressvorgänge in Tunneln mit geschlossener Bauweise.

Nr.	Verpressvorgang/ -bereich	Verpress- system[1]	Anordnung
1	Firstbereich	Verpress- stutzen P	in der Firstlinie über die Blocklänge mit höchstens 3 m Abstand (Bild 4.8)
2	Blockfugenbereich	Verpress- stutzen P	3 Stück pro Sperrankerzwischenraum beidseits der Blockfuge gemäß Bild 4.8 und 4.9[3]
3	Firstspalt und gegebenenfalls vorab Verfüllung von lokalen Bereichen mit großen Minderdicken	Verpress- stutzen P	in der Firstlinie Verpressstutzen mit höchstens 3 m Abstand untereinander und 1 m Abstand von der Blockfuge, ggf. zwei weitere Reihen[4] in einem Abstand von 2 bis 3 m neben der Firstlinie (Bild 4.8)
4	linienförmig im Fugenbereich:		
	a) Sperrankerbereich von außenliegenden Fugenbändern und Anschlussbändern[2]	a) Verpress- stutzen P und ggf. Verpress- schlauchsystem L	a) mindestens drei Verpressstutzen im blockfugennahen Sperrankerzwischenraum im First und an beiden Ulmen mit höchstens 10 m Abstand und Verpressstutzen P oder Verpressschlauchsystem L im blockfugenfernen Sperrankerzwischenraum (Bilder 4.9 und 4.10)
	b) Arbeitsfuge ohne Profilband	b) Verpress- schlauchsystem L	b) mittig in der Fuge, gegen Lageverschiebungen befestigt
	c) Anschlussfuge bei Klebeanschlüssen an WUB-Konstruktion	c) Verpress- schlauchsystem L oder Quellband	c) objektspezifisch
5	flächig:		in regelmäßigen Abständen über Tunnellaibung verteilt
	a) Schottfeld zwischen Blockfugen im Spalt zwischen KDB und Innenschale bei einlagiger KDB-Abdichtung	a) Verpress- stutzen P	a) höchstens 3 m Abstand, abhängig von der Viskosität des Verpressstoffs (Bild 4.9)
	b) Kammerelement bei doppellagiger KDB-Abdichtung zur Vakuumprüfung und bedarfsweisen Verpressung	b) Verpress- stutzen P	b) mindestens 6 Stück in Kammerelementen ab 40 m² Fläche, in besonderen Fällen bei kleineren Kammerelementen 2 bis 3 Stück, Verbindung mit einem zugänglichen Verteilerkasten (Bild 4.6 und 4.7)

1) P: punktueller Auslass, L: linear verteilte Auslässe
2) bei Anschlussbändern Verpressschlauchsystem L rundum gemäß Bild 3.9
3) zusätzlich eine Entlüftungsmöglichkeit E (Ventil oder Entlüftungsstutzen) zwischen außenliegendem Fugenband und KDB im Firstbereich der Blockfuge (Bild 4.9)
4) bei großen Tunnelquerschnitten, z. B. in Bereichen mit Pannenbuchten ggf. mehr Reihen

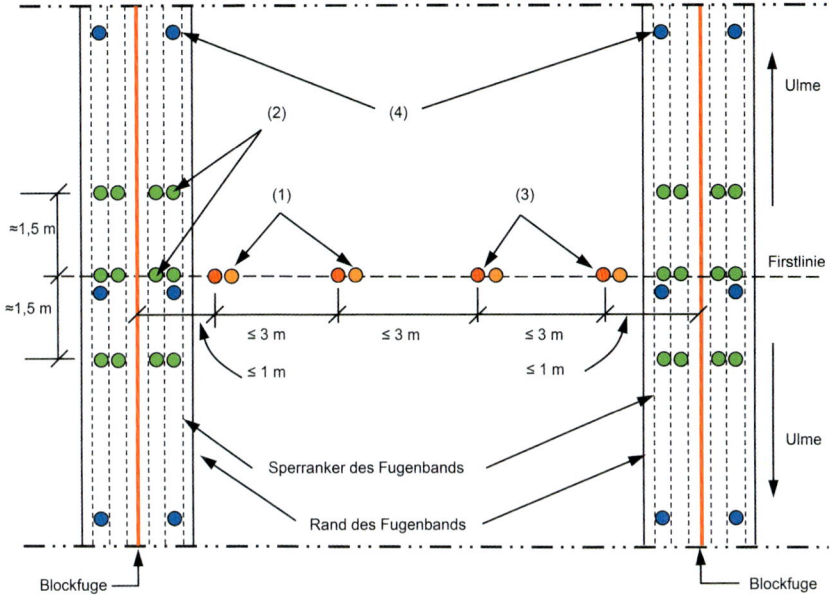

○ (1) Stellen zum planmäßigen Nachbetonieren der Innenschale und zum Entlüften

○ (2) Verpressstutzen zum planmäßigen Nachbetonieren und Entlüften der Sperrankerzwischenräume des außenliegenden Fugenbands

○ (3) Stellen zur planmäßigen Firstspaltverpressung für abdichtungsgerechte Oberfläche

● (4) Verpressstutzen, einfach verpressbar, ggf. auch als Entlüftung einsetzbar, Schlauchsystem nicht dargestellt (s. Bild 4.10)

● (5) Stellen zur bedarfsweisen Herstellung der Dichtungsfunktion im Schottfeld oder Kammerelement, nicht dargestellt

Bild 4.8 Anordnung der Verpresssysteme gemäß Tabelle 4.11 in der Abwicklung (nicht maßstabsgetreue Systemdarstellung).

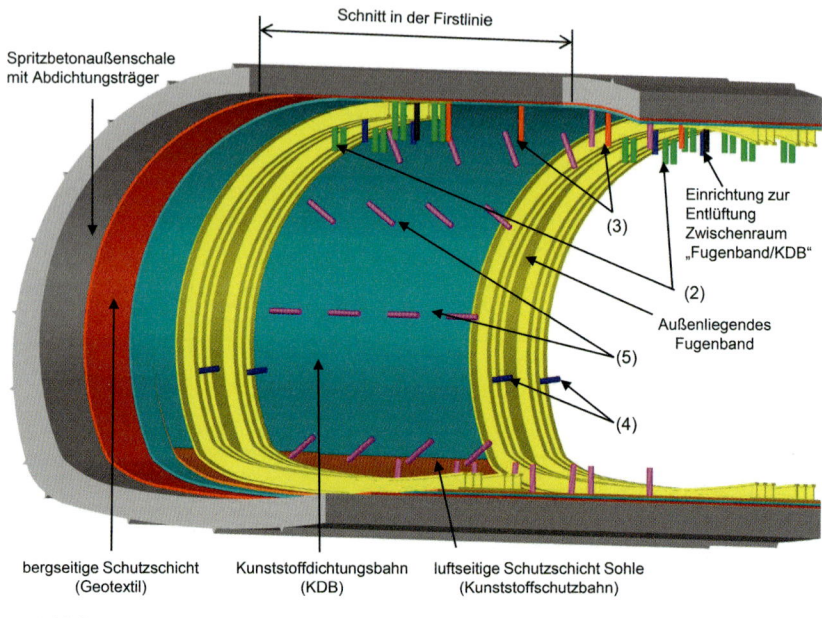

Schnitt in der Firstlinie

Spritzbetonaußenschale
mit Abdichtungsträger

Einrichtung zur
Entlüftung
Zwischenraum
„Fugenband/KDB"

(3)

(2)

Außenliegendes
Fugenband

(5)

(4)

bergseitige Schutzschicht
(Geotextil)

Kunststoffdichtungsbahn
(KDB)

luftseitige Schutzschicht Sohle
(Kunststoffschutzbahn)

⬤ (1) Stellen zum planmäßigen Nachbetonieren der Innenschale und zum Entlüften **(nicht dargestellt)**

⬤ (2) Verpressstutzen zum planmäßigen Nachbetonieren und Entlüften der Sperrankerzwischenräume des außenliegenden Fugenbands

⬤ (3) Stellen zur planmäßigen Firstspaltverpressung für abdichtungsgerechte Oberfläche

⬤ (4) Verpressstutzen (einfach verpressbar), ggf. auch als Entlüftung einsatzbar

⬤ (5) Stellen zur bedarfsweisen Herstellung der Dichtungsfunktion im Schottfeld oder Kammerelement

Bild 4.9 Räumliche, schematische Darstellung von Verpresseinrichtungen über eine Blocklänge und zwei Blockfugen gemäß Tabelle 4.11.

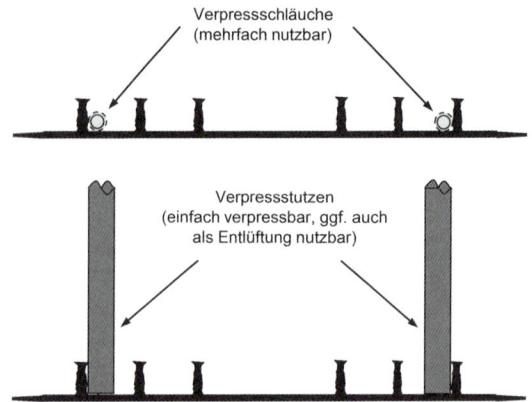

Verpressschläuche
(mehrfach nutzbar)

Verpressstutzen
(einfach verpressbar, ggf. auch
als Entlüftung nutzbar)

Bild 4.10 Anordnung von Verpressschläuchen oder Verpressstutzen in den Sperrankerzwischen-räumen außenliegender Fugenbänder (Details zu Nr. 4 in den Bildern 4.8 und 4.9, nicht maßstabs-getreue Systemdarstel-lungen).

98

4.11.3 Offene Bauweise

4.11.3.1 Anordnung von Schutz- und Dränschichten

Geotextile Schutz- und Dränschichten werden in der Regel quer zur Tunnellängsachse angeordnet. An Stößen sind geotextile Schutzschichten und die bodenseitigen Vliesstoffe von Dränschichten aus Geokunststoffen mindestens 0,1 m zu überlappen.

4.11.3.2 Anordnung von Kunststoffdichtungsbahnen

Die Kunststoffdichtungsbahnen werden in der Regel quer zur Tunnellängsachse angeordnet. Die lose verlegten Kunststoffdichtungsbahnen dürfen an senkrechten Flächen nicht mehr als 4 m frei hängen, anderenfalls müssen sie befestigt werden.

Stöße zwischen Kunststoffdichtungsbahnen sollen entsprechend den Vorgaben in Abschnitt 4.11.4 mit prüffähigen Überlappnähten gefügt werden. Stöße zwischen Kunststoffdichtungsbahn und Anschlussband sollten entsprechend gefügt werden, bei Sickerwasser genügt eine einfache Naht.

Tabelle 4.12 Art und Geometrie der Fügenähte bei KDB-Abdichtungen.

Nr.	Nahtart	Fügeverfahren	Nahtbreite in mm	Gesamt-über-lappung	Besonderheiten	Einsatzbereiche
1	Überlapp-naht mit Prüfkanal	Heizkeil-schweißen (maschinell)	≥15 auf beiden Seiten	ca. 80 mm	Überstand der oberen Bahn über Fügenaht: ≥5 mm Prüfkanalbreite: ≥10 mm	Regelnaht, große Nahtlängen
2	Überlapp-naht ohne Prüfkanal	Warmgas-schweißen (manuell) oder Heizkeil-schweißen (maschinell)	≥30			Heftnähte, Nach-besserungen, End-bereiche mit kur-zen Nahtlängen, außenliegende Fugenbänder
3	Auftrag-naht	Warmgas-extrusions-schweißen (manuell) oder Warm-gasschweißen mit 2 Nähten (manuell)	≥25		Abstand der Auf-tragnaht von der überlappenden Kante: ≤5 mm kerbfreier Auf-trag, Schweiß-draht aus Grund-werkstoff wie Kunststoffdich-tungsbahn bzw. Profilband	Heftnähte, Nach-besserungen, End-bereiche mit kur-zen Nahtlängen, außenliegende Fugenbänder

4.11.4 Anforderungen an Art und Geometrie von Fügenähten

Bei den Fügenähten wird zwischen Überlappnähten mit oder ohne Prüfkanal und Auftragnähten unterschieden. In Tabelle 4.12 sind abhängig von der Nahtart die Anforderungen an die Nahtgeometrien, Hinweise zum Fügeverfahren und zu den Einsatzbereichen zusammengestellt.

Immer, wenn es technisch möglich ist, sollen Überlappnähte mit Prüfkanal als Regelnaht hergestellt werden. Überlappnähte ohne Prüfkanal dürfen nur bei kurzen Nahtlängen, z. B. für Nachbesserungen und Anschlüsse, angewendet werden.

4.12 Zusätzliche Angaben zu Laborprüfungen an Geokunststoffen

4.12.1 Proben für Grund- oder Eignungsprüfungen, Übereinstimmungsprüfungen und Baustoffeingangsprüfungen

Geotextilproben sind nach DIN EN ISO 9862 und Kunststoffdichtungsbahn-, Kunststoffschutzbahn- und Profilbandproben in Anlehnung an DIN EN ISO 9862 zu entnehmen. Die Produkte sind visuell auf ihre Beschaffenheit zu prüfen. Die Mehrfarbigkeit eines Geotextils kann beispielsweise ein Hinweis auf ein nicht zulässiges Rezyklat sein.

Je nach Zweck der Probenahme sind folgende Punkte zu beachten:

– Die Probe für eine Grundprüfung kann aus einer Kleinserie entnommen werden, wenn das Material, die Rezeptur und das Herstellungsverfahren im Übrigen der normalen Produktion entsprechen. Der Hersteller oder Vertreiber kann die Probe für die Grundprüfung auswählen. Dadurch wird ihm eine Optimierung für eine wirtschaftliche Produktion unter Berücksichtigung der gestellten Anforderungen und der für seine Produktion zu erwartenden Streuungen ermöglicht.

– Proben für Übereinstimmungsnachweise sind durch eine unabhängige Prüfstelle nach dem Zufallsprinzip aus einer normalen Produktionscharge zu entnehmen. Der Hersteller oder Vertreiber soll schriftlich bestätigen, dass die Werkstoffe, die Rezeptur und die Herstellmethode mit denen für die Probe der Grundprüfung übereinstimmen.

– Proben für Baustoffeingangsprüfungen müssen nach dem Zufallsprinzip aus einer für das jeweilige Projekt bestimmten Liefer- oder Herstellungscharge durch eine vom Bauherrn festgelegte Stelle entnommen und an die vom Auftragnehmer mit der Prüfung beauftragte akkreditierte Prüfstelle gesendet werden.

– Es wird empfohlen, Rückstellproben aus Proben für Grund- und Eignungsprüfungen, Übereinstimmungsprüfungen und Baustoffeingangsprüfungen vorzusehen und unter geeigneten Bedingungen zu lagern.

4.12.2 Kunststoffdichtungsbahnen, Kunststoffschutzbahnen und Profilbänder

4.12.2.1 Dicke

Die Gesamtdicke der Kunststoffdichtungs- und Kunststoffschutzbahnen wird nach DIN EN 1849-2 mit Tellermikrometern mit einem Presserfuß- und Presserkopfdurchmesser von 10 mm bestimmt – für 2,0 m breite Bahnen an fünf gleichmäßig über die Bahnenbreite verteilten Stellen, bei breiteren Bahnen alle 0,5 m. Die Dicke der Signalschicht ist an den gleichen Messstellen mithilfe eines Mikroskops zu ermitteln. Mittelwert, Kleinstwert und Größtwert werden ohne Signalschicht angegeben. Bei der Signalschicht wird der Größtwert auf 1/100 mm Genauigkeit angegeben.

4.12.2.2 DSC-Analyse

Die DSC-Analysen sind nach DIN EN ISO 11357-1 und -3 durchzuführen.

Für die Durchführung sind folgende zusätzliche Hinweise zu beachten: Es sind jeweils zwei Proben mit Probeneinwaagen von 5 bis 10 mg zu verwenden. Faserförmiges Material ist in kleine Stücke zu schneiden. Es sind Aluminiumtiegel mit Deckel zu verwenden. Zur Gewährleistung eines Druckausgleichs sollte der Deckel gelocht sein. Bei faserförmigen Proben soll die Messung mit gepresstem Tiegel durchgeführt werden. Dazu wird der Aluminiumtiegel mit der Probe mit einem dünnen Aluminiumdeckel bedeckt, der Deckel mithilfe einer Tiegelverschlusspresse auf den Tiegel mit der Probe gepresst und der Deckel über die Ecken des Tiegels gefaltet. Das Pressen verbessert den thermischen Kontakt, führt zu saubereren Peaks und stabileren Messergebnissen. Es sind eine Aufheizung von Raumtemperatur bis zu 220 °C mit einer Heizrate von 10 bis 20 K/min, eine Abkühlung auf Raumtemperatur, eine zweite Aufheizung auf 220 °C mit 10 bis 20 K/min und eine erneute Abkühlung vorzunehmen.

Für den zweiten Aufheizungsvorgang ist die Wärmestromdifferenz über der Temperatur aufzutragen. Aus der Kurve des zweiten Durchlaufs sind für Produkte auf Polyolefinbasis nach den Vorgaben in DIN EN ISO 11357-3 die extrapolierte Anfangstemperatur T_{eim}, die Peaktemperaturen T_{pm} als Schmelztemperaturen und die extrapolierten Endtemperaturen T_{efm} des Schmelzpunktes zu ermitteln und anzugeben. Die Schmelztemperaturen ermöglichen Rückschlüsse auf die Polymerzusammensetzung.

4.12.2.3 Schmelze-Massefließrate (MFR)

Die Schmelze-Massefließrate (MFR) wird bei einer Temperatur von 190 °C und einer Stempelmasse von 5,0 kg nach DIN EN ISO 1133-1 bestimmt.

4.12.2.4 IR-Spektroskopie

Die Infrarotspektroskopie (IR-Spektroskopie) ist ein physikalisches Analyseverfahren, das mit infrarotem Licht (800 bis 500.000 nm) arbeitet. Sie wird zur quantitativen Bestimmung bekannter Substanzen, zu deren Identifikation anhand eines Referenzspektrums oder zur Strukturaufklärung unbekannter Substanzen genutzt. Die direkte IR-Spektroskopie wird auch zur Identifikation von Weichmachern in PVC-P genutzt. Der Analysegang wird in Wandel et al., 1967, beschrieben.

4.12.2.5 Gaschromatografie

Die Gaschromatografie (GC) ist ein Trennverfahren für Stoffgemische, die gasförmig sind oder sich unzersetzt in die mobile Gasphase überführen lassen, und kann zur Weichmacherermittlung in PVC-P eingesetzt werden. Als stationäre Phase dient ein Feststoff oder eine flüssige Phase, die in spezielle GC-Säulen integriert sind. Die Trennung beginnt mit dem Einspritzen der Probe in den Injektor. Flüssige Proben werden verdampft und vom Trägergasstrom durch eine Trennsäule transportiert. Das Trägergas, z. B. He, N, Ar, H und CO, dient als mobile Phase. Die Trennung der Komponenten erfolgt hauptsächlich aufgrund ihrer unterschiedlichen Siedepunkte und ihrer Polarität. Die Trennung beruht auf den unterschiedlich starken Wechselwirkungen der einzelnen Komponenten des Stoffgemischs mit der stationären Phase und dem Trägergas als mobile Phase. Dadurch bewegen sich die einzelnen Stoffe des Gemisches unterschiedlich schnell durch die Säule. Die einzelnen Substanzen erreichen nacheinander das Säulenende. Dort ermittelt ein Detektor, z. B. durch Messung der Wärmeleitfähigkeit oder des UV-Spektrums, Änderungen der Zusammensetzung der mobilen Phase. Die Zeit, die eine Substanz für die Wegstrecke vom Injektor bis zum Detektor benötigt, wird als Retentionszeit bezeichnet. Aus den unterschiedlichen Retentionszeiten der Komponenten ergibt sich ein Gaschromatogramm mit den vom Detektor gemessenen, als Peaks bezeichneten Signalen für die Komponenten der aufgetrennten Mischung. Aus der Fläche unter den Peaks kann man die Anteile der einzelnen Komponenten im ursprünglichen Probengemisch ermitteln. Der Analysegang zur Weichmacherermittlung wird in Wandel et al., 1967, beschrieben.

4.12.2.6 Verhalten im Zugversuch nach DIN EN ISO 527-1 und -3 an Kunststoffdichtungs- und Kunststoffschutzbahnen sowie Profilbändern

Der Elastizitätsmodul E wird als Sekantenmodul zwischen 1 und 2% Dehnung ermittelt. Die Prüfgeschwindigkeit beträgt beim Probekörper Typ 5 (Messlänge L_0 = 25 mm) 1,25 mm/min.

Zugfestigkeit und Bruchdehnung werden bei beim Probekörper Typ 5 mit einer Prüfgeschwindigkeit von 100 mm/min ermittelt.

4.12.2.7 Wölbbogendehnung im mehrachsigen Zugversuch

Die mehrachsige Verformbarkeit wird nach DIN EN 14151 in einem Berstdruckversuch mit einem Durchmesser der Prüffläche von 200 mm und mit Volumenregelung ermittelt. Wenn Proben mit Fügenähten untersucht werden sollen, wird hingegen eine Prüffläche mit 1 m Durchmesser empfohlen.

4.12.2.8 Oxidationsbeständigkeit

Es ist zu erwarten, dass die Prüfmethoden weiterentwickelt und neue Erkenntnisse in die Regelwerke eingearbeitet werden.

4.12.2.9 Umweltunbedenklichkeit

Für die Untersuchung der ökologischen Unbedenklichkeit wird eine Probe im Masseverhältnis Probe zu Wasser von 1 Massenanteil Geokunststoffprobe zu 80 Massenanteilen von entmineralisiertem Wasser in einem Trogverfahren nach DIN EN 1744-3 oder einem Schüttelverfahren nach DIN EN 12457 über 24 Stunden eluiert. Der Vorgang wird anschließend mit derselben Probe mit jeweils frischem Wasser mehrmals wiederholt. Die Untersuchung der Eluate gibt einen Hinweis, ob die auswaschbaren Stoffe über längere Zeit freigesetzt werden können oder ob es sich um begrenzt freizusetzende Stoffe handelt. Dazu sind am ersten, dritten und fünften Eluat der gesamte organisch gebundene Kohlenstoff (TOC) zu bestimmen.

Die Bestimmungsmethoden für die anorganischen und organischen Parameter im Eluat sind aus den in Anhang 1, Abschnitt 3.1.3 (Analysenverfahren) der Bundes-Bodenschutz- und Altlastenverordnung (BBodSchV) angegebenen in Verbindung mit M GeoK zu wählen. Die Bestimmung des TOC erfolgt nach DIN EN 1484.

4.12.3 Schutzschichten und Dränschichten

4.12.3.1 DSC-Analyse

Die Hinweise in Abschnitt 4.12.2.2 sind auch für Schutz- und Dränschichten zu beachten.

4.12.3.2 Anteil in konzentrierter Schwefelsäure löslicher Bestandteile

Es werden drei Messproben mit einem Durchmesser von 50 mm hergestellt und ihre Anfangsmasse m_A auf 0,001 g genau bestimmt. Die Messproben werden danach für 30 min bei Raumtemperatur in ein Bad mit konzentrierter Schwefelsäure gegeben. Danach werden die Messproben aus dem Säurebad genommen, gewaschen und getrocknet. Die Masse m_E nach der Einlagerung wird auf 0,001 g genau bestimmt. Der Masseverlust Δm infolge der Einlagerung im Säurebad ist wie folgt in Prozent der Anfangsmasse zu ermitteln:

$$\Delta m = \frac{\left(m_A - m_E\right)}{m_A} \times 100$$

4.12.3.3 Verhalten im Zugversuch

Es ist ein Zugversuch am breiten Streifen nach DIN EN ISO 10319 jeweils in (MD) und quer (CMD) zur Produktionsrichtung unter Normklima nach DIN EN ISO 139 durchzuführen. Bei Geoverbundstoffen muss das Endprodukt geprüft werden.

Bei geotextilen Schutzschichten für in geschlossener Bauweise erstellte Bauwerke sind sowohl die Zugkraft bei 10% Dehnung, die Höchstzugkraft als auch die Zugkraftdehnung am Vliesstoffpeak zu ermitteln. Bei Geoverbundstoffen aus Vliesstoff und Gewebe ist der erste Peak der Gewebepeak und der zweite Peak der Vliesstoffpeak.

4.12.3.4 Kriechverhalten unter Druckbeanspruchung

Das Kriechverhalten unter einer Druckspannung, die den Anforderungen dieser EAG-EDT aus Abschnitt 4.5 entspricht, ist nach DIN EN ISO 25619-1 zu untersuchen. Die Belastungsdauer soll mindestens ein Jahr betragen. Die Dicke ist gemäß den Vorgaben der DIN EN ISO 25619-1 abhängig von der Zeit zu messen und mit logarithmischer Aufteilung der Zeitachse grafisch aufzutragen. Zeitstandversagen in Form einer plötzlichen Geschwindigkeitszunahme der Dickenänderung einer Messprobe ist zu kennzeichnen.

4.12.3.5 Wasserdurchlässigkeit senkrecht zur Ebene ohne Auflast

Die Durchflussrate q_N ist aus einem Wasserdurchlässigkeitsversuch senkrecht zur Ebene ohne Auflast nach DIN EN ISO 11058 zu ermitteln. Die Norm beschreibt zum einen das Verfahren mit konstanter Druckhöhe und zum anderen das Verfahren mit fallender Druckhöhe.

4.12.3.6 Wasserableitvermögen

Das Wasserableitvermögen ist nach DIN EN ISO 12958 zu ermitteln. Das hydraulische Gefälle und die Normalspannung bzw. die einzustellende Dicke müssen den Anforderungen gemäß Tabelle 4.5 oder 4.6 in Abschnitt 4.5 entsprechen.

Bei Dränschichten für Tunnel sind eine starre (h) und eine nachgiebige (w) Kontaktfläche anzuordnen. Als nachgiebige Kontaktfläche ist ein geschlossenporiger Schaumgummi nach den Vorgaben in DIN EN ISO 12958 zu verwenden. Bei Tunneln in geschlossener Bauweise sollen auf der einen Seite der starre Abdichtungsträger aus Spritzbeton und auf der anderen Seite die nachgiebige geotextile Schutzschicht nachgebildet werden. Bei Tunneln in offener Bauweise sollen auf der einen Seite der starre Abdichtungsträger (Betonkonstruktion) und auf der anderen Seite die nachgiebige Bodenschicht nachgebildet werden.

Es ist das Wasserableitvermögen der Dränelemente in Maschinenrichtung (MD) und quer (CMD) zur Maschinenrichtung zu ermitteln. Bei den Einzelergebnissen ist die jeweilige Durchflussrichtung anzugeben.

4.12.3.7 Witterungsbeständigkeit

Die höchstzulässige Freiliegedauer und damit die Prüf- und Bewertungsrandbedingungen richten sich nach den projektspezifischen Gegebenheiten.

4.12.3.8 Umweltunbedenklichkeit

Es gelten die Hinweise aus Abschnitt 4.12.2.9.

4.12.3.9 Systemprüfungen an Kunststoffdichtungsbahn und Schutzschicht

Allgemeines

Systemprüfungen sind grundsätzlich an der Abdichtung, bestehend aus Schutzschicht und Kunststoffdichtungsbahn/en nachzuweisen. Zu prüfen sind die tatsächlich vorgesehenen Produkte mit den jeweils vorgesehenen flächenbezogenen Massen der Schutzschichten und den Dicken der Kunststoffdichtungsbahnen. Bei doppellagigen KDB-Abdichtungen sind beide

Lagen Kunststoffdichtungsbahn in die Prüfung einzubeziehen. Bewertungskriterium für die Prüfungen ist die Beanspruchung der Kunststoffdichtungsbahn. Die nachfolgend beschriebenen Flächendruckversuche stellen Performanceversuche zur Beurteilung der Eignung und die Pyramidendruckversuche Indexversuche dar.

Flächendruckversuch (Performanceversuch)

Anwendungsbereich: Die nachfolgend beschriebenen Flächendruckversuche eignen sich für geotextile Schutz- sowie kombinierte geotextile Schutz- und Dränschichten.

Prinzip: Die Abdichtung aus umlaufend eingespannter und zunächst ebener Kunststoffdichtungsbahn/-en und Schutzschicht wird über eine festgelegte Zeitdauer mit einer konstanten Flächendruckspannung in einen starren, spritzbetonrauen und „eierkartonförmig" ausgebildeten Abdichtungsträger gedrückt (Bild 4.11). Nach der Entlastung und dem Ausbau werden die Eindrückungstiefen an ausgewählten markant eingekerbten Stellen der Kunststoffdichtungsbahn gemessen und für die Bewertung herangezogen.

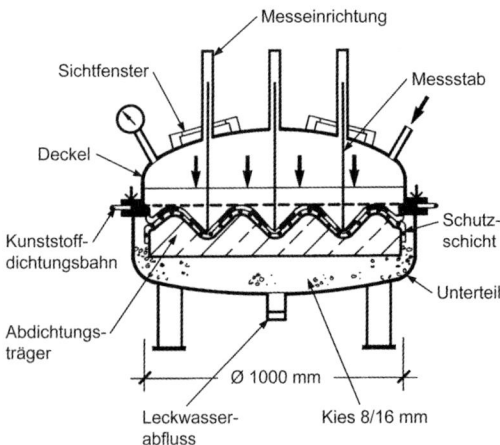

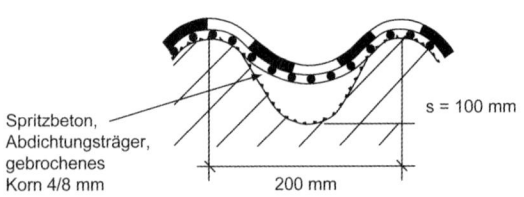

Bild 4.11 Prüfeinrichtung und -aufbau für Flächendruckversuche.

106

Prüfeinrichtung und -aufbau: Die Flächendruckversuche werden in einem Drucktopf mit einem Mindestinnendurchmesser von 1000 mm durchgeführt, in den gemäß Bild 4.11 eine wasserdurchlässige Kiesschicht, darüber der Abdichtungsträger und darüber die Abdichtung eingebaut werden. Der Standardabdichtungsträger hat eine „Eierkarton-Struktur" mit Stichmaßen und Ausrundungsradien von 100 mm. Der Ausrundungsradius von 100 mm ist nur halb so groß wie der in Abschnitt 4.2.1 vorgegebene Mindestradius von 200 mm der Ausrundungen an Kanten und Kehlen. Der aus Beton gefertigte Abdichtungsträger ist zur Nachbildung der Spritzbetonrauigkeit mit gebrochenen Körnern der Körnungsgruppe 4/8 mm beklebt. Die Schutzschicht wird auf den Abdichtungsträger gelegt. Die Kunststoffdichtungsbahn wird eben auf die Schutzschicht gelegt und am Rand zwischen Drucktopfunterteil und -deckel eingespannt. Über der eingespannten Kunststoffdichtungsbahn kann Wasser in den Drucktopf eingefüllt und mit Druck beaufschlagt werden. Am tiefsten Punkt des Drucktopfs ist ein Leckwasserabfluss anzuordnen, um Undichtigkeiten der Kunststoffdichtungsbahn feststellen zu können. Mit einer Messeinrichtung mit Stäben, die durch den Drucktopfdeckel in das Topfinnere eingeführt werden, kann bei Bedarf gemessen werden, wie tief die Kunststoffdichtungsbahn in die Täler des Abdichtungsträgers gedrückt wird.

Messproben: Der Messprobendurchmesser der Kunststoffdichtungsbahnen und Schutzschichten ergibt sich aus den Abmessungen des verwendeten Drucktopfs.

Durchführung: Die Versuche sind bei Raumtemperatur durchzuführen. Vor dem Einbau sind an mindestens zehn über die Fläche verteilten Stellen die Dichtungsbahndicken auf 0,01 mm genau zu messen. Außerdem ist die Schutzschichtprobe zu wiegen und die mittlere flächenbezogene Masse zu ermitteln. Nach dem Einbau der Messproben gemäß Bild 4.11 wird Wasser in den Bereich über der Kunststoffdichtungsbahn in den Drucktopf gefüllt. Dann wird in Stufen von 50 kPa je halbe Stunde ein Wasserdruck von 400 kPa aufgebracht. Die Druckhöhe von 400 kPa enthält einen Lasterhöhungsfaktor von etwa 2 gegenüber den maximal zu erwartenden Betonier- und Verpressdruckspannungen. Der Wasserdruck ist über eine Zeitdauer von 4 Tagen konstant zu halten. Während des Versuchs ist nach jeder neuen Belastungsstufe und mindestens einmal arbeitstäglich der Leckwasserabfluss auf entstandene Undichtigkeiten zu prüfen. Die Entlastung und der Ausbau sind zügig vorzunehmen. Möglichst kurz danach und nach 24 Stunden sind die Dicken der ausgebauten Kunststoffdichtungsbahnprobe an zehn ausgewählten markant eingedrückten bzw. eingekerbten Stellen zu messen. Dazu ist in Anlehnung an die Geometrie des Druckstempels im Pyramidendurchdrückversuch (DIN EN 14574) eine Messeinrichtung mit einem kegelförmigen Taster mit einem Öffnungswinkel von 15°

und einer Halbkugelspitze mit einem Radius von 0,5 mm zu verwenden. Die Tasterspitze soll einerseits nicht selbst in die Probe eindringen und andererseits möglichst die tiefste Stelle der Eindrückung erreichen.

Auswertung und Dokumentation: Es werden die mittlere Restdicke und die minimale Restdicke der zehn Messstellen gleich und 24 h nach dem Ausbau sowie die mittlere und maximale Eindrückungstiefe bezogen auf die mittlere Ausgangsdicke der Kunststoffdichtungsbahn ermittelt. Es sind alle Einzelmesswerte und die Mittelwerte zu dokumentieren.

Pyramidendruckversuch (Indexversuch)

Anwendungsbereich: Pyramidendruckversuche eignen sich nicht für geotextile Dränmatten mit Schutzschichtfunktion. Sie sollen als Indexversuche in Verbindung mit Performanceversuchen angewendet werden.

Prinzip: Es werden Pyramidendruckversuche in Anlehnung an DIN EN 14574 durchgeführt. Ein Pyramidendruckstempel wird mit konstanter Normalkraft über eine festgelegte Zeitdauer in das Probenpaket aus Schutzschicht und Kunststoffdichtungsbahn/en gedrückt (Bild 4.12). Die Kunststoffdichtungsbahn liegt auf einer starren, glatten und ebenen Unterlage. Die Tiefe der Eindrückung der Kunststoffdichtungsbahn unter dem Pyramidendruckkörper ist das maßgebende Versuchsergebnis.

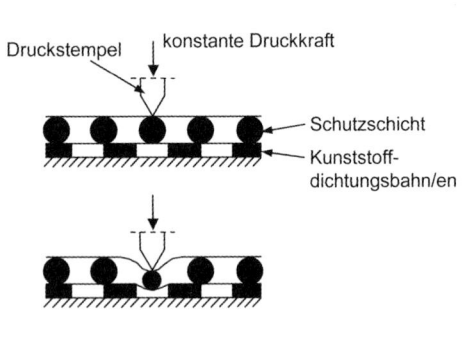

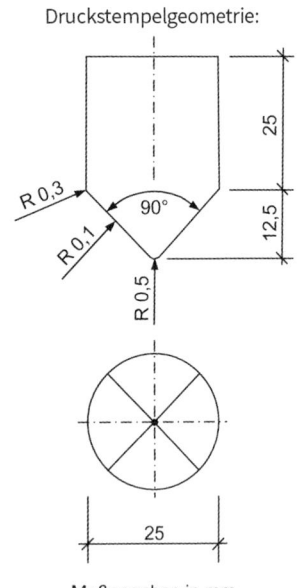

Druckstempelgeometrie:

Maßangaben in mm

Bild 4.12 Prüfsystemaufbau der Pyramidendruckversuche.

108

Prüfgerät und -aufbau: Der Prüfaufbau sowie die Geometrie und die Abmessungen des Druckstempels mit einer polierten und gehärteten pyramidenförmigen Spitze sind im Bild 4.12 dargestellt. Die Belastung kann beispielsweise in mechanischen Belastungsständen mit oder ohne Hebelübersetzung erfolgen. Als Unterlagemedium ist gemäß DIN EN 14574 ein 3 mm dickes Aluminiumblech (AlMgSi1F32 DIN EN 485-2) zu verwenden.

Messproben: Es sind quadratische oder runde Messproben mit einer Fläche von 100 cm^2 auf 0,5 % genau mit drei Wiederholungsversuchen zu untersuchen.

Durchführung: Vor dem Pyramidendruckversuch sind die flächenbezogenen Massen unter Normalspannung von 2 kPa und die Dicken der Geotextilmessproben sowie die Dicken der Kunststoffdichtungsbahnmessproben zu ermitteln. Die Versuche sind bei Raumtemperatur durchzuführen. Eine Druckkraft von 500 N ist zügig und stoßfrei aufzubringen und über eine Dauer von 24 h konstant zu halten. Nach Entlastung und zügigem Ausbau wird die Dicke der Kunststoffdichtungsbahnprobe im Bereich der Eindrückung unter der Druckstempelspitze gleich und nach Abschluss der elastischen Rückverformung 24 Stunden nach dem Ausbau gemessen. Dazu ist ein Messgerät mit einem kegelförmigen Taster mit einem Öffnungswinkel von 15° und einer Halbkugelspitze mit einem Radius von 0,5 mm zu verwenden.

Auswertung und Prüfergebnisse: Es werden die mittlere Restdicke und die minimale Restdicke der drei Kunststoffdichtungsbahnmessproben gleich und 24 h nach dem Ausbau sowie die mittlere und maximale Eindrückungstiefe bezogen auf die mittlere Ausgangsdicke der Kunststoffdichtungsbahn vor dem Versuch ermittelt. Es sind alle Einzelmesswerte und die Mittelwerte zu dokumentieren.

4.13 Prüfungen während der Bauausführung

4.13.1 Entnahme von Rückstellproben

Aus den Geokunststofflieferungen sollen nach dem Zufallsprinzip Rückstellproben zur Archivierung entnommen werden. Sie sollen jeweils über die gesamte Rollenbreite entnommen werden – bei Kunststoffdichtungsbahnen mindestens ein 0,5 m breiter Streifen. Die Maschinenrichtung soll auf der Probe gekennzeichnet werden. Die Rollennummer und Liefereinheit sollen dokumentiert werden. Die Proben sollen fachgerecht von einer vom Auftragnehmer und Produzenten unabhängigen Stelle gelagert werden. Die Proben sollen unter geeigneten Bedingungen (keine UV-Strahlung, konstante Temperatur und Luftfeuchtigkeit) archiviert werden und im Hinblick auf Bewertungen der Langzeitbeständigkeit über die Nutzungsdauer des Bauwerks verfügbar sein.

4.13.2 Dichtigkeitsprüfung der Fügenähte

Überlappnähte mit Prüfkanal werden mit Druckluft geprüft. Überlappnähte ohne Prüfkanal und Absicherungs-/Auftragnähte – insbesondere an Kehlen, Kanten, Ecken und Anschlüssen – werden zerstörungsfrei mit Prüfglocken unter Vakuum auf Dichtigkeit geprüft. Tabelle 4.14 enthält die erforderlichen Prüfdrücke, Prüfdauern und Dichtigkeitskriterien abhängig von der Art der Fügenaht und des Werkstoffs. Rückschlüsse auf die Nahtfestigkeit wie im Schälversuch sind mit den vorgegebenen Prüfdrücken aus den Dichtigkeitsprüfungen nicht möglich.

Tabelle 4.14 Dichtigkeitsprüfung der Fügenähte bei KDB-Abdichtungen.

Nr.	Nahtart	Prüfdruck in bar	Prüfdauer	Zulässiger Druckabfall
1	Überlappnähte mit Prüfkanal			
1.1	Polyolefinbasis	3	10 min	10%
1.2	PVC-P	2	10 min	10%
2	Überlappnähte ohne Prüfkanal und Absicherungs-/Auftragnähte	0,5 (Vakuum)	10 s	Druckkonstanz ohne Abfall

4.13.3 Verhalten der Fügenaht beim Schälversuch

Für Baustellenprüfungen können vereinfachte Schälversuche nach den Vorgaben der DVS-Richtlinie 2225-5, Abschnitt 6, durchgeführt werden. Der Schälwiderstand muss quantitativ ermittelt werden, wenn die Fügenaht durch Aufschälen versagt.

4.13.4 Dichtigkeitsprüfung der Kammerelemente von doppellagigen KDB-Abdichtungen

Die Kammerelemente werden mit Vakuum auf Dichtigkeit geprüft. Dazu wird ein Prüfnippel eines Kammerelements über den Anschlusskasten an ein Vakuumsystem angeschlossen. Tabelle 4.15 enthält die Vorgaben zur Durchführung der Dichtigkeitsprüfung unter Vakuum sowie das Dichtigkeitskriterium. Zusätzlich sind die Angaben des Systemgebers zu beachten.

110

Je nach Werkstoff der Kunststoffdichtungsbahnen können unterschiedliche Anforderungen an die Höhe der Prüfdrücke bestehen. Der Prüfvorgang ist mit Vakuumschreiber fortlaufend zu dokumentieren.

Tabelle 4.15 Dichtigkeitsprüfung der Kammerelemente bei doppellagigen KDB-Abdichtungen mit Vakuum.

Nr.	Prüfablauf	Zeitpunkt	Anforderungen an den Prüfdruck/ Dichtigkeit
1	erster Schritt	Prüfbeginn	Einstellung des Anfangsdrucks auf 0,5 bis 0,7 bar
2	zweiter Schritt	etwa 10 min nach Prüfbeginn	Einstellung des Prüfdrucks von 0,5 bar (unter Druckkonstanz)
3	dritter Schritt	nach weiteren 15 min	– Ablesen des Prüfdrucks – Kammerelement gilt als dicht, wenn die Druckänderung nicht mehr als 0,1 bar (= 20 %) beträgt

4.14 Untersuchungen nach der Fertigstellung

Bei der Entnahme von Proben aus KDB-Abdichtungen in Tunneln für nachträgliche Untersuchungen – beispielsweise bei der Nachrüstung von Querstollen – wird empfohlen,

– die KDB-Abdichtung für die Entnahme von flächigen Geokunststoffproben möglichst vorsichtig und über eine komplette Bahnenbreite einschließlich Fügenähten freizulegen,

– die Beschaffenheit der Abdichtungselemente einschließlich Abdichtungsträger visuell zu prüfen und zu dokumentieren,

– die Entnahmestellen von Proben eindeutig festzuhalten und die Proben eindeutig zu kennzeichnen,

– zusätzlich Bohrkerne zu entnehmen, die durch die Innenschale, die KDB-Abdichtung und die Spritzbetonschale gebohrt werden, um Einflüsse auf die Abdichtungselemente beispielsweise durch Abbrucharbeiten erkennen zu können,

– die Entnahmen im Beisein einer geeignet qualifizierten Stelle durchzuführen, die für den jeweiligen Probenentnahmezweck geeignete Probenabmessungen sowie die fachgerechte Dokumentation, Probenkennzeichnung und -behandlung sicherstellt.

111

5 Einbau

5.1 Allgemeines

Neben den im Kapitel 3 genannten Entwurfsgrundsätzen und den im Kapitel 4 genannten Anforderungen an die einzelnen Produkte und das Dichtungssystem sind bei der Durchführung der Abdichtungsarbeiten die im folgenden zusammengestellten Empfehlungen zum Einbau zu beachten. Sie dienen der Herstellung eines funktionsfähigen Dichtungssystems und außerdem der Arbeitssicherheit.

Die Abdichtungsarbeiten beginnen mit der Abnahme des Abdichtungsträgers. Sie umfassen den vollständigen Einbau des Dichtungssystems einschließlich produktgerechter Transporte und Lagerung der Abdichtungsmaterialien sowie bedarfsweise erforderlicher Nachbesserungsmaßnahmen. Die Abdichtungsarbeiten enden mit einer erfolgreichen Funktionsprüfung nach Wiedereinstellung des natürlichen Bergwasserspiegels bzw. der Gesamtabnahme des Bauwerks durch den Bauherrn.

Da das Dichtungssystem nach Fertigstellung der Baumaßnahme für unmittelbare Reparaturen nicht mehr zugänglich ist, ist sein Einbau unter Berücksichtigung der jeweiligen Anforderungen konstruktionsgerecht und mit hoher Sorgfalt auszuführen.

Gewerke mit Einfluss auf die KDB-Abdichtung, wie Bewehrungs- und Betonierarbeiten, müssen in der Planungsphase und während der Ausführung auf die Erfordernisse des Dichtungssystems abgestimmt werden. Durchdringungen des KDB-Dichtungssystems bei der Ausführung anderer Gewerke sind nicht zulässig.

Über die Abdichtungsarbeiten ist ein Bautagebuch zu führen.

5.2 Ausstattung und Arbeitssicherheit

5.2.1 Baustelleneinrichtung

Ein ausreichend großer und gegen den Zugang Unbefugter gesicherter Materiallagerplatz muss vorhanden sein. Die Produkte müssen nach den Lager- und Transportvorschriften des Produzenten gelagert und transportiert werden.

Freier Zugang der Verlegemannschaft sowie sachgerechte Materialtransporte zu den jeweiligen Einbaustellen müssen gewährleistet sein.

Empfehlungen zu Dichtungssystemen im Tunnelbau EAG-EDT, 2. Auflage.
Deutsche Gesellschaft für Geotechnik (Hrsg.).
© 2018 Ernst & Sohn GmbH & Co. KG. Published 2018 by Ernst & Sohn GmbH & Co. KG.

5.2.2 Stromversorgung

Dem Abdichtungsunternehmer ist eine spannungskonstante Stromversorgung zur Verfügung zu stellen, damit einwandfreie Fügenähte hergestellt werden können. Die erforderlichen Anschlusswerte richten sich nach dem gewählten Installationsverfahren und sind projektspezifisch festzulegen.

5.2.3 Ausstattung des Abdichtungsunternehmers

5.2.3.1 Verlegegerüste

Für eine einwandfreie Verlegung der Abdichtung sind Verlegegerüste erforderlich. Die zum Einsatz kommenden Verlegegerüste bedürfen einer sicherheitstechnischen Überprüfung. Sie müssen auf das jeweils verwendete Dichtungssystem funktionsgerecht abgestimmt sein und sollen den übrigen Baubetrieb so wenig wie möglich behindern.

5.2.3.2 Geräte

Der Abdichtungsunternehmer muss folgende Geräte vorhalten:

- geeignete Baustellentransporteinrichtung

- geeignete Vorrichtungen zur fachgerechten Verlegung der Komponenten des Dichtungssystems

- geeignete Schweißgeräte, wie in DVS 2225-5 beschrieben zur Ausführung der Schweißverbindungen nach den Vorgaben der DVS-Richtlinie 2225, DVS 2208-1 und Abschnitt 5.3.7

- Hilfsgeräte, z. B. Bolzensetzgerät

- Prüfeinrichtungen zur Qualitätssicherung

- Sicherheitsausrüstung für das Personal nach den jeweils gültigen Vorschriften

5.2.3.3 Personal

Die Abdichtung von unterirdischen Bauwerken mit Kunststoffdichtungsbahnen stellt spezielle Anforderungen an die Qualifikation des Abdichtungsunternehmers. Er muss seine Erfahrung durch einschlägige Referenzen belegen.

Der Abdichtungsunternehmer muss über qualifiziertes Personal in der Kunststofftechnik, der Qualitätssicherung und der Verlegetechnik für KDB-Abdichtungen im Tunnelbau verfügen. Der Fachbauleiter soll und die Vorarbeiter und Bahnenschweißer müssen über gültige Prüfbescheinigungen nach DVS-Richtlinie 2212-3 verfügen.

Der verantwortliche Fachbauleiter muss mindestens dreijährige Erfahrung besitzen, die er sich vorwiegend in der Abdichtung von in geschlossener Bauweise erstellten Bauwerken mit KDB-Abdichtungen erworben hat. Er muss über eine abgeschlossene Ingenieurausbildung verfügen. Er vertritt den Abdichtungsunternehmer gegenüber seinem Auftraggeber und dem Bauherrn.

Die Qualifikation des Vorarbeiters entspricht der eines erfahrenen Bahnenschweißers. Er darf erst nach dreijährigem erfolgreichem Einsatz als Bahnenschweißer die Funktion eines Vorarbeiters wahrnehmen. Während der Verlegearbeiten besteht für ihn grundsätzlich Anwesenheitspflicht auf der Baustelle.

Der Bahnenschweißer muss eine abgeschlossene Ausbildung zum Kunststoffschweißer gemäß DVS-Richtlinie 2212-3, „Prüfung von Kunststoffschweißern, Prüfgruppe III, Bahnen im Erd- und Wasserbau", und zwar mindestens für Untergruppe III-1, III-2 und III-3, nachweisen.

5.2.4 Arbeits- und Brandschutzmaßnahmen während der Abdichtungsarbeiten

Die Arbeitsschutzvorgaben der Berufsgenossenschaft der Bauwirtschaft (BG BAU), Prävention Tiefbau, bzw. der zuständigen Gewerbeaufsicht sowie die Bestimmungen des Arbeitsschutzgesetzes im Hinblick auf Gefährdungsbeurteilung und Dokumentation sind zu beachten und die gewählten Maßnahmen darauf abzustimmen.

Für jedes Projekt soll ein Arbeitssicherheits- und Brandschutzkonzept erstellt werden. In diesem Konzept werden alle allgemein gültigen Gesetze und Vorschriften sowie alle baustellenrelevanten Besonderheiten berücksichtigt. Da die Werkstoffe der zum Einsatz kommenden Geokunststoffe Einfluss auf das Konzept haben können, sollen sie dem SiGeKo rechtzeitig vor Beginn der Abdichtungsarbeiten gemeldet werden. Das vom Auftragnehmer beauftragte Abdichtungsunternehmen muss alle aus dem Konzept resultierenden Vorgaben einhalten.

5.3 Geschlossene Bauweise

5.3.1 Allgemeines

Im Bereich der Abdichtungsarbeiten sind Ansammlungen von Wasser am Abdichtungsträger zu vermeiden. Im aufgehenden Gewölbe zufließendes Bergwasser soll durch Abschlauchung oder Flächendränung von den Abdichtungsarbeiten ferngehalten und abgeleitet werden. Im Sohlbereich muss zufließendes Bergwasser durch eine geeignete temporäre Baustellen-entwässerung abgeleitet werden, um ein Aufschwimmen der KDB-Abdich-tung zu verhindern und formschlüssiges Betonieren zu ermöglichen.

Die fertiggestellte Abdichtung ist durch geeignete Maßnahmen, wie das Verlegen einer Schutzbahn oder den Einbau eines Schutzbetons, vor Be-schädigungen zu schützen. Der Vorlauf der Abdichtung vor den nachfol-genden Gewerken richtet sich nach dem Betonierkonzept sowie dem bau-stellenbezogenen Arbeitssicherheits- und Brandschutzkonzept.

5.3.2 Abdichtungsträger

Vor Beginn der Verlegearbeiten muss der Abdichtungsträger hinsichtlich der in Abschnitt 4.2 genannten Anforderungen abgenommen und freigege-ben werden. Dabei ist auch auf die besonderen Anforderungen im Bereich der Blockfugen zu achten, falls dort außenliegende Fugenbänder angeord-net werden. Der Bauherr oder sein von ihm beauftragter Vertreter aus der Bauüberwachung mit der erforderlichen Qualifikation zu Aspekten der Abdichtung, der Generalunternehmer und der Abdichtungsunternehmer sind an dieser Abnahme zu beteiligen. Mit ihrer Unterschrift unter das Abnahmeprotokoll haben alle Beteiligten zu bestätigen, dass der Abdich-tungsträger die in abdichtungstechnischer Hinsicht gestellten Anforderun-gen erfüllt.

5.3.3 Dränelemente und bergseitige Schutzschicht

Die geotextile Schutzschicht und ggf. erforderliche Dränelemente werden gemäß den Anforderungen in Abschnitt 4.11.2.1 angeordnet. Sie sind gleichmäßig und eng am Abdichtungsträger anliegend zu befestigen. Für einen spannungsfreien Einbau soll die Befestigung möglichst in den ach-senfernsten Punkten vorgenommen werden. Wenn zur separaten Befesti-gung der Geotextilien Nägel verwendet werden, müssen die Nagelköpfe so versenkt oder überdeckt werden, dass sie die Kunststoffdichtungsbahnen nicht beschädigen können.

5.3.4 Kunststoffdichtungsbahnen

5.3.4.1 Allgemeines

Die Kunststoffdichtungsbahnen werden gemäß der Anforderungen aus Abschnitt 4.11.2.2 angeordnet. Sie sollen möglichst spannungsfrei und zur Vermeidung von Überwurffalten beim Betonieren der Innenschale mit we-nig Materialüberschuss eng an der Oberfläche des Abdichtungsträgers an-liegend eingebaut werden.

Bei der Verlegung der Kunststoffdichtungsbahnen sind die Anforderungen der DVS 2225-5 einzuhalten, um die nachfolgenden Fügearbeiten fachgerecht ausführen zu können.

Die Kunststoffdichtungsbahnen müssen für die Dauer des Einbauvorgangs und der Bewehrungs- sowie Betonierarbeiten sicher auf dem Abdichtungsträger befestigt werden. Bei einem Befestigungssystem mit Einzelelementen richtet sich die Anzahl der Befestigungselemente nach den Anforderungen in Tabelle 4.10 in Abschnitt 4.11.2.2. In Bereichen unvermeidbarer Wasserzutritte muss ggf. ein engerer Abstand der Befestigungspunkte gewählt werden. Die Bildung von Wassersäcken hinter der Abdichtung ist durch geeignete Dränagemaßnahmen auszuschließen.

Bei der Rondellenbefestigung wird die Kunststoffdichtungsbahn mit einem Handschweißgerät mittels Warmgas auf die Rondelle geschweißt. Um Beschädigungen der Kunststoffdichtungsbahnen zu vermeiden, dürfen die Befestigungsnägel nicht aus der Vertiefung der Rondelle herausragen.

Flächige Befestigungssysteme wie thermische Systeme, Klebe- oder Schmelzklebesysteme begünstigen die mechanisierte Verlegung der Kunststoffdichtungsbahnen. Derartige Systeme sind so zu dimensionieren, dass ein reißverschlussartiges Ablösen vermieden wird.

Die Herstellung der Fügenähte ist entsprechend der Vorgaben in den Abschnitten 4.11.4, 5.3.7 und in der DVS 2225-5 auszuführen.

5.3.4.2 Einlagige KDB-Abdichtung

Bei der Regenschirmabdichtung endet die Kunststoffdichtungsbahn im Bereich der Ulmenentwässerung. Die Ausbildung des Anschlusses an deren Einbettungskonstruktion und die Notwendigkeit einer längslaufenden Naht richten sich nach der Bauart der Entwässerungseinrichtung. Es muss verhindert werden, dass im Anschlussbereich Frischbeton in die Entwässerungseinrichtung gelangen kann.

Bei Rundumabdichtungen erfolgt der Einbau der Abdichtung in der Regel getrennt für den Sohl- und den aufgehenden Gewölbebereich. Bei den längslaufenden Stößen sind die Kunststoffdichtungsbahnen bis über die Anschlussbewehrung zu führen, damit die Abdichtungsarbeiten im aufgehenden Gewölbe behinderungsfrei erfolgen können. Die Sohlabdichtung ist bis zur Verlegung im aufgehenden Gewölbe an beiden Seiten temporär zu verwahren, um das Eindringen von Fremdkörpern in die Spalten zwischen Kunststoffdichtungsbahn, bergseitiger Schutzschicht und Spritzbeton zu verhindern.

Für die Verlegung von Kunststoffdichtungsbahnen per Hand sollte eine Breite von 2 m nicht überschritten werden. Bei mechanisierter Verlegung sind größere Bahnenbreiten möglich.

5.3.4.3 Doppellagige KDB-Abdichtung

Für den Einbau der doppellagigen KDB-Abdichtung sind über die in Abschnitt 5.3.4.2 für einlagige KDB-Abdichtungen genannten und entsprechend anzuwendenden Angaben hinaus die folgenden Besonderheiten zu beachten.

Eine partielle werkseitige Vorfertigung der Kammerelemente dient der Verbesserung der Qualität sowie dem schnelleren Verlegefortschritt auf der Baustelle und ist deshalb empfehlenswert.

Beim Einbau sind die Vorgaben des Systemgebers zu beachten. Zwischen vorkonfektionierten Kammerelementen werden auf der Baustelle bevorzugt Einzelbahnen in Doppellage eingefügt und ebenfalls zu Kammerelementen maschinell geschweißt.

Zur Prüfung der Dichtigkeit der Kammerelemente werden Vakuumprüfungen durchgeführt. Es wird empfohlen, blockweise mindestens die in Tabelle 5.1 zusammengestellte Folge von Vakuumprüfungen bei unterschiedlichen Bauzuständen in Abhängigkeit vom Fortschritt der Abdichtungs- und nachfolgenden Arbeiten durchzuführen. Die zweite und die dritte Vakuumprüfung können entfallen, wenn die Nachfolgearbeiten, wie Einbau der Bewehrung, Verfahren des Schalwagens und Betonieren der Innenschale, unter kontinuierlichem Vakuum durchgeführt und auftretende Beschädigungen der Kammerelemente akustisch und/oder optisch unmittelbar angezeigt werden. Auch während des Einbaus einer Sohlschutzschicht aus bewehrtem Beton ist eine kontinuierliche Vakuumprü-

Tabelle 5.1 Prüffolge der Vakuumprüfungen von Kammerelementen.

Zeile	Prüffolge	Bauzustand bei Vakuumprüfung
1	1. Prüfung	nach Fertigstellung der Abdichtung im sohl- oder dem aufgehenden Gewölbe, jedoch vor Einbau der inneren Sohlschutzschicht
2	2. Prüfung	nach Einbau der Bewehrung, jedoch vor dem Betonieren der Innenschale
3	3. Prüfung	nach dem Betonieren der Innenschale, jedoch vor der Firstspaltverpressung
4	4. Prüfung	nach der Firstspaltverpressung, jedoch vor Einstellung der Wasserhaltung (Schlussabnahme)

fung wegen der erhöhten Beschädigungsgefahr empfehlenswert. Bei Feststellung eines Schadens lassen sich Reparaturen an der Abdichtung nach der ersten Prüfung problemlos, nach der zweiten Prüfung eingeschränkt, nach allen weiteren Prüfungen nur noch durch Verpressmaßnahmen durchführen.

5.3.5 Außenliegende Fugenbänder im Bereich der Blockfugen

Beim Transport und bei der Lagerung der außenliegenden Fugenbänder ist insbesondere zu vermeiden, dass sich die Sperranker beim Ausrollen der Profilbänder verwerfen bzw. seitlich ausknicken. Dazu sind die in Abschnitt 4.4 genannten Anforderungen einzuhalten. Außerdem sind die außenliegenden Fugenbänder vor Verschmutzung und Beschädigung hinreichend zu schützen. Die Berührung mit scharfen Kanten, rauen Untergründen, Bewehrungsteilen etc. ist zu vermeiden.

Die außenliegenden Fugenbänder müssen z. B. mithilfe von Lasereinmessung auf dem entsprechend der Anforderungen in Abschnitt 4.2.1 hergestellten Abdichtungsträger genau mittig zur Blockfuge ausgerichtet und eingebaut werden (Bild 5.1). Durch den mittigen Einbau zur Blockfuge soll sichergestellt werden, dass die Sperranker beidseitig der Blockfuge einwandfrei in den Beton der Innenschale einbinden. Gegebenenfalls ist eine Mörtelausgleichsschicht im Blockfugenbereich anzuordnen, um den genau mittigen und rechtwinkligen Einbau der Schottfugenbänder zu gewährleisten. Die Anschweißenden müssen mit der Kunststoffdichtungsbahn durch

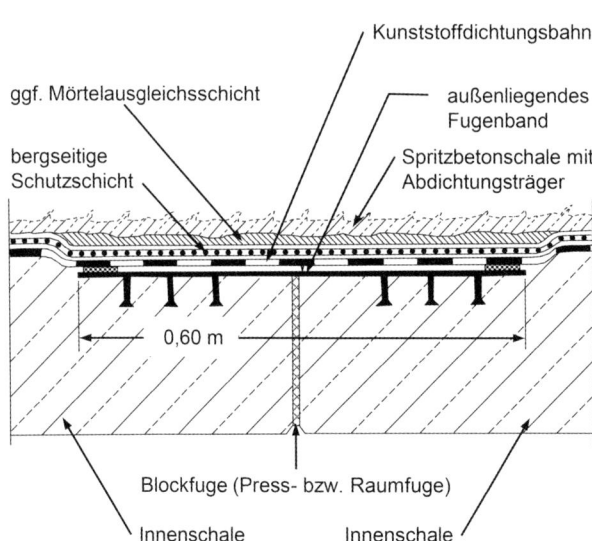

Kunststoffdichtungsbahn

ggf. Mörtelausgleichsschicht

außenliegendes
Fugenband

bergseitige
Schutzschicht

Spritzbetonschale mit
Abdichtungsträger

0,60 m

Blockfuge (Press- bzw. Raumfuge)

Innenschale   Innenschale

Bild 5.1 Fugenabdichtung mit Abschottung durch außenliegendes Fugenband (Regelausführung).

119

Schweißen wasserdicht gefügt werden. Die Fügenähte zwischen KDB und Profilband müssen den Anforderungen der DVS 2225-5 entsprechen. Die Nähte zwischen KDB und Profilband sind entweder mit Handschweißgeräten oder mit Schweißmaschinen auszuführen.

Die Stoßverbindungen an den Enden der außenliegenden Fugenbänder sind mit geeigneten Schweißgeräten durch Spiegelschweißung als Stumpfnähte zu fügen. Die Stöße der Sperranker müssen dabei an ihren Querschnittsflächen eine mindestens fünfzigprozentige Deckung aufweisen. Die Anforderungen an die Fügenähte nach DVS 2203-1 sind zu beachten. Es darf auf der Baustelle nur in Achsrichtung (180°-Winkel) am rechtwinklig geschnittenen Stoß geschweißt werden. Auch für die Stumpfnähte ist eine Probeschweißung (Abschnitt 5.3.7) zur Überprüfung der gewählten Schweißparameter durchzuführen. Nach der Fügung der Stumpfnaht muss rundum ein gleichmäßiger Schweißwulst sichtbar sein, der anschließend vorsichtig zu beseitigen ist. An den Kurzzeitfügefaktor werden die gleichen Anforderungen gestellt wie an Überlappnähte zwischen Kunststoffdichtungsbahnen.

Für Stöße von außenliegenden Fugenbändern, die rechtwinklig zu den Achsrichtungen verlaufen (Bild 3.7), sind werkseitig vorgefertigte Formstücke zu installieren. Beim Einbau der Formstücke ist darauf zu achten, dass die Sperranker der außenliegenden Fugenbänder formschlüssig auf das Formstück treffen. Die Stöße der Sperranker müssen dabei an ihren Querschnittsflächen eine mindestens fünfzigprozentige Deckung aufweisen. Die Formstücke sind so einzubauen, dass eine blockübergreifende Umläufigkeit ausgeschlossen wird (Bild 3.7). Im Übrigen sind die Vorgaben aus Abschnitt 5.3.7 und der DVS-Richtlinie 2225-5 zu beachten.

Oft werden außenliegende Fugenbänder mit Verpressschläuchen zur Nachverpressung des Sperrankerzwischenraums ausgestattet. In diesem Fall sind separate Verpressschläuche gemäß Bild 4.8 auf der Grundplatte zu befestigen.

5.3.6 Anschlüsse der KDB-Abdichtung an alternative Dichtungssysteme, Bauteile und Durchdringungen

Fügenähte zwischen Anschlussbändern und Kunststoffdichtungsbahnen sind bei druckwasserhaltenden KDB-Abdichtungen nach den Vorgaben in Abschnitt 5.3.7 und der DVS-Richtlinie 2225-5 herzustellen.

Bei Anschlüssen von KDB-Dichtungssystemen an Tübbingtunnel gemäß Abschnitt 3.6.5 müssen vor der Ausführung des Anschlusses die Ring- und Längsfugen der Tübbingröhre im Bereich des späteren Dichtanschlusses druckwasserdicht verdämmt sowie Versätze im Bereich der Fugen und Beschädigungen an der Tübbingoberfläche ausgeglichen werden. Dazu muss eine gut abgestimmte Kombination aus flexiblen injizierbaren und festen spachtelbaren Baustoffen verwendet werden, die sich gut an die vor Ort angetroffene Fugengeometrie und -lage anpassen lassen. Es können vertikale Fugen, horizontale Fugen, Eckfugen und über Kopf befindliche Fugen an jeder beliebigen Stelle in der Öffnungslaibung angetroffen werden. Neuerdings kommen, wie in den Abschnitten 3.6.5.3 und 4.9 beschrieben, auch Klebeanschlüsse zum Einsatz. Bei einem Klebeanschluss wird z. B. ein flexibler Kunststoffstreifen (Tape) direkt auf die Betonoberfläche geklebt. Die anzuschließenden Kunststoffdichtungsbahnen werden durch eine Fügenaht mit dem Kunststoffstreifen verbunden. Bei der Ausführung von Klebeanschlüssen ist besonders darauf zu achten, dass

– ein geeigneter Betonuntergrund bzw. eine geeignete Trägerfläche im Anschlussbereich vorliegt (Haftzugfestigkeit und Wasserundurchlässigkeit des Betons),

– alle gequerten Tübbingfugen im Anschlussbereich dauerhaft wasserdicht verdämmt werden,

– die Arbeitsbereiche frei von rinnendem und/oder stehendem Wasser sind,

– die Klebefuge zwischen Kunststoffstreifen und Beton durch den angreifenden Wasserdruck gestützt wird und somit durch den Wasserdruck der Kunststoffstreifen auf die Betonoberfläche gepresst wird und

– der Fügenaht zwischen Kunststoffstreifen und Kunststoffdichtungsbahn kein Raum zum Aufschälen infolge des anstehenden Wasserdrucks geboten werden darf, die Innenschale des Anschlussblocks also die Fügenaht stützen muss.

Bei drucklosen Regenschirmabdichtungen können Durchdringungen mit Manschetten wasserdicht an die Kunststoffdichtungsbahn angeschlossen werden. Der Anschluss der Manschetten an den Durchdringungskörper erfolgt mit Schellen. Die Manschetten werden mit der Kunststoffdichtungsbahn durch Warmgasschweißung gefügt. Ebenso ist es möglich, runde Durchdringungen an PE-Rohre mit passenden Rollringdichtungen anzuschließen. Das PE-Rohr wird mit einem Anschweißkragen in einer Ebene wasserdicht an die Kunststoffdichtungsbahn gefügt.

Bei druckwasserhaltenden KDB-Abdichtungen sind Durchdringungen grundsätzlich mit Klemmvorrichtungen (Los-/Festflanschverbindungen) unter Beachtung der DIN 18195-9 anzuschließen. Sie enthalten Dichtstreifen zwischen Klemmleiste und Kunststoffdichtungsbahn und/oder zwischen Kunststoffdichtungsbahn und Betonuntergrund gegen Hinterläufigkeiten. Die Festflansche sind im Bauwerk so anzuordnen, dass sie mit dem

Abdichtungsträger eine Ebene bilden und Scherbeanspruchungen der KDB-Abdichtung ausgeschlossen werden. Die geforderten Anpressdrücke sind durch mehrmaliges Nachziehen der Schraubmuttern sicherzustellen. Es empfiehlt sich, diese Arbeit nur unter Verwendung von Drehmomentenschlüsseln auszuführen.

Beim Einbau von Brunnentöpfen für Durchdringungen im Sohlbereich (Bild 3.13) ist auf folgende Punkte zu achten:

– Um die kraftschlüssige Einbettung des Brunnentopfs in die Innenschalenkonstruktion zu gewährleisten, ist vor Einsetzen des Brunnentopfs zunächst der Abbruch des Schachtrings mindestens bis auf OK Außenschale (Spritzbetonschale) notwendig. Hohlräume zwischen Brunnentopf und Schachtring sind mit einem geeigneten Beton ausreichender Fließfähigkeit zu verfüllen. Nach dem Anschluss der Dichtungsbahn an den jeweiligen Anschlusskragen bzw. -flansch kann die Betonage der Innenschale erfolgen.

– Nach der Herstellung der Innenschale muss der Brunnentopf mit Dämmer verfüllt und die Baudränage mit einem geeigneten Mörtel verpresst werden, um ein Anstehen von Bergwasser im Brunnentopf zu minimieren. Wichtig ist hierbei ebenfalls die nachträgliche Verpressung des Hohlraums unter dem Brunnentopfdeckel nach dem Verschließen.

– Abschließend ist ein kraftschlüssiger und dauerhafter Verschluss des Brunnenschachts mithilfe einer bewehrten Plombe aus Ortbeton herzustellen. Art und Führung der Bewehrung ergeben sich aus einer korrespondierenden statischen Berechnung.

5.3.7 Herstellung und Prüfung von Fügenähten

Die Qualität der Fügenähte beeinflusst maßgeblich die Funktionsfähigkeit des Dichtungssystems. Die Arbeiten dürfen nur von Fachbetrieben ausgeführt werden, die nachweislich die Anforderungen nach Abschnitt 5.2.3 erfüllen.

Vor Beginn der Bauausführung ist vom Abdichtungsunternehmer ein objektbezogener Einbauplan mit allen konstruktiven Einzelheiten einschließlich Nahtformen und Nahtabmessungen zu erarbeiten. Die Ausführung und Prüfung von Fügenähten sind nach den Vorgaben der DVS-Richtlinie 2225-5 sowie DVS 2207-1 und 2203-1, auszuführen.

Der Schweißprozess wird durch die drei Schweißparameter Temperatur, Geschwindigkeit und Kraft (Fügekraft) beschrieben. Diese drei Parameter beeinflussen sich gegenseitig und sind daher aufeinander abzustimmen. Zu Beginn der Schweißarbeiten werden daher Probeschweißungen und Nahtprüfungen unter den jeweiligen Baustellenbedingungen durchgeführt. Dazu sind die für den Einsatz bestimmten Schweißmaschinen und -geräte, die zu fügenden Abdichtungselemente sowie die vorgesehenen Mess- und Prüfmittel zu verwenden. Anhand der Erfahrungen und Ergebnisse aus den Probeschweißungen und Nahtprüfungen sind Vorgaben zu den jeweils einzuhaltenden Schweißparametern abzuleiten. Bei Umgebungstemperaturen unter 5 °C und einer relativen Luftfeuchtigkeit über 80 % sind geeignete Maßnahmen abzustimmen und umzusetzen.

Die verwendeten Schweißgeräte müssen den Vorgaben der DVS-Richtlinie 2225-5 sowie den jeweils gültigen europäischen Richtlinien entsprechen und die relevanten Sicherheitsvorschriften erfüllen. Heizkeilschweißmaschinen sollten mit gut sichtbaren Anzeigen für die Temperatur am Keil, die Vorschubgeschwindigkeit und den Anpressdruck zur Bestimmung der Fügekraft sowie mit einer Kontrollanzeige für die Leistungsaufnahme ausgerüstet sein. Die Grundwerte müssen stufenlos regel- und einstellbar sein. Aus der Anzeige der Leistungsaufnahme können Unregelmäßigkeiten in der Netzversorgung oder eingetretene Mängel an Geräteteilen (Ausfall von Heizelementen, Lagerschäden etc.) unmittelbar erkannt und abgestellt werden.

Durch das Einfädeln der Heizkeilschweißmaschine in die Überlappung der Kunststoffdichtungsbahnen verbleibt beim Schweißen ein ca. 5 bis 10 cm langer ungefügter Bereich. Wenn dieser Bereich nicht durch Beischnitt abgetrennt werden kann, muss er durch Handschweißung geschlossen und gesondert auf Dichtigkeit geprüft werden.

Bei der Nachbesserung von Fehlstellen sollen Bahnenzuschnitte die Fehlstelle allseitig um mindestens 0,10 m überlappen. Die Zuschnitte sind rund bzw. Ecken mit einem Radius > 30 cm auszuführen, um eine fachgerechte Verschweißung zu ermöglichen. Durchgehend fehlerhafte Nähte sind entweder neu zu fügen oder auf voller Länge mit einem mindestens 0,5 m breiten Bahnenstreifen abzudecken, der seinerseits fachgerecht anzuschweißen ist.

Die geforderte Probeschweißung mit anschließender Baustellenprüfung des Schälwiderstands nach DVS 2225-5 ist arbeitstäglich durchzuführen. Außerdem sind alle dichtigkeitsrelevanten Fügenähte der KDB-Abdichtung nach Abschnitt 4.13 bzw. DVS-Richtlinie 2225-5 mit Druckluft oder Vakuum auf Dichtigkeit zu prüfen. Nur in Ausnahmefällen sind visuelle Prüfungen als Dichtigkeitsprüfung zulässig.

5.3.8 Sohlschutzschicht

Beim Einbau druckwasserhaltender KDB-Abdichtungen sind die Sohlabschnitte erfahrungsgemäß besonders gefährdet. Die Sohlschutzschichten sind deshalb möglichst umgehend nach dem Einbau der KDB-Abdichtung einzubringen und punktuell an den Kunststoffdichtungsbahnen zu befestigen. Im ungeschützten Zustand darf die KDB-Abdichtung weder begangen noch befahren werden. Im Bauzustand darf sie bei einer Kunststoffschutzbahn nur begangen, bei einer Betonsohlschutzschicht begangen und mit höchstzulässiger Radlast von 750 kg befahren werden.

Zur Verhinderung von Betonunterläufigkeiten werden Überlappungen von Sohlschutzschichten aus Kunststoffschutzbahnen und ihre Anschlüsse an die KDB-Abdichtung thermisch gefügt. Hierzu reichen Überlappnähte ohne Prüfkanal aus.

5.3.9 Verpresseinrichtungen

Die Verpresseinrichtungen für die gemäß Tabelle 3.5 in Abschnitt 3.8.1 angegebenen planmäßigen Verpressvorgänge und die vom Bauherrn geforderten Verpresseinrichtungen für bedarfsweise nachträgliche Verpressvorgänge sind unter Berücksichtigung der Vorgaben in den Abschnitten 4.8 und 4.11.2.3 und im Bauvertrag einzubauen.

Auf sorgfältige Ausrichtung, ausreichende Fixierung der Verpressstutzen und -schlauchsysteme an der luftseitigen Oberfläche der Kunststoffdichtungsbahnen und in den Sperrankerbereichen der außenliegenden Fugenbänder gegen Lageverschiebungen beim Betonieren und auf den Verschluss der Austrittsöffnungen der Verpresseinrichtungen zum Schutz gegen Eindringen von Frischbeton beim Betonieren ist besonders zu achten, damit angestrebte Verpresslängen bis zu 15 m tatsächlich erreicht werden können. Zur schnellen Erkennung von Wasserzutritten im Falle von Undichtigkeiten wird empfohlen, die temporären Verschlüsse nach dem Betonieren zu öffnen. Die Entlüftungsstellen für den Zwischenraum zwischen außenliegendem Fugenband und Kunststoffdichtungsbahn müssen hingegen für den Betoniervorgang offengehalten werden.

In das Tunnelinnere geführte Verpressstutzen und -schlauchsysteme sind so kenntlich zu machen, dass sie nach dem Betonieren der Innenschale eindeutig identifiziert und dem für sie vorgesehen Verpressvorgang zugeordnet werden können. Die Anordnung und Kennzeichnung der Verpresseinrichtungen ist ausreichend und nachvollziehbar zu dokumentieren. Schlauchsystemenden können in Boxen zusammengeführt und verwahrt oder direkt durch die Innenschale und die Schalhaut geführt werden. Die freien Enden der Verpressschlauchsysteme müssen für Verpressungen mindestens so lang sein, dass problemlos Packer angeschlossen werden können.

Auf die Zugänglichkeit von Befüllungsschläuchen für bedarfsweise nachträgliche Verpressvorgänge auch nach Ausführung der nachfolgenden Gewerke ist insbesondere im Sohlbereich zu achten.

5.3.10 Maßnahmen zur funktionsgerechten Herstellung der Innenschale

5.3.10.1 Allgemeines

Die Funktionsfähigkeit von KDB-Abdichtungen wird maßgeblich durch die Wechselwirkungen mit der Innenschale beeinflusst. Die Nichtbeachtung dieser Kausalität führte in der Vergangenheit, insbesondere bei druckwasserhaltenden Tunneln, häufig zu vermeidbaren Schäden und verursachte hohe Folgekosten. Das Verständnis der relevanten Zusammenhänge dient der Erfüllung der in den Abschnitten 4.10 und 4.11 an Innenschale und Dichtungssystem gestellten Anforderungen und der Verbesserung des Einbaus sowie der konsequenten Durchführung der Qualitätssicherungsmaßnahmen. Zur Vermittlung des Verständnisses bei den Bauausführenden werden die wichtigsten Funktionszusammenhänge daher noch einmal zusammengefasst:

– Die Kunststoffdichtungsbahn bildet beim Betonieren die bergseitige Begrenzung der Innenschale und ist dadurch vielfältigen Gefährdungen ausgesetzt, die zu ihrer Beschädigung führen können.

– Im Betriebszustand des Bauwerks bildet die bergseitige Oberfläche der Innenschale die zwingend notwendige stützende Rücklage der Kunststoffdichtungsbahn gegen Wasserdruck. Je größer der Wasserdruck ist, desto wichtiger ist die vollflächige Bettung der Kunststoffdichtungsbahnen, um unzulässige Beanspruchungen durch die Wasserdruckbelastung auszuschließen. Hohlräume an der bergseitigen Oberfläche der Innenschale gefährden die KDB-Abdichtung, besonders wenn sie scharfe Betonkanten und/oder freiliegende Bewehrung aufweisen.

– Falten in der Kunststoffdichtungsbahn können unzulässig große Zugspannungen in der Kunststoffdichtungsbahn verursachen. Außerdem können sie die Ausbreitung des Betons beim Betoniervorgang erheblich behindern und zu Hohlstellen in der Innenschale führen. Wenn Falten der Kunststoffdichtungsbahn infolge des Betoniervorgangs wandern, kann die Ausbreitung des Betons noch stärker beeinträchtigt und auch die Betondeckung durch Verschieben von Abstandhaltern der Bewehrung verringert werden.

– Beim Betonieren gegen Versprünge und größere Unebenheiten des Abdichtungsträgers kann die Kunststoffdichtungsbahn unter Umständen unmittelbar, aber auch langfristig unzulässig verformt und beschädigt werden.

- Beim Einbau der Bewehrung besteht die Gefahr, die Kunststoffdichtungsbahn zu beschädigen. Darüber hinaus kann sich eine nicht ausreichend fixierte Bewehrung beim Betonieren verschieben und ebenfalls eine Beschädigung der Kunststoffdichtungsbahn verursachen.

- Bei höheren Wasserdrücken sollten generell Verpresseinrichtungen gemäß den Abschnitten 3.8, 4.8, 4.11 und 5.3.9 zur bedarfsweisen Herstellung der Abdichtungsfunktion im Schadensfall eingeplant werden.

Zur funktionsgerechten Herstellung der Innenschale sind im Hinblick auf die Abdichtung Anforderungen an die Bewehrungs- und Schalungsarbeiten, Anforderungen an die Betonrezeptur und das Betonieren sowie die Ausführung der Verpressvorgänge Nr. 1 bis 3 aus Tabelle 3.5 in Abschnitt 3.8 zu beachten, die in den Abschnitten 5.3.10.2 bis 5.3.10.5 behandelt werden.

5.3.10.2 Anforderungen an die Bewehrungs- und Schalungsarbeiten

Aus den Anforderungen an die Innenschale gemäß Abschnitt 4.10 ergeben sich Konsequenzen für die Bewehrungsarbeiten.

Die erforderliche Betondeckung der Bewehrung muss an jeder Stelle vorhanden sein. In Sohlbereichen, in denen als innenliegende Schutzschicht eine Kunststoffschutzbahn eingebaut wird, sind für die bergseitige Bewehrungslage kippsichere Abstandhalter mit ausreichend großer Aufstandsfläche zu verwenden, um punktuelle Überbeanspruchungen der Kunststoffdichtungsbahnen auszuschließen. Bewährt haben sich linienförmige Abstandhalter. Bei der Wahl der Abstandhalter ist besonders auf deren Kippsicherheit nach Einbau der Bewehrung, beim Bewegen des Schalwagens und beim folgenden Betoniervorgang zu achten. Die Abstandhalter sollen keine scharfen Kanten aufweisen, die bei unbeabsichtigten Lageänderungen die KDB-Abdichtung beschädigen können. Besonders im aufgehenden Gewölbe ist die Bewehrung selbsttragend auszubilden. Im Bereich der Ulmen ist die bergseitige Bewehrung durch Abstandhalter mit variabler Länge zu fixieren. Die örtliche Anpassung ist notwendig, um unterschiedlich große Abstände zwischen der bergseitigen Bewehrung und der KDB-Abdichtung infolge von Überprofilen auszugleichen. Derartige Abstandhalter verhindern unbeabsichtigte Lageveränderungen der Bewehrungskörbe, die beim Ausrichten des Schalwagens Zwängungskräfte und damit einhergehende unzulässige Beanspruchungen der Kunststoffdichtungsbahnen verursachen können.

Es sind nach Anzahl und Größe ausreichende Betonieröffnungen anzuordnen. An den Betonierfenstern kann die luftseitige Bewehrung ausgespart werden, muss aber vor dem Schließen des Betonierfensters ergänzt werden.

126

5.3.10.3 Anforderungen an die Betonrezeptur und das Betonieren

Die Einhaltung der abdichtungsrelevanten Anforderungen an die Innenschale gemäß Abschnitt 4.10 setzt folgende Anforderungen an die Betonrezeptur voraus:

– Zur Vermeidung von Kiesnestern und Hohlstellen, die mittelbar zu Beschädigungen der Kunststoffdichtungsbahnen führen können, ist ausreichend fließ- und verdichtungsfähiger Beton vorzusehen. In Abhängigkeit von der Bewehrungsdichte ist ggf. das Größtkorn der Zuschlagstoffe auf 16 mm zu begrenzen.

– Je nach den Transportzeiten vom Mischwerk zur Einbaustelle und den Betonierzeiten können bauaufsichtlich zugelassene Betonzusatzmittel, z. B. Verflüssiger, Fließmittel oder Verzögerer, gemäß den maßgebenden Richtlinien des DAfStb eingesetzt werden.

Der Betoniervorgang ist ohne größere Unterbrechungen durchzuführen. Die Blöcke sind möglichst in höhenmäßig steigender Reihenfolge entgegen dem Längsgefälle herzustellen. Das Betonieren des obersten Gewölbeteils über die Firststutzen des Schalwagens beginnt zweckmäßigerweise am zuvor hergestellten tieferliegenden Block. Wenn das Betonieren in entgegengesetzter Reihenfolge nicht zu vermeiden ist, sind zusätzliche Entlüftungsmaßnahmen vorzusehen, um Lufteinschlüsse zuverlässig zu verhindern. Weiterhin empfiehlt es sich, den Füllstand an der Firste durch Messsensoren zu überprüfen. Der Schalwagen ist mit einer ausreichenden Anzahl von Außenrüttlern zu bestücken. Für die Bauausführung soll ein Betonierplan erstellt werden, der Bestandteil des Qualitätssicherungsplans wird.

Um durch Sackungen entstandene Hohlräume zu füllen, sind zum Abschluss des Betoniervorgangs frisch-in-frisch, also unmittelbar vor Beginn des Ansteifens des eingebrachten Frischbetons, mit den dafür vorgesehenen Verpresseinrichtungen und schwindarmem Zementmörtel (ZM) als Verpressstoff

– planmäßig im Firstbereich die Innenschale nachzubetonieren (Vorgang Nr. 1 aus Tabelle 3.5) und

– planmäßig im Blockfugenbereich die Sperranker der außenliegenden Fugenbänder einzubetten (Vorgang Nr. 2 aus Tabelle 3.5 und Bild 4.10).

Der Verpressdruck soll dabei 2 bar (gemessen im Firstbereich) nicht überschreiten. Die Betonierzeiten und eingebrachten Betonmengen, die Zeiten des Nachbetonierens und die eingebrachten Zementmörtelmengen sind zu dokumentieren.

5.3.10.4 Prüfung der bergseitigen Oberfläche der Innenschale

Die bergseitige Oberfläche der Innenschale ist nicht visuell prüfbar. Da ihre ordnungsgemäße Qualität für die Funktion der druckwasserhaltenden KDB-Abdichtung maßgebend ist, muss die Dicke der Innenschale im Gewölbe vor Beginn der Firstspaltverpressung mit geeigneten Verfahren zerstörungsfrei geprüft werden. Gemäß Anhang A RI-ZFP-TU der ZTV-ING Teil 5 Abschnitt 1 eignen sich dafür Ultraschall- und Impakt-Echo-Verfahren (MÄHNER/RODER, 2009). Dabei festgestellte Minderdicken bzw. größere Dickenunterschiede lassen auf Fehlstellen an der bergseitigen Oberfläche der Innenschale schließen. Die vorhandene Dicke der Innenschale soll ohne Berücksichtigung des Überprofils die Mindestdicke um nicht mehr als 0,05 m unterschreiten. Durch die Prüfungen wird eine zielgerichtete Sanierung möglicher Fehlstellen bzw. Minderdicken mit geeigneten Verpressstoffen sichergestellt.

Es sind vor allem die erfahrungsgemäß besonders fehleranfälligen Stellen an den Blockfugen und im Firstbereich zu untersuchen. Angaben zu geeigneten Messrastern können der RI-ZFP-TU entnommen werden.

Die Prüfungen sind möglichst frühzeitig nach Herstellung der Innenschale und auf jeden Fall vor Wiederanstieg des Bergwasserspiegels durchzuführen, um Fehlstellen rechtzeitig erkennen und beseitigen sowie weitere derartige Fehler möglichst vermeiden zu können.

5.3.10.5 Firstspaltverpressung und bedarfsweise Verfüllung von Bereichen mit großen Minderdicken

Frühestens 28 Tage nach dem Betonieren der Innenschale und auf jeden Fall vor Wiederanstieg des Bergwasserspiegels ist der entstandene Firstspalt unter Nutzung der in den Abschnitten 4.8 und 4.11.2.3 beschriebenen Verpresseinrichtungen planmäßig mit Zementsuspension (ZS) bzw. -leim (ZL) zu verpressen (Nr. 3 in Tabelle 3.5). Der Verpressdruck soll 2 bar nicht überschreiten. Der Druck an der Einfüllstelle ist zu protokollieren. Der Verpressvorgang beginnt an dem der Blockfuge nächstgelegenen Verpressstutzen gegen das Tunnellängsgefälle und verläuft kontinuierlich in einer Richtung von Einfüllstelle zu Einfüllstelle von unten nach oben. Der dem jeweils beaufschlagten Stutzen angrenzende darf erst verschlossen werden, sobald dort Verpressstoff austrat. Auf diese Weise werden eine ausreichende Entlüftung und Spaltverfüllung erreicht. Die Verpressmengen und -drücke sind zu protokollieren.

Eine Firstspaltverpressung mit Zementleim oder -suspension dient nicht der Ertüchtigung von Bereichen mit großen Minderdicken. Für die beiderseits der Firstlinie etwa 2 bis 4 m breiten Bereiche mit üblichen Firstspaltdicken von 1 bis 3 cm haben Endoskopaufnahmen gezeigt, dass die bergseitige Oberflächenstruktur der Innenschale in Verbindung mit dem hydrostatischen Wasserdruck Beschädigungen der Kunststoffdichtungsbahnen verursachen kann. Die Firstspaltverpressung soll eine ausreichend ebene Oberfläche der Innenschale herstellen.

Werden mit den zerstörungsfreien Prüfungen vor der Firstspaltverpressung große Minderdicken der Innenschale festgestellt, so ist vor der Firstspaltverpressung zu klären, ob Bewehrung freiliegt und für eine ausreichende Betondeckung zum Korrosionsschutz der Bewehrung und zum Schutz der Kunststoffdichtungsbahnen eine Sanierung erforderlich ist.

5.3.11 Bedarfsweise Verpressungen bei Undichtigkeiten

5.3.11.1 Allgemeines

Mit der Planung und Auswahl nachträglicher Abdichtungsmaßnahmen muss ein fachkundiger Ingenieur beauftragt werden, der aus dem Schadensbild unter Berücksichtigung vorhandener Bauunterlagen und Einbeziehung der maßgebenden anderen Projektbeteiligten, wie Bauüberwachung (örtlicher Bauüberwachung und spezieller Überwachung für KDB-Abdichtung), Auftragnehmer und Abdichtungsunternehmer, die Schadensursachen feststellt und Instandsetzungsvorschläge unterbreitet. Die Instandsetzungsvorschläge richten sich nach den Nutzungsanforderungen des Bauwerks, den gegenwärtigen oder zukünftigen Beanspruchungen und dem Instandsetzungsziel. Unterschieden werden z. B.:

– Erreichen der Wasserundurchlässigkeit

– Reduzierung des Wasserdurchflusses

Die Verpressstoffe, die zu verwendenden Geräte und die Durchführung der Verpressvorgänge sind sorgfältig aufeinander abzustimmen. Die Menge der eingebrachten Verpressstoffe und die Verpressdrücke sind aufzuzeichnen. Bei größeren Hohlräumen ist es aus wirtschaftlichen Gründen zweckmäßig, mit einer zementösen Injektion (ZL oder ZS) zwischen Kunststoffdichtungsbahn und Innenschale zu beginnen.

Bei Verwendung von Verpressstoffen aus Kunststoff (Abschnitt 4.8.3) sind folgende Kriterien zu beachten:

– Festlegung der Verpressmethode, z. B. teilflächig oder vollflächig

– Festlegung der Reaktionszeiten des Verpressstoffs in Abhängigkeit vom lokalen Schadensbild, z. B. der Größe des Kammerelements bei doppellagiger KDB-Abdichtung oder der Menge des Wasserausflusses

– Festlegung des Verpressdrucks in Abhängigkeit von der Höhe des Wasserdrucks und unter Beachtung der Tunnelstandsicherheit und des Schutzes der Abdichtungselemente

– Einsatz von geprüften und stufenlos regel- und steuerbaren Zweikomponentenpumpen mit Druck- und Mengensteuerung während des Verpressens

5.3.11.2 Verpressen von Sperrankerbereichen bei Profilbändern, von Arbeitsfugen und von Klebeanschlüssen an WUB-Konstruktionen

Bei undichter Abschottung und undichten Anschlüssen mit Profilbändern infolge unzureichender Sperrankereinbindung im Beton, bei undichten Arbeitsfugen und bei undichten Klebeanschlüssen an WUB-Konstruktionen können diese Bereiche mit geeigneten Verpressstoffen nachträglich verpresst werden, wenn die dafür notwendigen Verpresseinrichtungen vorhanden sind (Nr. 4 in den Tabellen 3.5 und 4.8). Zur Sicherstellung des Verpresserfolgs sollten die Abstände der Verpressstellen grundsätzlich maximal 15 m betragen. Damit soll eine ausreichende Ausbreitung und Verteilung des Verpressstoffs entlang dem Verpressschlauch gewährleistet werden.

5.3.11.3 Verpressen von Schottfeldern bei einlagiger KDB-Abdichtung

Zur Reparatur einer Undichtigkeit wird bei druckwasserhaltenden Tunneln je nach Bauherrenvorgabe mindestens ab 10 m WS bedarfsweise nachträglich der Ringspalt zwischen Kunststoffdichtungsbahn und Innenschale verpresst (Nr. 5a in Tabelle 3.5). Dazu werden die nach den Vorgaben in den Abschnitten 4.8, 4.11.2.3 und 5.3.9 planmäßig einzubauenden Verpresseinrichtungen verwendet.

5.3.11.4 Verpressen von Kammerelementen bei doppellagiger KDB-Abdichtung

Zur Reparatur eines undichten Kammerelements wird nach Wiederanstieg des Bergwassers der Spalt zwischen den beiden KDB-Lagen eines Kammerelements verpresst (Nr. 5b in Tabelle 3.5). Dazu werden die nach den Vorgaben in den Abschnitten 4.8 und 4.11.2.3 planmäßig einzubauenden Verpresseinrichtungen (siehe auch Abschnitt 5.3.9) verwendet. Es werden nur Verpressstoffe aus Kunststoff verwendet. Im Regelfall genügt eine Verpressung, bis der Wasserzufluss gestoppt ist.

5.4   Offene Bauweise

Für den Einbau von KDB-Abdichtungen in Bauwerke mit offener Bauweise gelten die Grundsätze von Abschnitt 5.3 entsprechend. Als Besonderheit gegenüber in geschlossener Bauweise erstellten Bauwerken ist zu beachten:

– Auf die ausreichende Überlappung der Schutzschichten (Abschnitt 4.11.3.1) zur Vermeidung von Fremdkörpereinträgen ist insbesondere bei der bodenseitigen Schutzschicht zu achten.

– Eine helle Signalschicht trägt bei Sonneneinstrahlung wegen der geringeren Erwärmung der Kunststoffdichtungsbahnen maßgeblich zu ihrer faltenfreien Verlegung bei. Bei sofortiger Abdeckung der Abdichtungsfläche mit einer Schutzschicht kann ggf. auf die Signalschicht verzichtet werden. Wenn die Abdichtungsfläche nicht sofort abgedeckt wird, darf die Freiliegezeit nicht die Nachweiszeit der Witterungsbeständigkeit überschreiten (Abschnitt 4.5.2 und 4.6.2).

– Befestigungen der Kunststoffdichtungsbahnen sind an senkrechten und stark geneigten Flächen nach Bedarf gemäß Abschnitt 4.11.3.2 vorzunehmen.

– Bei Sickerwasser sind die Kunststoffdichtungsbahnen gemäß Bild 3.8 in Abschnitt 3.6.3 wasserdicht an die Betonkonstruktion anzuschließen.

– Wie bei geschlossener Bauweise werden auch bei in offener Bauweise erstellten Bauwerken aus Gründen der besseren Handhabung bevorzugt 2 m breite Kunststoffdichtungsbahnen eingesetzt. Bei großflächiger Verlegung, z. B. auf Gewölbeflächen oder bei Überbauungen, können breitere Bahnen sinnvoll sein.

– Die KDB-Abdichtung von in offener Bauweise erstellten Bauwerken darf nur bei einer Überdeckung mit Erdstoffen von ≥ 1 m befahren werden.

6 Qualitätssicherung (QS)

6.1 Allgemeines

Die vorliegenden Empfehlungen behandeln Dichtungssysteme mit Kunststoffdichtungsbahnen generell und beziehen daher sowohl die im Kapitel 4 behandelten Anforderungen an die Geokunststoffprodukte als auch die Bauausführung in die Qualitätssicherung ein.

Für die Qualitätssicherung sind insbesondere folgende Normen und Vorgaben zu berücksichtigen:

– DIN EN 13252: Geotextilien und geotextilverwandte Produkte – Geforderte Eigenschaften für die Anwendung in Dränanlagen

– DIN EN 13256: Geotextilien und geotextilverwandte Produkte – Geforderte Eigenschaften für die Anwendung im Tunnelbau und in Tiefbauwerken

– DIN EN 13491: Geosynthetische Dichtungsbahnen – Eigenschaften, die für die Anwendung beim Bau von Tunneln und Tiefbauwerken erforderlich sind

– allgemeine bauaufsichtliche Verwendbarkeitsnachweise für Verpressstoffe, Verpressschläuche etc.

– DIN 18200: Übereinstimmungsnachweis für Bauprodukte – Werkseigene Produktionskontrolle (WPK), Fremdüberwachung und Zertifizierung von Produkten

Außerdem sind folgende Regelungen der Bauherren von Straßen- und Eisenbahntunneln zu beachten:

– ZTV-ING mit TL/TP: Zusätzliche Technische Vertragsbedingungen und Richtlinien für Ingenieurbauten

– Ril 853: Eisenbahntunnel planen, bauen und instand halten

6.2 Systematik der Qualitätssicherungsmaßnahmen

Bild 6.1 zeigt die in diesen EAG-EDT empfohlene Systematik der Produktnachweise und Bild 6.2 die empfohlene Systematik der projektspezifischen Qualitätssicherungsmaßnahmen des Auftragnehmers und des Bauherrn bzw. der Überwacher. Die Produktnachweise und die projektspezifischen Qualitätssicherungsmaßnahmen werden nachfolgend erläutert.

Empfehlungen zu Dichtungssystemen im Tunnelbau EAG-EDT, 2. Auflage.
Deutsche Gesellschaft für Geotechnik (Hrsg.).
© 2018 Ernst & Sohn GmbH & Co. KG. Published 2018 by Ernst & Sohn GmbH & Co. KG.

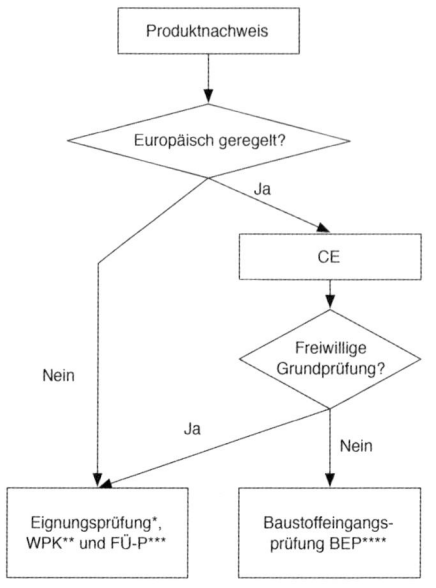

Flowchart elements:

Produktnachweis

Europäisch geregelt?

Ja

CE

Nein

Freiwillige Grundprüfung?

Ja · Nein

Eignungsprüfung*, WPK** und FÜ-P***

Baustoffeingangs-prüfung BEP****

* **Eignungsprüfung**, i. d. R. **Grundprüfung** nach Tabelle 4.1 bis 4.7 oder Bauherrenregelwerk, nicht älter als 5 Jahre, Grundmaterialien und Produktionsverfahren unverändert, ggf. erweitert um projektspezifische zusätzliche Prüfungen

** **WPK:** werkseigene Kontrolle der Produktion nach Tabelle 6.1 bis 6.7 oder Bauherrenregelwerk

*** **FÜ-P:** Fremdüberwachung der Produktion nach Tabelle 6.1 bis 6.7 oder Bauherrenregelwerk bei gültiger Grundprüfung, zwei Mal jährlich, wenn in beiden Halbjahren produziert wird

**** **BEP:** Baustoffeingangsprüfung nach Tabelle 6.1 bis 6.7 oder Bauherrenregelwerk, im Projektablauf großen Zeitaufwand berücksichtigen

Bild 6.1 Systematik der Produktnachweise für Kunststoffdichtungsbahnen, Profilbänder, Schutzschichten und Dränschichten für KDB-Abdichtungen unterirdischer Bauwerke.

6.3 Produktnachweise

6.3.1 Allgemeines

Für die Produktprüfungen von Kunststoffdichtungsbahnen, Profilbändern, Schutzschichten und Dränschichten wird zwischen europäisch geregelten und nicht europäisch geregelten Produkten unterschieden (Bild 6.1).

Für europäisch nicht geregelte Produkte gelten die Vorgaben der DIN 18200: Mit einer Grundprüfung müssen die Produzenten die Erfüllung der grundsätzlichen Anforderungen für den Verwendungszweck nachweisen. Um die Übereinstimmung bzw. Konformität ihrer Produkte aus laufender Produktion mit der Grundprüfung nachzuweisen, müssen sie eine werkseigene Produktionskontrolle (WPK) und eine Fremdüberwachung der Produktion mit Produktprüfung (FÜ-P) durchführen. Mit einer Eignungsprüfung, die in der Regel der Grundprüfung entspricht, müssen die vertraglichen Anforderungen im Projekt nachgewiesen werden.

Für europäisch genormte Produkte sind eine CE-Kennzeichnung und die damit verbundenen produktionsbegleitenden Qualitätssicherungsmaßnah-

134

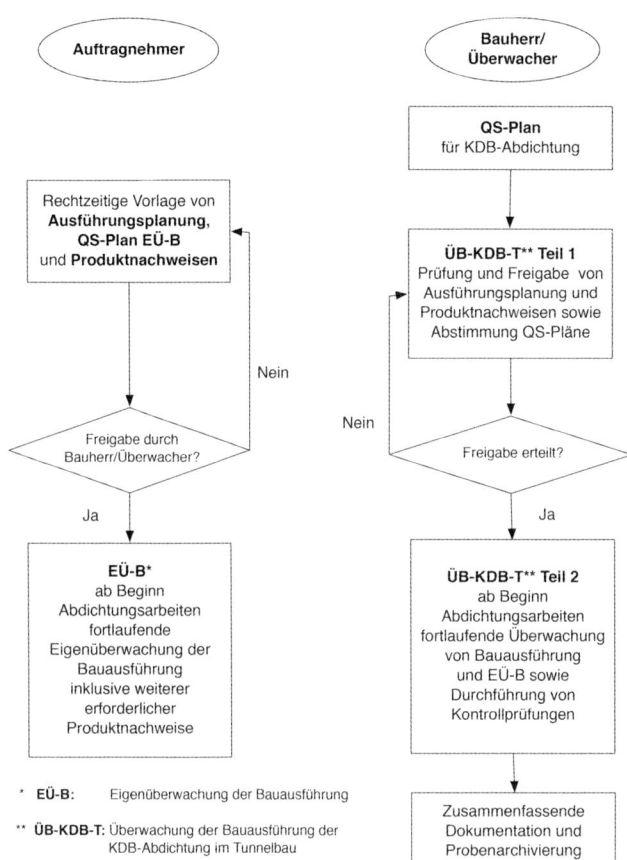

Auftragnehmer

Bauherr/Überwacher

QS-Plan
für KDB-Abdichtung

Rechtzeitige Vorlage von
**Ausführungsplanung,
QS-Plan EÜ-B**
und **Produktnachweisen**

ÜB-KDB-T Teil 1
Prüfung und Freigabe von
Ausführungsplanung und
Produktnachweisen sowie
Abstimmung QS-Pläne

Nein

Freigabe durch
Bauherr/Überwacher?

Nein

Freigabe erteilt?

Ja

Ja

EÜ-B*
ab Beginn
Abdichtungsarbeiten
fortlaufende
Eigenüberwachung der
Bauausführung
inklusive weiterer
erforderlicher
Produktnachweise

ÜB-KDB-T Teil 2
ab Beginn
Abdichtungsarbeiten
fortlaufende Überwachung
von Bauausführung
und EÜ-B sowie
Durchführung von
Kontrollprüfungen

* **EÜ-B:** Eigenüberwachung der Bauausführung

** **ÜB-KDB-T:** Überwachung der Bauausführung der
KDB-Abdichtung im Tunnelbau

Zusammenfassende
Dokumentation und
Probenarchivierung

Bild 6.2 Systematik der projektspezifischen Qualitätssicherungsmaßnahmen für KDB-Abdichtungen unterirdischer Bauwerke.

men Grundvoraussetzung. Außerdem sind die vertraglichen Anforderungen im Projekt mit Baustoffeingangsprüfungen nachzuweisen. Als Alternative zu den Baustoffeingangsprüfungen kann der Nachweis mit einer freiwilligen Eignungsprüfung und freiwilligen Übereinstimmungsnachweisen nach den Vorgaben der DIN 18200 erbracht werden. Die Eignungsprüfung entspricht in der Regel der Grundprüfung der Anforderungswerte im Kapitel 4 dieser EAG-EDT. Die Übereinstimmungsnachweise umfassen eine WPK und eine FÜ-P mit Produktprüfung.

Art und Häufigkeit der Produktprüfungen im Rahmen der Qualitätssicherung sind Abschnitt 6.6 zu entnehmen.

Geeignete Produkt- und/oder Systemnachweise für weitere in diesen EAG-EDT behandelte Produkte, beispielsweise Verpresseinrichtungen und -stoffe sowie Anschlusselemente, sind ebenfalls erforderlich, werden aber hier nicht im Detail behandelt.

6.3.2 Europäisch nicht geregelte Produkte

6.3.2.1 Grundprüfung/Eignungsprüfung

Mit der Grundprüfung bringen die Produzenten den grundsätzlichen Nachweis, dass ihre Produkte die in diesen EAG-EDT in den Tabellen 4.1 bis 4.7 gestellten Anforderungen erfüllen. Die Grundprüfung muss von einem für die vorgesehenen Produktprüfungen akkreditierten, vom Produzenten und vom Auftragnehmer unabhängigen Prüflaboratorium durchgeführt werden. Alle Messproben der Grundprüfung sind vom Prüflaboratorium aus einer Produktprobe zu entnehmen. Die Ergebnisse der Grundprüfung dürfen nicht älter als fünf Jahre sein. Die Ergebnisse der Grundprüfung können für unterschiedliche Projekte genutzt werden.

6.3.2.2 Übereinstimmungsnachweis

Für europäisch nicht geregelte Produkte müssen die Produzenten nach DIN 18200 eine werkseigene Produktionskontrolle WPK und eine Fremdüberwachung der Produktion mit Produktprüfung FÜ-P durchführen, um die Konformität ihrer Produkte mit der in der Grundprüfung untersuchten Probe nachzuweisen.

Umfang und Häufigkeit der WPK können den Tabellen 6.2 und 6.4 dieser Empfehlungen oder den Vorgaben der Bauherren entnommen werden. Die FÜ-P ist bei gültiger Grundprüfung jeweils einmal im Kalenderhalbjahr durchzuführen, wenn in beiden Halbjahren produziert wird. Die durchzuführenden Prüfungen können den Tabellen 6.2 und 6.4 entnommen werden.

6.3.3 Europäisch geregelte Produkte

6.3.3.1 CE-Kennzeichnung und -Etikettierung

Für europäisch geregelte Produkte muss der Produzent oder sein im Europäischen Wirtschaftsraum (EWR) bevollmächtigter Vertreter die Konformität mit den Anforderungen der DIN EN 13252, DIN EN 13256 oder DIN EN 13491 durch Kennzeichnung des Produkts gemäß EN ISO 10320, durch Anbringung des CE-Etiketts auf der Verpackung und die erforderlichen Leistungserklärungen nachweisen. Die harmonisierten europäischen Normen beziehen sich ausschließlich auf die Produktion der Produkte und nicht auf den Einbau der KDB-Dichtungssysteme auf der Baustelle. In den Leistungserklärungen geben die Produzenten charakteristische Werte (z. B. $F_{P,k,5\%}$) aus Mittelwert ± Abweichung aus werkseigenen Prüfungen an. Produktprüfungen durch ein akkreditiertes, vom Produzenten unabhängiges Prüflaboratorium sind nicht erforderlich. Die von den Produzenten in den Leistungserklärungen zur Lieferung angegebenen charakteristischen Werte müssen die Anforderungswerte des Bauvertrags (z. B. erf. $F_{P,5\%}$) erfüllen, also z. B.

$$F_{P,k,5\%} \geq erf.\ F_{P,5\%}$$

6.3.3.2 Grundprüfung sowie Übereinstimmungsnachweise mit WPK und FÜ-P

Für europäisch geregelte Produkte können die Produzenten freiwillig eine Grundprüfung und Übereinstimmungsnachweise mit WPK und FÜ-P durchführen. Sie können die projektspezifischen Baustoffeingangsprüfungen ersetzen und Lagerungszeiten und -flächen auf der Baustelle reduzieren. Grundlegende und kostenintensive Prüfungen mit langer Dauer, wie zur Beständigkeit und zur Umweltverträglichkeit, müssen dann zudem nicht für jedes Projekt – also auch für solche mit geringem Umfang wie KDB-Abdichtungen von Querstollen oder Schächten – durchgeführt werden. Kosten können reduziert und Verzögerungen im Bauablauf vermieden werden.

Für freiwillige Grundprüfungen sowie freiwillige Übereinstimmungsnachweise mit WPK und FÜ-P (Bild 6.1) gelten die Angaben in den Abschnitten 6.3.2.1 und 6.3.2.2 entsprechend. Umfang und Häufigkeit der WPK und die für die FÜ-P durchzuführenden Prüfungen können den Tabellen 6.1, 6.3 sowie 6.5 bis 6.7 dieser Empfehlungen oder den Vorgaben der Bauherren entnommen werden.

6.3.3.3 Baustoffeingangsprüfung

Der Auftragnehmer veranlasst, dass der vom Bauherr dazu beauftragte Überwacher (ÜB-KDB-T) nach dem Zufallsprinzip Proben für die Baustoffeingangsprüfungen aus den Produktionschargen für das Projekt entnimmt. Der Auftragnehmer beauftragt ein für die vorgesehenen Prüfungen akkreditiertes, vom Auftragnehmer und Produzenten unabhängiges Prüflaboratorium mit der Durchführung der Baustoffeingangsprüfungen nach den Vorgaben in den Tabellen 6.1, 6.3 sowie 6.5 bis 6.7. Die Prüfberichte übergibt der Auftragnehmer rechtzeitig vor dem Einbau dem vom Bauherrn benannten Überwacher nach den Vorgaben im Bauvertrag und QS-Plan zur Bewertung.

Prüfergebnisse von Baustoffeingangsprüfungen sind die Mittelwerte der Messproben (vorh. F_P), die zu einer Probe gehören. Sie müssen die im Bauvertrag festgelegten Anforderungswerte erfüllen, in der Regel die als 5%-Quantile (erf. $F_{P,5\%}$) angegebenen Anforderungswerte in den Technischen Lieferbedingungen und Technischen Prüfvorschriften für Kunststoffdichtungsbahnen und zugehörige Profilbänder TL/TP KDB oder den Technischen Lieferbedingungen und Technischen Prüfvorschriften für Schutz- und Dränschichten aus Geokunststoffen TL/TP SD, also z. B. bei einer Mindestanforderung:

$$\text{vorh. } F_P \geq \text{erf. } F_{P,5\%}$$

Als Annahmeregel gilt:

Die Lieferung ist anzunehmen, wenn bei allen Proben sämtliche Prüfungen die Anforderungen erfüllen. Erfüllen eine oder mehrere Proben bei einem oder mehreren Kennwerten die geforderten Eigenschaften nicht, ist die Lieferung abzulehnen.

6.3.3.4 Kontrollprüfungen durch den Bauherrn

Kontrollprüfungen werden vom Bauherrn veranlasst, um festzustellen, ob die Eigenschaften der Produkte den vereinbarten Anforderungen entsprechen.

Bei den Prüfergebnissen sind jeweils der Mittelwert, die Standardabweichung und der Variationskoeffizient anzugeben. Bei weniger als fünf Einzelwerten sind die Einzelwerte aufzuführen.

Prüfergebnisse von Kontrollprüfungen sind die Mittelwerte der Messproben (z. B. vorh. F_P), die zu einer Probe gehören. Geprüft wird der im Bauvertrag festgelegte Anforderungswert (z. B. erf. $F_{P,5\%}$), also z. B.:

$$\text{vorh. } F_P \geq \text{erf. } F_{P,5\%}$$

Die Lieferung ist nur anzunehmen, wenn bei allen Proben sämtliche Prüfungen die Anforderungen erfüllen. Erfüllen eine oder mehrere Proben bei einem oder mehreren Kennwerten die geforderten Eigenschaften nicht, ist die Lieferung abzulehnen.

Erhebt der Auftragnehmer Bedenken, dass das Ergebnis einer Kontrollprüfung nicht kennzeichnend für die Gesamtlieferung ist, darf er auf seine Kosten bei einer vom Bauherrn anerkannten Prüfstelle eine zusätzliche Prüfung durchführen lassen. Die Ergebnisse dieser Prüfung sind unter Einbeziehung der Ergebnisse der vorausgegangenen Kontrollprüfung statistisch auszuwerten. Das sich daraus ergebende Resultat ersetzt das Ergebnis der vorausgegangenen Kontrollprüfung.

Wird festgestellt, dass Anforderungen des Bauvertrags an die Produkte nicht erfüllt werden, ist der Auftragnehmer zu informieren und eine erneute Prüfung erforderlich.

6.4 Projektspezifische Qualitätssicherungsmaßnahmen des Auftragnehmers

6.4.1 Allgemeines

Der Auftragnehmer muss die im Bild 6.2 angegebenen Qualitätssicherungsmaßnahmen durchführen.

6.4.2 Ausführungsplanung

Rechtzeitig vor dem geplanten Starttermin der Abdichtungsarbeiten soll der Auftragnehmer dem Bauherrn/Überwacher die Ausführungsplanung vorlegen. Die Ausführungsplanung soll auch Angaben zur Ausführung von Details wie Anschlüssen der KDB-Abdichtung an andere Dichtungssysteme oder Einbauteile enthalten.

6.4.3 QS-Plan

Der Auftragnehmer soll rechtzeitig vor Beginn der Abdichtungsarbeiten auf Basis seiner Ausführungsplanung einen QS-Plan zur Eigenüberwachung der Bauausführung (EÜ-B) erstellen und dem Bauherrn/Überwacher zur Freigabe vorlegen.

6.4.4 Produktnachweise

Der Auftragnehmer legt die nach den Abschnitten 6.3 und 6.6 erforderlichen Produktnachweise vor. Für den Fall der Durchführung von Baustoffeingangsprüfungen wird empfohlen, hierfür mindestens vier Monate Zeit einzuplanen. Auch weitere Nachweise, wie zu Verpresseinrichtungen und Verpressstoffen, sind vorzulegen.

6.4.5 Eigenüberwachung der Bauausführung (EÜ-B)

6.4.5.1 Allgemeines

Die Eigenüberwachung der Bauausführung (EÜ-B) mit der Dokumentation ihrer Ergebnisse obliegt dem Auftragnehmer. Der Auftragnehmer benennt für die Durchführung qualifizierte und verantwortliche Personen aus seinem Unternehmen oder dem von ihm beauftragten Abdichtungsunternehmen, die die Einhaltung der geforderten Maßnahmen gegenüber dem Auftraggeber bzw. dem vom Auftraggeber benannten Überwacher vertreten.

6.4.5.2 Aufgaben der EÜ-B

In der EÜ-B ist zu überwachen, dass die fertige Leistung dem Bauvertrag entspricht. Die EÜ-B umfasst folgende Aufgaben:

- Prüfung der Lieferscheine auf Vollständigkeit und Übereinstimmung mit der Bestellung

- Prüfung der gelieferten Produkte auf Übereinstimmung mit den Lieferscheinen und auf Beschädigungen

- bei europäisch genormten Produkten Prüfung der CE-Kennzeichnung und Etikettierung sowie der Leistungsbeschreibung

- Prüfung der Produktidentität nach DIN EN 10320 bzw. gemäß den Vorgaben im Kapitel 4. Bei jeder Lieferung sind die Produkte stichprobenartig, nach dem Zufallsprinzip mit einem Produktmuster visuell zu vergleichen, das in der Grund- bzw. Eignungsprüfung die Anforderungen erfüllt hat oder dessen ausreichende Übereinstimmung nachgewiesen wurde.

- bei europäisch genormten Produkten ohne optionale WPK und FÜ-P:
  - Veranlassung von Baustoffeingangsprüfungen, wobei der vom Bauherrn benannte Überwacher die Probenahme durchführen muss
  - Einbau erst nach Vorliegen der Prüfergebnisse und Freigabe durch den Überwacher
  - bei Nichterfüllung der gemäß Bauvertrag geforderten Produkteigenschaften Ersatz durch vertragsgemäße Produkte

- bei Produkten mit WPK und FÜ-P halbjährliche Prüfung der Überwachungsberichte der FÜ-P und der Gültigkeit der Grundprüfung

- Prüfung der Einhaltung der Anforderungen an Lagerung und Transport der Produkte auf der Baustelle

- Zuordnung der Rollennummern zur Verlegeposition im Bauwerk

- Prüfung der Fügenähte und deren Dokumentation sowie zeitnahe Übergabe der Einbauprotokolle laufend mit dem Baufortschritt an den Überwacher

- Protokollierung von Besonderheiten im Bauablauf

- Dokumentation der Durchführung von Verpressvorgängen mit den verwendeten Verpressstoffen, -mengen und -drücken und den Durchführungszeiten

- Zeitnahe Information des Bauherrn/Überwachers bei Abweichungen vom QS-Plan sowie bei notwendigen vorläufigen oder vertraglichen Bauabnahmen sowie bei Mängelanzeigen

6.5 Projektspezifische Qualitätssicherungsmaßnahmen des Bauherrn/Überwachers

6.5.1 Ausschreibungen

Sorgfältige und fachgerechte Ausschreibungen der KDB-Abdichtung und der Überwachung der Bauausführung (ÜB-KDB-T) sind eine wesentliche qualitätsfördernde Grundlage. Dem Bauherrn wird empfohlen, in eindeutiger und transparenter Weise die Zuständigkeiten, Rechte und Pflichten der Projektbeteiligten, die Abläufe und ausreichende Vorlaufzeiten vorzugeben und auf die konsequente Umsetzung und auf die lösungsorientierte und verlässliche Kommunikation zwischen den Beteiligten zu achten. In den Ausschreibungen sollen klare Vorgaben für die geforderten QS-Maßnahmen enthalten sein, nämlich:

- in der Ausschreibung der KDB-Abdichtung für die EÜ-B des Auftragnehmers und dessen QS-Plan EÜ-B

- in der Ausschreibung der ÜB-KDB-T für die Überwachung der Bauausführung der KDB-Abdichtung im Tunnelbau (ÜB-KDB-T) einschließlich Kontrollprüfungen

- für die Schnittstellen zwischen beiden

6.5.2 Überwachung der Bauausführung ÜB-KDB-T (Leitfaden)

6.5.2.1 Allgemeines

Im Tunnelbau haben KDB-Abdichtungen vielfältige Wechselwirkungen zu anderen Gewerken und die Überwachung der Bauausführung daher Wechselwirkungen mit verschiedenen Projektbeteiligten.

Die Qualität und Dichtigkeit des im Vergleich zur Gesamtrohbausumme kleinen Gewerks KDB-Abdichtung wird außer von der fachgerechten Ausführung des Dichtungssystems auch maßgeblich von angrenzenden Gewerken bestimmt (Bild 6.3). Die ÜB-KDB-T betrifft daher auch abdichtungsrelevante angrenzende Gewerke und hat vielfältige Wechselwirkungen mit

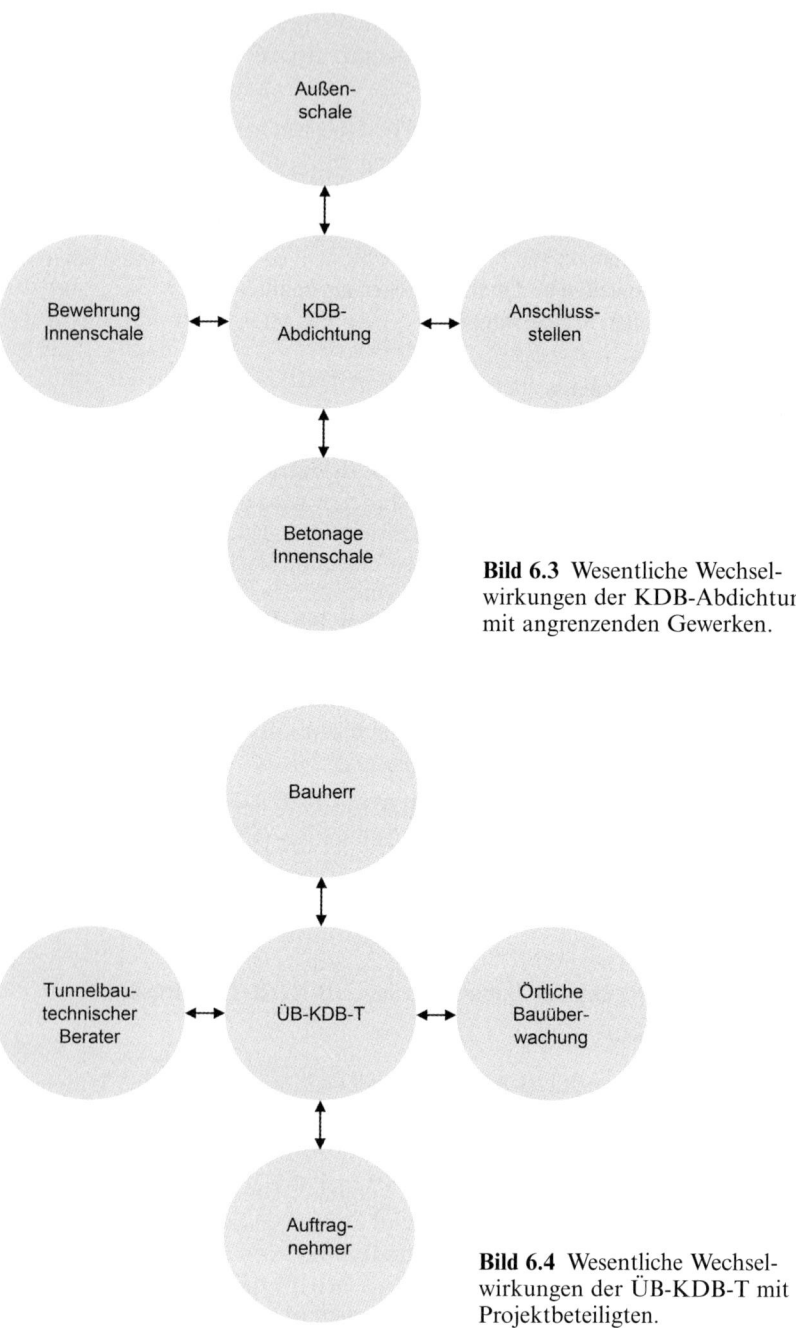

Bild 6.3 Wesentliche Wechselwirkungen der KDB-Abdichtung mit angrenzenden Gewerken.

Bild 6.4 Wesentliche Wechselwirkungen der ÜB-KDB-T mit Projektbeteiligten.

den Projektbeteiligten (Bild 6.4). Eine vom Bauherrn mit den notwendigen Befugnissen ausgestattete, ausreichend qualifizierte und effizient in den Bauablauf eingebundene Überwachung der Bauausführung ÜB-KDB-T soll zur qualitätsgerechten Ausführung beitragen.

6.5.2.2 Aufgaben der Überwachung der Bauausführung

Wie Bild 6.2 zeigt, beginnt die Überwachung der Bauausführung von KDB-Abdichtungen im Tunnelbau durch den Bauherrn/Überwacher bereits vor Ausführung der Abdichtungsarbeiten mit der Prüfung und den Freigaben der vom Auftragnehmer vorgelegten Unterlagen und der Koordination der Schnittstellen der Qualitätssicherungsmaßnahmen der unterschiedlichen Beteiligten. Dann folgt die fortlaufende Überwachung der Ausführung der Abdichtungsarbeiten und der relevanten angrenzenden Gewerke sowie der Eigenüberwachung der Bauausführung EÜ-B des Auftragnehmers. Sie endet nach Fertigstellung der Abdichtungsarbeiten mit der Erstellung der zusammenfassenden Dokumentation und der Sicherstellung der fachgerechten Aufbewahrung von Rückstellproben

Aufgabe und Fokus der ÜB-KDB-T ist die Überwachung der anforderungs- und werkstoffgerechten Ausführung der KDB-Abdichtung gemäß Ausführungsplanung sowie der abdichtungsrelevanten Aspekte der benachbarten Gewerke. Basis sind die jeweiligen bauvertraglichen Regelungen, die gemäß Bauvertrag geltenden Regelwerke, wie ZTV-ING Teil 5 oder Ril 853, und die QS-Pläne der Bauausführung. Zur Überwachung der Bauausführung gehören folgende Aufgaben:

1. Vor Beginn der Abdichtungsarbeiten:

   a. Prüfung der Ausschreibungsunterlagen mit den relevanten Teilen der Entwurfsplanung und des QS-Plans der Bauausführung hinsichtlich der abdichtungsrelevanten Aspekte

   b. Prüfung der vom AN vorgelegten Qualifikationsnachweise der personellen und gerätemäßigen Voraussetzungen des Abdichtungsunternehmers

   c. Prüfung der vom AN vorgelegten Produktnachweise der für den Einbau vorgesehenen Abdichtungselemente und bei Bedarf rechtzeitige Mitteilung und Klärung bei Nachbesserungsbedarf

   d. fachtechnische Prüfung der Ausführungsunterlagen einschließlich Konstruktionsdetails hinsichtlich abdichtungsrelevanter Aspekte und des QS-Plans der EÜ-B

   e. rechtzeitige Konkretisierung der im Bauvertrag und in den QS-Plänen enthaltenen abdichtungsrelevanten Qualitätssicherungsmaßnahmen, Abstimmung und Dokumentation der Aufgabenverteilung, Zuständigkeiten, Befugnisse und Abläufe sowie Kommunikation und Koordinierung der Maßnahmen mit den relevanten Projektbeteiligten

2. Bauausführung der KDB-Abdichtung:

   a. Prüfung der Einhaltung der personellen und gerätemäßigen Voraussetzungen des Abdichtungsunternehmers (Abschnitt 5.2.3 EAG-EDT)

   b. Prüfung der vom AN im Rahmen der Eigenüberwachung (EÜ-B) vorgelegten Produktnachweise

   c. wenn eine Baustoffeingangsprüfung vorgesehen ist:
      - Entnahme von Proben für die Prüfungen, die der AN bei einem nach DIN EN ISO/IEC 17025 akkreditierten, vom AN unabhängigen Prüflaboratorium beauftragt
      - Prüfung der Ergebnisse der Baustoffeingangsprüfung und bei Erfüllung der Anforderungen Freigabe zum Einbau

   d. Prüfung von Kennzeichnung und Lieferzustand der Geokunststoffe, der Übereinstimmung zwischen Lieferung und Bestellung sowie ihrer fachgerechten Lagerung

   e. nach Abstimmung mit dem Bauherrn Entnahme von Proben und Veranlassung von Kontrollprüfungen bei einem für die vorgesehenen Prüfungen akkreditierten Prüflaboratorium sowie Bewertung der Kontrollprüfergebnisse

   f. Überprüfung des Abdichtungsträgers und Freigabe zum Einbau der KDB-Abdichtung (Abschnitte 4.2 und 5.3.2)

   g. Prüfung des Einbaus der Dichtungselemente und der im Rahmen der EÜ-B vorzulegenden Dokumentation der Prüfung der Fügenähte sowie Durchführung von Baustellenprüfungen gemäß Abschnitt 4.13 etc.

   h. Prüfung der Bauausführung von Konstruktionsdetails, wie Anschlüssen der KDB-Abdichtung an WUB-Konstruktionen oder Tübbings

   i. zeitnahe und durchgängige Prüfung der durch den Auftragnehmer durchzuführenden Eigenüberwachung der Bauausführung der KDB-Abdichtung (EÜ-B)

   j. Entnahme, Kennzeichnung, Beurteilung und fachgerechte Lagerung von Rückstellproben der eingebauten Dichtungselemente

   k. Prüfung, ob fertig gestellte Leistungen fachgerecht hergestellt wurden und für nachfolgende Gewerke freigegeben werden können

l. Überprüfung von Maßnahmen zur Nachbesserung während der Bauausführung

3. Bauausführung relevanter angrenzender Folgegewerke:

   a. Überprüfung abdichtungsrelevanter Folgegewerke, insbesondere des Einbaus der Bewehrung und der Betonierarbeiten (Abschnitt 5.3.10)

   b. Überprüfung von Maßnahmen zur Nachbesserung während der Bauausführung

4. QS-Dokumentation:

   a. Prüfung der QS-Dokumente auf Vollständigkeit und Richtigkeit und Zusammenstellung für die Archivierung

   b. Erstellung der zusammenfassenden Abschlussdokumentation zur Qualitätssicherung der KDB-Abdichtung mit vollständiger Dokumentation aller Qualitätssicherungsmaßnahmen der Bauausführung einschließlich der Ergebnisse und Bestandspläne gemäß Abschnitt 6.5.3

6.5.2.3 Anforderungen an Stellen zur Durchführung der ÜB-KDB-T

Stellen, die ÜB-KDB-T durchführen, sollen über den notwendigen Sachverstand und die Erfahrung in der Kunststoff- und Prüftechnik, in der Qualitätssicherung und unbedingt im Tunnelbau verfügen. Sie müssen die anforderungsgerechte Bauausführung der KDB-Abdichtung und der abdichtungsrelevanten benachbarten Gewerke sachverständig beurteilen und dokumentieren können – ebenso die Auswirkungen festgestellter Mängel auf die Funktionstüchtigkeit des Dichtungssystems. Durch ein dokumentiertes Schulungssystem im Unternehmen sollen die Qualifikation und die ständige Weiterbildung der Fachleute nach dem Stand der Technik gewährleistet werden. BÜ-KDB-T durchführende Stellen sollen Aufzeichnungen über die Qualifikation, die Schulungen und die Erfahrungen ihrer Mitarbeiter führen.

Die ÜB-KDB-T durchführenden Stellen sollen über eine ausreichende Anzahl qualifizierter Mitarbeiter für die Überwachung der Bauausführung von KDB-Abdichtungen verfügen. Sie sollen mit diesen qualifizierten Mitarbeitern die Überwachungstätigkeiten vor Ort auf der Baustelle sowie die übrigen Koordinations-, Prüf- und Dokumentationsarbeiten im geforderten Umfang termingerecht sicherstellen. Qualifizierte Mitarbeiter vor Ort sollen an den Grund- und Vorbereitungslehrgängen zum Erwerb der Qualifikation des Kunststoffschweißers nach DVS-Richtlinie 2212-3 erfolgreich teilgenommen haben oder einen Schweißbefähigungsnachweis nach DVS-Richtlinie 2212-3 besitzen. Produktprüfungen im Rahmen der ÜB-KDB-T sollen in einem für die geforderten Prüfungen an Geokunststoffen nach DIN EN ISO/IEC 17025 akkreditierten, vom Auftragnehmer und Hersteller unabhängigen Prüflaboratorium durchgeführt werden.

ÜB-KDB-T durchführende Stellen sollen mit geeigneten eigenen Einrichtungen und Geräten für die geforderten Baustellenprüfungen ausgestattet sein. Die Geräte sollen nach dokumentierten Anweisungen gewartet und kalibriert werden. ÜB-KDB-T durchführende Stellen sollen mindestens für folgende, auf der Baustelle durchzuführende Fügenahtprüfungen qualifiziert sein:

– DVS 2225-5 Ausführung der Fügenaht und DVS 2225-2

– DIN EN 12316-2 und DVS 2225-5 (Abschnitt 4.13) vereinfachte Schälversuche für Baustellenprüfungen

– EAG-EDT (Abschnitt 4.13) Dichtigkeitsprüfungen der Fügenähte bei der Bauausführung

Alle Arbeitsanweisungen, Normen, Richtlinien, Merkblätter oder Referenzdaten, die die Tätigkeit der ÜB-KDB-T betreffen, sollen auf dem neusten Stand gehalten und vorgehalten werden.

Die ÜB-KDB-T durchführenden Stellen sollen zum Nachweis ihrer Qualifikation beispielsweise nach der Norm DIN EN ISO/IEC 17020:2012-07 als Inspektionsstelle mindestens vom Typ C mit ausdrücklichem Bezug auf diesen Leitfaden als Anwendungsbereich akkreditiert sein. Die relevanten akkreditierten Inspektionstätigkeiten und Prüfungen sind im Abschnitt 6.5.2.5 zusammengestellt.

6.5.2.4 Ausschreibung, Angebotserstellung und Beauftragung der ÜB-KDB-T

Dem Bauherrn wird für die Ausschreibungen der KDB-Abdichtung und der ÜB-KDB-T empfohlen,

– die vom Auftragnehmer geforderten Unterlagen der Ausführungsplanung und der Produktnachweise und ihre Abgabetermine sowie die Aufgaben der EÜ-B klar zu beschreiben,

– für die ÜB-KDB-T die Aufgaben zwischen der örtlichen Bauüberwachung BÜ und Spezialisten für KDB-Abdichtungen aufzuteilen oder Bieter zur verbindlichen Dokumentation der gewählten Aufteilung zwischen BÜ und Spezialisten für KDB-Abdichtungen im Angebot aufzufordern,

– den Qualifikationsnachweis für die Spezialaufgaben in den Angeboten einzufordern und

– die ÜB-KDB-T rechtzeitig vor Beginn der in Abschnitt 6.5.2.2 benannten Aufgaben zu beauftragen.

Spezialisten sollen in jedem Fall selber den Teil der Überwachungsaufgaben verantworten, für die sie den Qualifikationsnachweis gebracht haben.

6.5.2.5 Mindestumfang der akkreditierten Inspektionstätigkeiten und Prüfungen

Akkreditierte Inspektionstätigkeiten

Zur Anerkennung als eine Stelle, die diesem Leitfaden entsprechende Überwachungen der Bauausführung von KDB-Dichtungssystem im Tunnelbau (ÜB-KDB-T) durchführt, kann eine Akkreditierung als Inspektionsstelle der Bauausführung des Typs A oder C nach DIN EN ISO/IEC 17020:2012-07 mit ausdrücklichem Bezug auf diesen Leitfaden als Anwendungsbereich dienen.

Neben den strukturellen, personellen sowie einrichtungs- und gerätetechnischen Anforderungen soll die Stelle, die die ÜB-KDB-T durchführt, organisatorische und fachspezifische Mindestvoraussetzungen erfüllen.

Die die ÜB-KDB-T durchführende Stelle soll in der Lage sein, die bei der Bauausführung von Tunneldichtungssystemen mit Kunststoffdichtungsbahnen erforderlichen Inspektionen entsprechend den Anforderungen der Akkreditierungsnorm an den Betrieb einer Inspektionsstelle der Bauausführung des Typs A oder C durchzuführen und soll dazu mehrjährige Erfahrungen in der Bauausführung von KDB-Dichtungssystemen im Tunnelbau einschließlich angrenzender abdichtungsrelevanter Gewerke und der Qualitätssicherung von Geokunststoffen und Fügenähten zwischen Kunststoffdichtungsbahnen oder zwischen Kunststoffdichtungsbahn und Profilband haben. Danach sind Inspektionen für folgende Bereiche durchzuführen:

– Einbau von Kunststoffdichtungsbahnen und Profilbändern sowie Fügearbeiten

– Einbau von Geotextilien und geotextilverwandten Produkten (Schutzschichten, Kunststoff-Dränelementen)

– Anschluss der Kunststoffdichtungsbahnen und Dichtungssysteme an Bauteile

– gegebenenfalls Einbau sonstiger Elemente des Dichtungssystems, wie Injektionseinrichtungen

– Ausführung benachbarter Gewerke, wie Abdichtungsträger oder Bewehrungs- und Betonierarbeiten der Innenschale, hinsichtlich abdichtungsrelevanter Aspekte

147

Die gestellten Anforderungen setzen voraus, dass die Tätigkeiten der Inspektionsstelle im Einzelnen festgelegt und in einem Qualitätsmanagement-Handbuch (QM-Handbuch) dokumentiert werden. Dieses QM-Handbuch muss mindestens Angaben zum Geltungsbereich und zu den Zielen sowie zum Umfang und zur Organisation der Inspektionstätigkeiten enthalten. Der Umfang der Inspektionstätigkeiten kann projektbezogen unterschiedlich sein.

Nach den Anforderungen dieses Leitfadens sind Art und Mindestumfang der Inspektionstätigkeiten im QM-Handbuch durch mindestens folgende Verfahrens- und Arbeitsanweisungen festzulegen:

– Verfahrensanweisungen für
  – die Durchführung von Inspektionen
  – die Bewertung von Inspektionsergebnissen
  – die Erstellung von Inspektionsdokumenten

– Arbeitsanweisungen für
  – Probenahmen bei Baustoffeingangsprüfungen
  – Probenahmen von Kunststoffdichtungsbahnen, Profilbändern, Fügenähten und Schweißzusätzen Geotextilien, Dränelementen und weiteren Dichtungselementen für stichprobenartige Überprüfungen und für Kontrollprüfungen
  – Entnahmen und fachgerechte Lagerung von Rückstellproben gemäß Vorgaben des Bauherrn
  – Überprüfung des Abdichtungsträgers
  – Überprüfung des Verfahrens zum Fügen der Kunststoffdichtungsbahnen und Profilbänder
  – Überprüfung der Bauausführung beim Einbau und Fügen der Kunststoffdichtungsbahnen und Profilbänder
  – Überprüfung der Unterlagen der Eigenüberwachung der Bauausführung einschließlich Baustoffeingangsprüfungen
  – Überprüfung von Fügenähten auf Beschaffenheit, Dichtigkeit, Abmessungen und Festigkeit
  – Überprüfung der Bauausführung beim Einbau von Geotextilien und geotextilverwandten Produkten
  – Überprüfung der Bauausführung von Anschlüssen der Kunststoffdichtungsbahnen oder Profilbänder an andere Bauteile
  – Überprüfung der Bauausführung beim Einbau von Verpresseinrichtungen
  – Überprüfung der Bauausführung der Innenschale hinsichtlich abdichtungsrelevanter Aspekte
  – Überprüfung der Bauausführung von planmäßigen oder bedarfsweisen Verpressarbeiten

In den Verfahrensanweisungen sind die relevanten DIN-Normen und Regelwerke zu berücksichtigen. Die Arbeitsanweisungen müssen mindestens Angaben zu folgenden Punkten enthalten:

- Anwendungsbereich

- Bezug zu den Normen, Richtlinien und Vorschriften

- Art und Umfang der Tätigkeiten

- Art und Umfang der Dokumentation

- Bewertung der Ergebnisse

- Maßnahmen bei Nichterfüllung

Alle Arbeitsanweisungen, Normen, Richtlinien, Merkblätter oder Referenzdaten, die die Tätigkeit BÜ-KDB-T betreffen, sollen auf dem neusten Stand gehalten und vorgehalten werden.

Akkreditierte Prüfungen nach DVS 2225-5

Eine die ÜB-KDB-T durchführende Stelle soll mindestens für folgende auf der Baustelle durchzuführende Fügenahtprüfungen akkreditiert sein:

- Ausführung der Fügenaht nach DVS 2225-5

- vereinfachte Schälversuche für Baustellenprüfungen nach DIN EN 12316-2 und DVS 2225-5 (Abschnitt 4.13.3)

- Dichtigkeitsprüfungen der Fügenähte bei der Bauausführung nach EAG-EDT (Abschnitt 4.13.2)

6.5.3 Zusammenfassende Abschlussdokumentation und Archivierung von Rückstellproben

Der Bauherr oder ein von ihm benannter, dafür qualifizierter Überwacher soll die von den einzelnen Beteiligten zu liefernden Dokumentationen sammeln, zusammenstellen und zusammenfassend bewerten. Die objektbezogene Abschlussdokumentation soll mindestens folgende Inhalte aufweisen:

- Kurzbeschreibung der Baumaßnahme, des Bauverlaufs und des Bauverfahrens

- Bezeichnung der verwendeten Produkte, Einbauteile und Baubehelfe

- Produktbeschreibung der verwendeten Produkte (Datenblätter)

- Verwendbarkeitsnachweise von Verpresseinrichtungen und -stoffen

- Ergebnisse der Produktnachweise von Kunststoffdichtungsbahnen, Profilbändern, Schutz- und Dränschichten

- Ergebnisse der EÜ-B mit:
  - Rollen-/Chargennummern der angelieferten Produkte
  - Einbaudaten bzw. Einbauzeitraum
  - Verlegeplan mit Zuordnung der eingebauten Produkte
  - Ergebnisse von Fügenahtprüfungen
  - Dokumentation von planmäßigen und bedarfsweisen, auch nachträglichen Verpressvorgängen
- ÜB-KDB-T:
  - Überprüfung der EÜ-B
  - Überprüfung und Freigabe des Abdichtungsträgers
  - Probenahmen
  - Ergebnisse der Kontrollprüfungen
  - Fotos wichtiger Bauzustände
- Fazit des Bauherrn oder für den Bauherrn

Außerdem sollen die im Rahmen der Überwachung der Bauausführung entnommenen Rückstellproben der Geokunststoffprodukte einschließlich Proben mit Fügenähten unter geeigneten Bedingungen fachgerecht archiviert werden.

Wünschenswert ist außerdem eine komprimierte standardisierte Erfassung abdichtungsrelevanter Bauwerksdaten unter Einbeziehung bedarfsweise erforderlicher nachträglicher Verpressungen bei Undichtigkeiten, mit dem Ziel, sie projektübergreifend zusammenzuführen, gewonnene Erfahrungen nutzbar zu machen und Weiterentwicklungen zu fördern.

6.6 Art und Häufigkeit der Produktprüfungen im Rahmen der Qualitätssicherungsmaßnahmen

6.6.1 Kunststoffdichtungsbahnen

Die Arten und empfohlenen Häufigkeiten der Prüfungen zur Qualitätssicherung der in Tabelle 4.1 geforderten Eigenschaften für Kunststoffdichtungsbahnen sind in Tabelle 6.1 zusammengestellt.

150

Tabelle 6.1 Übersicht der geforderten Qualitätssicherungsmaßnahmen für Kunststoffdichtungsbahnen.

Nr.		Eigenschaft	Grund-prüfung	WPK	FÜ-P	Alternative Baustoff-eingangsprüfung	Kontroll-prüfung
1		Art der Kunst-stoffdichtungs-bahn	alle 5 Jahre	–	–	je Lieferung	–
2	2.1	Kennzeichnung	alle 5 Jahre	laufend	2× jährlich	je Lieferung	–
	2.2	Unterlagen	alle 5 Jahre	laufend	2× jährlich	je Lieferung	–
3		allgemeine Beschaffenheit	alle 5 Jahre	laufend	2× jährlich	je Lieferung	laufend
4		Geradheit (g) Planlage (p)	alle 5 Jahre	wöchentlich	Stich-proben	je Lieferung	Stich-proben
5		flächenbezogene Masse	PVC-P: alle 5 Jahre	wöchentlich	PVC-P: 2× jährlich	PVC-P: je Lie-ferung	PVC-P: Stich-proben
6	6.1	Dicke ohne Signalschicht	alle 5 Jahre	täglich	2× jährlich	je 10.000 m²	Stich-proben
	6.2	Dicke der Signalschicht	alle 5 Jahre	–	–	–	–
	6.3	Gesamtdicke	alle 5 Jahre	–	–	je 5.000 m²	je 10.000 m²
7	7.1	Dichte	alle 5 Jahre	PVC-P: 1× je Schicht	2× jährlich	je 10.000 m²	Stich-proben
	7.2	DSC-Analyse	alle 5 Jahre	–	2× jährlich	je 10.000 m²	Stich-proben
	7.3	Oxidationszeit (OIT)	alle 5 Jahre	–	2× jährlich	je 10.000 m²	Stich-proben
	7.4	Schmelze-Massefließrate (MFR)	alle 5 Jahre	Polyolefin-basis: 1× je Schicht	2× jährlich	je 10.000 m²	Polyolefin-basis: Stich-proben
	7.5	IR-Spektro-skopie	PVC-P: alle 5 Jahre	–	2× jährlich	PVC-P: je Lie-ferung	PVC-P: Stich-proben
	7.6	Gaschromato-grafie	PVC-P: alle 5 Jahre	–	2× jährlich	PVC-P: je Lie-ferung	PVC-P: Stich-proben
8	8.1	Sekantenmodul (E_{1-2}-Modul) in Längs- und Querrichtung	alle 5 Jahre	wöchentlich	2× jährlich	je 5.000 m²	je 10.000 m²
	8.2	Zugfestigkeit in Längs- und Querrichtung	alle 5 Jahre	1× je Schicht	2× jährlich	je 5.000 m²	je 10.000 m²

Fortsetzung **Tabelle 6.1**

Nr.		Eigenschaft	Grund-prüfung	WPK	FÜ-P	Alternative Baustoff-eingangsprüfung	Kontroll-prüfung
	8.3	Bruchdehnung in Längs- und Querrichtung	alle 5 Jahre	1× je Schicht	2× jährlich	je 10.000 m²	Stich-proben
9		Wölbbogen-dehnung im mehrachsigen Zugversuch	alle 5 Jahre	–	–	je Objekt	–
10		Verhalten beim Perforations-versuch	alle 5 Jahre	1× je Charge	–	je Objekt	–
11	11.1	Maßänderung	alle 5 Jahre	1× je Schicht	2× jährlich	je 5.000 m²	je 10.000 m²
	11.2	Beschaffenheit	alle 5 Jahre	1× je Schicht	2× jährlich	je 5.000 m²	je 10.000 m²
12		Verhalten bei niedriger Tempe-ratur (–20 °C) (Biegeverhalten)	PVC-P: alle 5 Jahre	PVC-P: 1× je Schicht	PVC-P: 2× jährlich	PVC-P: je 10.000 m²	–
13	13.1	Oxidationsbe-ständigkeit für Nutzungsdauer von 50 Jahren: Ofentest nach DIN EN 14575	alle 5 Jahre	–	–	je Objekt	–
	13.2	Beständigkeit gegen Auslau-gung	alle 5 Jahre	–	–	je Objekt	–
	13.3	Verhalten nach Lagerung in wässrigen Lösungen (50 °C, 120 d) gesättigte Kalk-milchlösung 5–6%ige schwef-lige Säure	alle 5 Jahre	–	–	je Objekt	–
	13.4	Witterungs-beständigkeit	bei offener Bauweise: alle 5 Jahre	–	–	bei offener Bauweise: je Projekt	–
14		Umwelt-unbedenklichkeit	alle 5 Jahre	–	–	je Objekt	–
15		Brandverhalten	alle 5 Jahre	–	–	je Objekt	–

Fortsetzung **Tabelle 6.1**

Nr.		Eigenschaft	Grund-prüfung	WPK	FÜ-P	Alternative Baustoff-eingangsprüfung	Kontroll-prüfung
16	16.1	Beschaffenheit der Fügenaht	alle 5 Jahre	–	–	je Objekt	jede Probenaht
	16.2	Verhalten der Fügenaht beim Scherversuch	alle 5 Jahre	–	–	je Objekt	jede Probenaht
	16.3	Kurzzeitfüge-faktor der Füge-naht	alle 5 Jahre	–	–	je Objekt	–
	16.4	Verhalten der Fügenaht beim Schälversuch	alle 5 Jahre	–	–	je Objekt	jede Probenaht
	16.5	Schälwiderstand	alle 5 Jahre	–	jährlich	je Objekt	jede Probenaht

6.6.2 Profilbänder

Die Arten und empfohlenen Häufigkeiten der Prüfungen zur Qualitäts-sicherung der in Tabelle 4.2 geforderten Eigenschaften für Profilbänder sind in Tabelle 6.2 zusammengestellt.

Tabelle 6.2 Übersicht der geforderten Qualitätssicherungsmaßnahmen für Profil-bänder.

Nr.		Eigenschaft	Grund-prüfung	WPK	FÜ-P	Kontroll-prüfung
1		Art der Profilbänder	alle 5 Jahre	–	–	–
2	2.1	Kennzeichnung	alle 5 Jahre	–	–	–
	2.2	Unterlagen	alle 5 Jahre	laufend	2× jährlich	
3		allgemeine Beschaffenheit	alle 5 Jahre	laufend	2× jährlich	laufend
4	4.1	Dicke der Grundplatte ein-schließlich Dehnteil	alle 5 Jahre	1× je Schicht	2× jährlich	Stichproben
	4.2	Dicke der Anschweißenden	alle 5 Jahre	1× je Schicht	2× jährlich	Stichproben
	4.3	Maßhaltigkeit der Längs-achsen der Sperranker	alle 5 Jahre	1× je Schicht	2× jährlich	Stichproben
5	5.1	Dichte	alle 5 Jahre	PVC-P: 1× je Schicht	2× jährlich	Stichproben
	5.2	DSC-Analyse	alle 5 Jahre		2× jährlich	Stichproben
	5.3	Schmelze-Massefließrate (MFR)	alle 5 Jahre	Polyolefin-basis: 1× je Schicht	2× jährlich	Polyolefin-basis: Stich-proben

Fortsetzung **Tabelle 6.2**

Nr.		Eigenschaft	Grund-prüfung	WPK	FÜ-P	Kontroll-prüfung
6	6.1	Sekantenmodul (E_{1-2}-Modul) in Längs- und Querrichtung	alle 5 Jahre	1× je Charge	2× jährlich	Stichproben
	6.2	Zugfestigkeit in Längs- und Querrichtung	alle 5 Jahre	1× je Schicht	2× jährlich	–
	6.3	Bruchdehnung in Längs- und Querrichtung	alle 5 Jahre	1× je Schicht	2× jährlich	–
7	7.1	Verhalten nach Wärmealterung (70 d, 80 °C)	PVC-P: alle 5 Jahre	–	–	–
	7.2	Oxidationsbeständigkeit	alle 5 Jahre	–	–	–
	7.3	Beständigkeit gegen Auslaugung	alle 5 Jahre	–	–	–
8		Brandverhalten	alle 5 Jahre	–	–	–
9	9.1	Beschaffenheit der Fügenaht	alle 5 Jahre	–	2× jährlich	laufend
	9.2	Verhalten der Fügenaht beim Scherversuch	alle 5 Jahre	–	2× jährlich	Stichproben
	9.3	Kurzzeitfügefaktor der Fügenaht	alle 5 Jahre	–	2× jährlich	Stichproben
	9.4	Verhalten der Fügenaht beim Schälversuch	alle 5 Jahre	–	2× jährlich	Stichproben
	9.5	Schälwiderstand	alle 5 Jahre	–	2× jährlich	Stichproben

6.6.3 Schutzschichten

6.6.3.1 Geschlossene Bauweise

Die Arten und empfohlenen Häufigkeiten der Prüfungen zur Qualitätssicherung der in Tabelle 4.3 geforderten Eigenschaften für bergseitige geotextile Schutzschichten sind in Tabelle 6.3 zusammengestellt.

Tabelle 6.3 Übersicht der geforderten Qualitätssicherungsmaßnahmen für bergseitige geotextile Schutzschichten für in geschlossener Bauweise erstellte Bauwerke.

Nr.		Eigenschaft	Grund-prüfung	WPK	FÜ-P	Alternative Baustoff-eingangsprüfung	Kontroll-prüfung
1		Art der Schutzschicht	alle 5 Jahre	–	–	je Lieferung	–
2	2.1	Kennzeichnung	alle 5 Jahre	laufend	2× jährlich	je Lieferung	–
	2.2	Unterlagen	alle 5 Jahre	laufend	2× jährlich	je Lieferung	–

154

Fortsetzung **Tabelle 6.3**

Nr.		Eigenschaft	Grundprüfung	WPK	FÜ-P	Alternative Baustoffeingangsprüfung	Kontrollprüfung
3		flächenbezogene Masse	alle 5 Jahre	je 2.000 m^2	2× jährlich	je 5.000 m^2	Stichproben
4	4.1	Dicke unter Normalspannung von 2 kPa	alle 5 Jahre	je 2.000 m^2	2× jährlich	je 5.000 m^2	Stichproben
	4.2	Dicke unter Normalspannung von 20 kPa	alle 5 Jahre	–	–	je Projekt	je 10.000 m^2
5	5.1	DSC-Analyse	alle 5 Jahre	je 60.000 m^2	jährlich	je 20.000 m^2	Stichproben
	5.2	Anteil in konzentrierter Salzsäure löslicher Bestandteile	alle 5 Jahre	jährlich	jährlich	je Objekt	–
6	6.1	Zugkraft bei 10% Dehnung	alle 5 Jahre	je 20.000 m^2	2× jährlich	je 10.000 m^2	Stichproben
	6.2	Höchstzugkraft	alle 5 Jahre	je 20.000 m^2	2× jährlich	je 10.000 m^2	Stichproben
	6.3	Höchstzugkraftdehnung		je 20.000 m^2	2× jährlich	je 10.000 m^2	–
	6.4	Höchstzugkraftdehnung des Vliesstoffpeak	alle 5 Jahre	je 20.000 m^2	2× jährlich	je 10.000 m^2	–
7		Stempeldurchdrückkraft	alle 5 Jahre	je 20.000 m^2	2× jährlich	je 10.000 m^2	Stichproben
8		Durchschlagverhalten (Kegelfallversuch)	alle 5 Jahre	–	–	je Objekt	–
9		Geschwindigkeitsindex VI$_{H50}$ aus Wasserdurchlässigkeitsversuch senkrecht zur Ebene ohne Auflast	alle 5 Jahre	–	–	je Objekt	–
10		Oxidationsbeständigkeit für Nutzungsdauer von 50 Jahren: Ofentest nach DIN EN 14575	alle 5 Jahre	–	–	je Objekt	–

155

Fortsetzung **Tabelle 6.3**

Nr.		Eigenschaft	Grund-prüfung	WPK	FÜ-P	Alternative Baustoff-eingangsprüfung	Kontroll-prüfung
11		Umwelt-unbedenklichkeit	alle 5 Jahre	–	–	je Objekt	–
12		Brandverhalten	alle 5 Jahre	–	–	je Objekt	–
13	13.1	Flächendruck-versuch	alle 5 Jahre	–	–	je Objekt	–
	13.2	Pyramiden-druckversuch	alle 5 Jahre	–	–	je Objekt	–

Die Arten und empfohlenen Häufigkeiten der Prüfungen zur Qualitäts-sicherung der in Tabelle 4.4 geforderten Eigenschaften für Kunststoff-schutzbahnen als luftseitige Schutzschicht in der Sohle sind in Tabelle 6.4 zusammengestellt.

Tabelle 6.4 Übersicht der geforderten Qualitätssicherungsmaßnahmen für Kunst-stoffschutzbahnen.

Nr.		Eigenschaft	Grund-prüfung	WPK	FÜ-P	Kontroll-prüfung
1		Art der Kunststoffschutzbahn	alle 5 Jahre	–	–	–
2		allgemeine Beschaffenheit	alle 5 Jahre	laufend	2× jährlich	laufend
3	3.1	Dicke ohne Signalschicht	alle 5 Jahre	1× je Schicht	2× jährlich	Stichproben
	3.2	Dicke der Signalschicht	alle 5 Jahre	1× je Schicht	2× jährlich	Stichproben
4		Stempeldurchdrückkraft	alle 5 Jahre	1× je Schicht	2× jährlich	Stichproben
5		Verhalten beim Perforations-versuch	alle 5 Jahre	–	–	–
6		Brandverhalten	alle 5 Jahre	–	–	–

156

6.6.3.2 Offene Bauweise

Die Arten und empfohlenen Häufigkeiten der Prüfungen zur Qualitätssicherung der in Tabelle 4.5 geforderten Eigenschaften für geotextile Schutzschichten ohne Dränfunktion für in offener Bauweise erstellte Bauwerke sind in Tabelle 6.5 zusammengestellt.

Tabelle 6.5 Übersicht der geforderten Qualitätssicherungsmaßnahmen für geotextile Schutzschichten ohne Dränfunktion für in offener Bauweise erstellte Bauwerke.

Nr.		Eigenschaft	Grund-prüfung	WPK	FÜ-P	Alternative Baustoff-eingangsprüfung	Kontroll-prüfung
1		Art der Schutz-schicht	alle 5 Jahre	–	–	je Lieferung	–
2	2.1	Kennzeichnung	alle 5 Jahre	laufend	2× jährlich	je Lieferung	–
	2.2	Unterlagen	alle 5 Jahre	laufend	2× jährlich	je Lieferung	–
3		flächenbezogene Masse	alle 5 Jahre	je 2.000 m²	2× jährlich	je 5.000 m²	Stich-proben
4	4.1	Dicke unter Normal-spannung von 2 kPa	alle 5 Jahre	je 2.000 m²	2× jährlich	je 5.000 m²	Stich-proben
	4.2	Dicke unter Normal-spannung von 20 kPa	alle 5 Jahre	–	–	je 5.000 m²	je 10.000 m²
5		DSC-Analyse	alle 5 Jahre	je 60.000 m²	jährlich	je 20.000 m²	Stich-proben
6	6.1	Höchstzugkraft	alle 5 Jahre	je 20.000 m²	2× jährlich	je 10.000 m²	Stich-proben
	6.2	Dehnung bei Höchstzugkraft	alle 5 Jahre	je 20.000 m²	2× jährlich	je 10.000 m²	–
7		Durchschlag-verhalten (Kegel-fallversuch)	alle 5 Jahre	–	–	je Objekt	–
8		Schutz-wirksamkeit	alle 5 Jahre	–	–	je Objekt	–
9		Oxidations-beständigkeit	alle 5 Jahre	–	–	je Objekt	–
10		Witterungs-beständigkeit	alle 5 Jahre	–	–	je Objekt	–
11		Umwelt-unbedenklichkeit	alle 5 Jahre	–	-	je Objekt	–

6.6.4 Dränschichten

6.6.4.1 Geschlossene Bauweise

Die Arten und empfohlenen Häufigkeiten der Prüfungen zur Qualitätssicherung der in Tabelle 4.6 geforderten Eigenschaften für Dränelemente aus Geokunststoffen sind in Tabelle 6.6 zusammengestellt.

Tabelle 6.6 Übersicht der geforderten Qualitätssicherungsmaßnahmen für Dränelemente aus Geokunststoffen für in geschlossener Bauweise erstellte Bauwerke.

Nr.		Eigenschaft	Grund-prüfung	WPK	FÜ-P	Alternative Baustoff-eingangsprüfung	Kontroll-prüfung
1		Art der Drän-elemente	alle 5 Jahre	–	–	je Lieferung	–
2	2.1	Kennzeichnung	alle 5 Jahre	laufend	2× jährlich	je Lieferung	–
	2.2	Unterlagen	alle 5 Jahre	laufend	2× jährlich	je Lieferung	–
3		flächenbezogene Masse	alle 5 Jahre	je 2.000 m²	2× jährlich	je 5.000 m²	Stich-proben
4	4.1	Dicke unter Normal-spannung von 2 kPa	alle 5 Jahre	je 2.000 m²	2× jährlich	je 5.000 m²	Stich-proben
	4.2	Dicke unter Normal-spannung von 200 kPa	alle 5 Jahre	–	–	je Objekt	Stich-proben
5		Wasserableit-vermögen	alle 5 Jahre	je 50.000 m²	2× jährlich	je Objekt	Stich-proben
6		Umwelt-unbedenklichkeit	alle 5 Jahre	–	–	je Objekt	–
7		Brandverhalten	alle 5 Jahre	–	–	je Objekt	–

6.6.4.2 Offene Bauweise

Die Arten und empfohlenen Häufigkeiten der Prüfungen zur Qualitätssicherung der in Tabelle 4.7 geforderten Eigenschaften für bodenseitige Drän- und kombinierte Schutz-Dränschichten aus Geotextilien oder geotextilverwandten Produkten sind in Tabelle 6.7 zusammengestellt.

Tabelle 6.7 Übersicht der geforderten Qualitätssicherungsmaßnahmen für bodenseitige Drän- und kombinierte Schutz-/Dränschichten aus Geotextilien oder geotextilverwandten Produkten für in offener Bauweise erstellte Bauwerke.

Nr.		Eigenschaft	Grund-prüfung	WPK	FÜ-P	Alternative Baustoff-eingangsprüfung	Kontroll-prüfung
1		Art der Drän- oder kombinierten Schutz-Dränschicht	alle 5 Jahre	–	–	je Lieferung	–
2	2.1	Kennzeichnung	alle 5 Jahre	laufend	2× jährlich	je Lieferung	–
	2.2	Unterlagen	alle 5 Jahre	laufend	2× jährlich	je Lieferung	–
3	3.1	flächenbezogene Masse Verbundprodukt	alle 5 Jahre	je 2.000 m²	2× jährlich	je 5.000 m²	Stich-proben
	3.2	flächenbezogene Masse KDB-seitiger Vliesstoff	alle 5 Jahre	je 20.000 m²	–	je 10.000 m²	Stich-proben
4	4.1	Dicke unter Normalspannung von 2 kPa	alle 5 Jahre	je 2.000 m²	2× jährlich	je 5.000 m²	Stich-proben
	4.2	Dicke unter Normalspannung von 100 kPa	alle 5 Jahre	je Charge	2× jährlich	je Objekt	Stich-proben
5		DSC-Analyse	alle 5 Jahre	–	jährlich	je Objekt	–
6		Höchstzugkraft	alle 5 Jahre	je 20.000 m²	2× jährlich	je 10.000 m²	Stich-proben
7		Stempeldurchdrückkraft KDB-seitiger Vliesstoff	alle 5 Jahre	je 20.000 m²	–	je 10.000 m²	Stich-proben
8		Dicke im Kriechversuch nach einem Jahr unter Druckbeanspruchung 100 kPa oder objektspezifischer Auflast	alle 5 Jahre	–	–	je Objekt	–
9		Öffnungsweite O_{90} des bodenseitigen Vliesstoffs	alle 5 Jahre	je 50.000 m²	2× jährlich	je 20.000 m²	–

Fortsetzung **Tabelle 6.7**

Nr.		Eigenschaft	Grund-prüfung	WPK	FÜ-P	Alternative Baustoff-eingangsprüfung	Kontroll-prüfung
10		Geschwindig-keitsindex VI$_{H50}$ aus Wasser-durchlässigkeits-versuch senk-recht zur Ebene ohne Auflast	alle 5 Jahre	je 50.000 m²	2× jährlich	je Objekt	Stich-proben
11		Wasserableit-vermögen	alle 5 Jahre	je 50.000 m²	2× jährlich	je Objekt	–
12	12.1	Oxidations-beständigkeit	alle 5 Jahre	–	–	je Objekt	–
	12.2	Witterungs-beständigkeit	alle 5 Jahre	–	–	je Objekt	–
13		Umwelt-unbedenklichkeit	alle 5 Jahre	–	–	je Objekt	–

6.7 Überwachung der Systemanforderungen

Besonderes Augenmerk ist auf die visuelle Überprüfung der Oberfläche der verlegten Kunststoffdichtungsbahnen auf Beschädigungen zu legen. Bei in geschlossener Bauweise erstellten Bauwerken ist die Verlegequalität der Kunststoffdichtungsbahnen außerdem im Hinblick auf die Gefahr der Faltenbildung beim Betonieren der Innenschale und auf Einhaltung des Regelabstands zu Bewehrung zu prüfen.

Auch die Einhaltung der Anforderungen an Anschlüsse und andere konstruktive Details und an planmäßige oder optionale Verpressungen sowie abdichtungsrelevante Aspekte der angrenzenden Gewerke ist zu überwachen.

7   Zusammenfassung und Ausblick

Diese Empfehlungen EAG-EDT stellen den gegenwärtigen Stand der Technik von Dichtungssystemen mit Kunststoffdichtungsbahnen im Tunnelbau dar. Sie berücksichtigen aktuelle Entwicklungen wie z. B. die aktuelle europäische Normung sowie Erfahrungen aus den jüngsten großen deutschen Verkehrsvorhaben mit vielen Tunnelbauwerken, z. B. dem Jagdbergtunnel (BAB A4), dem Höllbergtunnel (BAB A38) und dem Schmücketunnel (BAB A71) sowie den Neubaustrecken Ebensfeld–Erfurt (VDE 8.1) und Erfurt-Halle/Leipzig (VDE 8.2) der Deutschen Bahn AG. Die Ergebnisse der anwendungsbezogenen diesbezüglichen Forschung sind eingearbeitet. In den Empfehlungen wird durchgängig zwischen in geschlossener und offener Bauweise erstellten Bauwerken unterschieden.

Die EAG-EDT sollen insbesondere dazu beitragen,

- das am Gesamtergebnis orientierte Denken und die Zusammenarbeit der unterschiedlichen Fachleute bei zukünftigen Tunnelprojekten mit KDB-Abdichtungen zu verbessern und

- dauerhafte Tunnelbauwerke mit gesamtheitlich optimierten Bau-, Betriebs- und Instandhaltungskosten zu erstellen.

Bevorzugte Anwendung findet die KDB-Abdichtung bei in geschlossener Bauweise erstellten Bauwerken – insbesondere bei drückendem Bergwasser – entweder als alleinige Abdichtung oder in Kombination mit Innenschalen als WUB-Konstruktion. Für in geschlossener Bauweise erstellte Bauwerke ist sie bei Bergwässern mit starkem chemischem Betonangriff unbedingt erforderlich.

Bei in geschlossener Bauweise erstellten Bauwerken wurde besonderes Augenmerk auf die wesentlichen Anforderungen an die nicht einsehbaren, an die KDB-Abdichtung angrenzenden bergseitigen Betonoberflächen der Innenschale gelegt. Mangelhafte Betonoberflächen, wie Betonminderdeckung und herausstehender Bewehrungsstahl, verursachen nämlich erfahrungsgemäß häufig – insbesondere an druckhaltenden KDB-Abdichtungen – Schäden, die zu Undichtigkeiten führen. In der Innenschale angeordnete Verpresseinrichtungen zur Ertüchtigung des Dichtungssystems, z. B. durch Verpressung des Ringspalts und im Bereich abdichtungsrelevanter Elemente, wie Fugenbänder sind wichtige Instrumente zur vorbeugenden Schadensvermeidung und zur effektiven Reparatur im Schadensfall.

Die Standsicherheit und Gebrauchstauglichkeit eines dränierten und vollständig oder teilweise entwässerten bzw. eines gegen Sickerwasser abgedichteten Tunnels hängt maßgeblich von der Funktionstüchtigkeit der

Empfehlungen zu Dichtungssystemen im Tunnelbau EAG-EDT, 2. Auflage.
Deutsche Gesellschaft für Geotechnik (Hrsg.).
© 2018 Ernst & Sohn GmbH & Co. KG. Published 2018 by Ernst & Sohn GmbH & Co. KG.

Dränageeinrichtungen ab. Die vorliegenden Empfehlungen gehen auf die bisweilen unterschätzte Problematik ein.

Im Abschnitt „Produkt- und Systemanforderungen" wurden neue Entwicklungen und Erfahrungen berücksichtigt und die Produkt- und Systemanforderungen entsprechend angepasst.

Die für KDB-Abdichtungen im Tunnelbau relevanten und seit dem Erscheinen der 1. Auflage der EAG-EDT umfassend überarbeiteten harmonisierten europäischen Normen für Kunststoffdichtungsbahnen, geotextile Schutzschichten und Dränschichten wurden in den Empfehlungen berücksichtigt. Dabei ist zu beachten, dass die Einhaltung der Vorgaben der Europäischen Normen und die damit verbundene Erteilung des CE-Zeichens für konforme Produkte zwar Grundvoraussetzung sind, die berechtigten Anforderungen der Bauherren an die Qualität, die Nachhaltigkeit und die Wirtschaftlichkeit dieser Produkte aber nicht ausreichend berücksichtigen und nicht die Bauausführung behandeln. Diese Normen beschränken sich im Wesentlichen auf die Vorgabe durchzuführender Prüfungen nach bestimmten Prüfverfahren ohne konkrete Anforderungswerte. In die Produkt- und Systemanforderungen sowie Qualitätssicherungsmaßnahmen dieser Empfehlungen wurden daher die über den Fokus der harmonisierten europäischen Normen hinausgehenden Interessen der Bauherren eingebunden. Das in diesen Empfehlungen vorgeschlagene Prozedere der Qualitätssicherung wurde mit den deutschen Vertretern in den Europäischen Normungsausschüssen, den Entwicklungen in anderen Anwendungsbereichen von Geokunststoffen, wie dem Straßenbau, und soweit wie möglich mit den Entwicklungen der Regelwerke der Bauherren für Eisenbahn- und Straßentunnel abgestimmt. Die wichtigsten Empfehlungsinhalte der 1. Auflage der EAG-EDT sind bereits in die Ril 853 der Deutschen Bahn AG und die ZTV-ING, Teil 5, Abschnitt 5 des Bundesministeriums für Verkehr und digitale Infrastruktur (BMVI, ehemals BMVBS) bzw. der Bundesanstalt für Straßenwesen (BASt) eingeflossen. Aktualisierungen dieser Regelwerke stehen ebenfalls kurz vor der Einführung.

Wegen der im Tunnelbau angestrebten langen Nutzungsdauer von 100 Jahren hat die Bundesanstalt für Straßenwesen (BASt) verschiedene Forschungsprojekte zu dieser Thematik beauftragt und durchgeführt, unter anderem in der Bundesanstalt für Materialforschung und -prüfung (BAM). Die Nachrüstung von Tunneln mit Querstollen bot neben der Untersuchung neuer Dichtungsbahnproben auch die Möglichkeit, aus Tunneln entnommene Proben zu untersuchen. Die bisherigen Ergebnisse der Untersuchungen und Erkenntnisse aus den Probenahmen sind in die vorliegenden EAG-EDT eingeflossen.

Die vielfältigen Wechselwirkungen und ineinandergreifenden Arbeitsabläufe der unterschiedlichen Gewerke im Tunnelbau sind eine wesentliche

Ursache für die Notwendigkeit einer konsequenteren Qualitätssicherung. Eine effektive Qualitätssicherung verringert das Schadensrisiko und daraus resultierende unkalkulierbare Kosten für die Schadensbeseitigung und senkt die laufenden Instandhaltungskosten in der Betriebsphase nachweislich. Den Bauherren wird daher empfohlen, die Abdichtungsaspekte frühzeitig in die Planung einzubeziehen und eine fachkompetente und konsequente Überwachung der Ausführung der KDB-Abdichtungen sicherzustellen. Unter Berücksichtigung aktueller positiver und negativer Projekterfahrungen wurde dazu der Leitfaden zur Fachbauüberwachung FBÜ-KDB-T umfassend überarbeitet, in „Leitfaden für die Überwachung der Bauausführung von KDB-Dichtungssystemen im Tunnelbau – ÜB-KDB-T" umbenannt und in das Kapitel 6 der EAG-EDT integriert.

Der Kostendruck zur Erstellung wirtschaftlicher Tunnelbauwerke wächst mit den begrenzten Finanzausstattungen der öffentlichen Haushalte. Davon ist naturgemäß auch das Abdichtungsgewerk betroffen. Es wäre aber bedenklich, die Baukosten durch Senkung des Qualitätsniveaus bei den Dichtungssystemen reduzieren zu wollen. Die Erfahrungen der Vergangenheit haben gezeigt, dass Kosten zur Beseitigung von Abdichtungsschäden oder die durch solche Schäden entstehenden vermehrten Betriebs- und Instandhaltungskosten die möglichen kurzfristigen Einsparungen langfristig um ein Vielfaches übersteigen können. Die Einsparpotenziale liegen vielmehr in der Entwicklung verbesserter Einbausysteme und -verfahren, wie mechanisierter Verlegeverfahren für die KDB-Abdichtung, und funktionsfähiger und effizienterer Ausbildung von Anschlüssen in Verbindung mit neuartigen Befestigungssystemen, wie Klettbefestigung, Verklebung und sonstigen Zubehörteilen, wovon die Fallbeispiele im Kapitel 9 einen Eindruck geben. Verständliche Regelwerke, klare Zuständigkeiten der Projektbeteiligten, partnerschaftliche Zusammenarbeit und konsequente Überwachungen tragen ebenfalls maßgeblich zur Verbesserung bei. Die Anwendung von Building Information Modeling (BIM) im Infrastrukturbau kann dafür ebenfalls förderlich sein.

Die Abdichtung mit Kunststoffdichtungsbahnen im Verkehrstunnelbau hat im Verlaufe ihrer mehr als 50-jährigen Anwendung eine unübersehbare Wandlung in Qualität und Anspruch erfahren. Diese Wandlung vollzog sich bislang allerdings in eher kleinen Schritten. Die Zukunft wird bei zunehmendem Bedarf an Tunnelbauwerken für die Verkehrsinfrastruktur und weiteren Fortschritten in der Vortriebs- und Ausbautechnik ein rascheres Anpassungsvermögen des Abdichtungseinbaus an die Gegebenheiten moderner Vortriebs- und Ausbautechnik notwendig machen. Es ist zu hoffen, dass die erforderliche Arbeit zur Weiterentwicklung der Einbaumethodik, der Fügetechnik, der Abdichtungselemente und des Abdichtungssystems trotz kurzfristig geforderter Kosteneinsparungen geleistet werden kann.

8 Schrifttum

8.1 Gesetze, Verordnungen, Richtlinien von Behörden und öffentlichen Auftraggebern

Europäische Kommission

BauPVO (2011): Verordnung (EU) Nr. 305/2011 des Europäischen Parlaments und des Rates vom 9. März 2011 zur Festlegung harmonisierter Bedingungen für die Vermarktung von Bauprodukten und zur Aufhebung der Richtlinie 89/106/EWG des Rates.

REACH-Verordnung (2007): Regulation concerning the Registration, Evaluation, Authorisation and Restriction of CHemicals. Europäische Chemikalienverordnung.

Bundesministerium für Arbeit und Sozialordnung

Arbeitsschutzgesetz (ArbSchG, 1996-8-7); Bundesgesetzblatt I, S. 1246.

Bundesministerium für Umwelt, Naturschutz und Reaktorsicherheit

BBodschV (Ausg. 1999-07-12): Bundes-Bodenschutz- und Altlastenverordnung (BBodSCHV).

Bundesministerium für Verkehr, Bau- und Wohnungswesen, Abteilung Straßenbau, Straßenverkehr

RIZ-ING: Richtzeichnungen für Ingenieurbauten. Kostenloser Download auf www.bast.de.

Bundesanstalt für Straßenwesen (BASt)

RI-BWD-TU (2007): Richtlinie für Bergwasserdränagesysteme von Straßentunneln inklusive Anlagen – Ausgabe Dezember 2007

ZTV-ING (12/2013): Zusätzliche Technische Vertragsbedingungen und Richtlinien für Ingenieurbauten, Teil 3 Massivbau, Abschnitt 5: Füllen von Rissen und Hohlräumen in Betonbauteilen.

ZTV-ING (neue, für 2. Auflage der EAG-EDT berücksichtigte Fassung kurz vor Einführung, ersetzt aktuelle Fassung von 12/2014): Zusätzliche Technische Vertragsbedingungen und Richtlinien für Ingenieurbauten, Teil 5 Tunnelbau, Abschnitt 1 Geschlossene Bauweise.

ZTV-ING (neue, für 2. Auflage der EAG-EDT berücksichtigte Fassung kurz vor Einführung, ersetzt aktuelle Fassung von 12/2014): Zusätzliche Technische Vertragsbedingungen und Richtlinien für Ingenieurbauten, Teil 5 Tunnelbau, Abschnitt 2: Offene Bauweise.

Empfehlungen zu Dichtungssystemen im Tunnelbau EAG-EDT, 2. Auflage.
Deutsche Gesellschaft für Geotechnik (Hrsg.).
© 2018 Ernst & Sohn GmbH & Co. KG. Published 2018 by Ernst & Sohn GmbH & Co. KG.

ZTV-ING (neue, für 2. Auflage der EAG-EDT berücksichtigte Fassung kurz vor Einführung, soll aktuelle Fassung von 12/2007 ersetzen): Zusätzliche Technische Vertragsbedingungen und Richtlinien für Ingenieurbauten, Teil 5 Tunnelbau, Abschnitt 4: Betriebstechnische Ausstattung.

ZTV-ING (neue, für 2. Auflage der EAG-EDT berücksichtigte Fassung kurz vor Einführung, soll aktuelle Fassung von 2014 ersetzen): Zusätzliche Technische Vertragsbedingungen und Richtlinien für Ingenieurbauten, Teil 5 Tunnelbau, Abschnitt 5: Abdichtung von Straßentunneln mit Kunststoffdichtungsbahnen.

TL/TP-ING (neue, für 2. Auflage der EAG-EDT berücksichtigte Fassung kurz vor Einführung, soll aktuelle Fassung von 2014 ersetzen): Technische Lieferbedingungen und Technische Prüfvorschriften für Ingenieurbauten, Teil 5 Tunnelbau, Abschnitt 5 Abdichtung von Straßentunneln mit Kunststoffdichtungsbahnen, TL/TP KDB: Technische Lieferbedingungen und Technische Prüfvorschriften für Kunststoffdichtungsbahnen und zugehörige Fugenbänder.

TL/TP-ING (neue, für 2. Auflage der EAG-EDT berücksichtigte Fassung kurz vor Einführung, soll aktuelle Fassung von 12/2007 ersetzen): Technische Lieferbedingungen und Technische Prüfvorschriften für Ingenieurbauten, Teil 5 Tunnelbau, Abschnitt 5: Abdichtung von Straßentunneln mit Kunststoffdichtungsbahnen, TL/TP SD: Technische Lieferbedingungen und Technische Prüfvorschriften für Schutz- und Dränschichten aus Geokunststoffen.

Unter folgendem Link stellt die BASt Regelwerke zum kostenfreien Download zur Verfügung: http://www.bast.de/DE/Ingenieurbau/Publikationen/Regelwerke/Regelwerke_node.html.

Deutsche Bahn AG

Ril 853, Eisenbahntunnel planen, bauen und instand halten.

Ril 853, Modul 853.4004 (Ausg. 2012-12): Eisenbahntunnel planen, bauen und instand halten; Ausbau mit Ortbeton.

Ril 853, Modulgruppe 853.42XX (Ausg. 2003-08).

Ril 853, Modul 853.4201 (neue, für 2. Auflage der EAG-EDT berücksichtigte Fassung kurz vor Einführung, soll aktuelle Fassung von 2014 ersetzen): Eisenbahntunnel planen, bauen und instand halten; Tunnel in offener Bauweise – Gewölbte Tunnel aus Stahlbeton.

Ril 853, Modul 853.4202 (neue, für 2. Auflage der EAG-EDT berücksichtigte Fassung kurz vor Einführung, soll aktuelle Fassung von 2014 ersetzen): Eisenbahntunnel planen, bauen und instand halten; Tunnel in offener Bauweise – Rechteckrahmen.

8.2 Normen, sonstige Richtlinien, Empfehlungen und Merkblätter

ASTM D 5494 (Ausg. 1993): Bestimmung der Pyramidendurchstoßfestigkeit von ungeschützten und geschützten Geomembranen.

ASTM D 696 (Ausg. 2008): Standard Test Method for Coefficient of Linear Thermal Expansion of Plastics Between $-30\,°C$ and $30\,°C$ With a Vitreous Silica Dilatometer.

DIN 1045-1 (Ausg. 2008-08): Tragwerke aus Beton, Stahlbeton und Spannbeton – Teil 1: Bemessung und Konstruktion.

DIN 1045-2 (Ausg. 2008-08): Tragwerke aus Beton, Stahlbeton und Spannbeton – Teil 2: Beton – Festlegung, Eigenschaften, Herstellung und Konformität – Anwendungsregeln zu DIN EN 2016-1.

DIN 1872-2 (Ausg. 2007-05): Kunststoffe – Polyethylen PE-Formmassen – Teil 2: Herstellung von Probekörpern und Bestimmung von Eigenschaften (ISO 1872-2:2007); Deutsche Fassung EN ISO 1872-2:2007.

DIN 4030-1 (Ausg. 2008-06): Beurteilung betonangreifender Wässer, Böden und Gase: Grundlagen und Grenzwerte.

DIN 4030-2 (Ausg. 2008-06): Beurteilung betonangreifender Wässer, Böden und Gase: Entnahme und Analyse von Wasser- und Bodenproben.

DIN 7865-1 (Ausg. 2015-02): Elastomer-Fugenbänder zur Abdichtung von Fugen in Beton – Teil 1: Formen und Maße.

DIN 7865-2 (Ausg. 2015-02): Elastomer-Fugenbänder zur Abdichtung von Fugen in Beton – Teil 2: Werkstoff-Anforderungen und Prüfung.

DIN 7865-3 (Ausg. 2015-02): Elastomer-Fugenbänder zur Abdichtung von Fugen in Beton – Teil 3: Verwendungsbereich.

DIN 16726 (Ausg. 2011-01): Kunststoffbahnen – Prüfungen.

DIN 18195 (Ausg. 2017-07): Abdichtung von Bauwerken – Begriffe.

DIN 18197 (Ausg. 2011-04): Abdichten von Fugen in Beton mit Fugenbändern.

DIN 18200 (Ausg. 2000-05): Übereinstimmungsnachweis für Bauprodukte – Werkseigene Produktionskontrolle, Fremdüberwachung und Zertifizierung von Produkten.

DIN 18533-1 (Ausg. 2017-07): Abdichtung von erdberührten Bauteilen – Teil 1: Anforderungen, Planungs- und Ausführungsgrundsätze.

DIN 18533-2 (Ausg. 2017-07): Abdichtung von erdberührten Bauteilen – Teil 2: Abdichtung mit bahnenförmigen Abdichtungsstoffen

DIN 18541-1 (Ausg. 2014-11): Fugenbänder aus thermoplastischen Kunststoffen zur Abdichtung von Fugen in Ortbeton – Teil 1: Begriffe, Formen, Maße, Kennzeichnung.

DIN 18541-2 (Ausg. 2014-11): Fugenbänder aus thermoplastischen Kunststoffen zur Abdichtung von Fugen in Ortbeton – Teil 2: Anforderungen an die Werkstoffe, Prüfung und Überwachung.

DIN 18533-1 Entwurf (Ausg. 2015-12): Abdichtung von erdberührten Bauteilen – Teil 1: Anforderungen, Planungs- und Ausführungsgrundsätze.

DIN 38407-3 (Ausgabe 1998-07): Deutsche Einheitsverfahren zur Wasser-, Abwasser- und Schlammuntersuchung – Gemeinsam erfassbare Stoffgruppen (Gruppe F) – Teil 3: Gaschromatographische Bestimmung von polychlorierten Biphenylen (F 3).

DIN 61551 (Ausg. 2008-01): Geokunststoffe – Bestimmung der Berstdruckfestigkeit.

DIN EN 206 (Ausg. 2014-07): Beton – Teil 1: Festlegung, Eigenschaften, Herstellung und Konformität; Deutsche Fassung EN 206:2013.

DIN EN 485-2 (Ausg. 2016-10): Aluminium und Aluminiumlegierungen – Bänder, Bleche und Platten – Teil 2: Mechanische Eigenschaften; Deutsche Fassung EN 485-2:2016.

DIN EN 495-5 (Ausg. 2013-08): Abdichtungsbahnen – Bestimmung des Verhaltens beim Falzen bei tiefen Temperaturen – Teil 5: Kunststoff- und Elastomerbahnen für Dachabdichtungen; Deutsche Fassung EN 495-5:2013.

DIN EN 1107-2 (Ausg. 2001-04): Abdichtungsbahnen – Bestimmung der Maßhaltigkeit – Teil 2: Kunststoff- und Elastomerbahnen für Dachabdichtungen, Deutsche Fassung EN 1107-2:2001.

DIN EN 1296 (Ausg. 2001-03): Abdichtungsbahnen – Bitumen-, Kunststoff- und Elastomerbahnen für Dachabdichtungen – Verfahren zur künstlichen Alterung bei Dauerbeanspruchung durch erhöhte Temperatur; Deutsche Fassung EN 1296:2000.

DIN EN 1484 (Ausg. 1997-08): Wasseranalytik – Anleitungen zur Bestimmung des gesamten organischen Kohlenstoffs (TOC) und des gelösten organischen Kohlenstoffs (DOC); Deutsche Fassung EN 1484-1997.

DIN EN 1504-5 (Ausg. 2013-06): Produkte und Systeme für den Schutz und die Instandsetzung von Betontragwerken – Definitionen, Anforderungen, Qualitätsüberwachung und Beurteilung der Konformität – Teil 5: Injektion von Betonbauteilen; Deutsche Fassung EN 1504-5:2013

DIN EN 1744-3 (Ausg. 2002-11): Prüfverfahren für chemische Eigenschaften von Eluaten durch Auslaugung von Gesteinskörnungen; Deutsche Fassung EN 1744-3:2002.

DIN EN 1847 (Ausg. 2010-04): Abdichtungsbahnen – Bestimmung der Einwirkung von Flüssigchemikalien einschließlich Wasser – Kunststoff- und Elastomerbahnen für Dachabdichtungen; Deutsche Fassung EN 1847:2009.

DIN EN 1848-2 (Ausg. 2001-09): Abdichtungsbahnen – Bestimmung der Länge, Breite, Geradheit und Planlage – Teil 2: Kunststoff- und Elastomerbahnen für Dachabdichtungen; Deutsche Fassung EN 1848-2:2001.

DIN EN 1849-2 (Ausg. 2010-04): Abdichtungsbahnen – Bestimmung der Dicke und der flächenbezogenen Masse – Teil 2: Kunststoff- und Elastomerbahnen für Dachabdichtungen, Deutsche Fassung EN 1849-2:2009.

DIN EN 1850-2 (Ausg. 2001-09): Abdichtungsbahnen – Bestimmung sichtbarer Mängel – Teil 2: Kunststoff- und Elastomerbahnen für Dachabdichtungen; Deutsche Fassung EN 1850-2:2001.

DIN EN 12224 (Ausg. 2000-11): Geotextilien und geotextilverwandte Produkte – Bestimmung der Witterungsbeständigkeit, Deutsche Fassung EN 12224:2000.

DIN EN 12225 (Ausg. 2000-12): Geotextilien und geotextilverwandte Produkte – Prüfverfahren zur Bestimmung der mikrobiologischen Beständigkeit durch einen Erdeingrabungsversuch, Deutsche Fassung EN 12225:2000.

DIN EN 12316-2 (Ausg. 2013-08): Abdichtungsbahnen – Bestimmung des Schälwiderstandes der Fügenähte – Teil 2: Kunststoff- und Elastomerbahnen für Dachabdichtungen; Deutsche Fassung EN 12316-2:2013.

DIN EN 12317-2 (Ausg. 2010-12): Abdichtungsbahnen – Bestimmung des Scherwiderstandes der Fügenähte – Teil 2: Kunststoff- und Elastomerbahnen für Dachabdichtungen; Deutsche Fassung EN 12317-2:2010

DIN EN 12336 (Ausg. 2010-03): Tunnelbaumaschinen – Schildmaschinen, Pressbohrmaschinen, Schneckenbohrmaschinen, Geräte für die Errichtung der Tunnelauskleidung – Sicherheitstechnische Anforderungen; Deutsche Fassung EN 12336:2005+A1:2008.

DIN EN 12447 (Ausg. 2002-03): Geotextilien und geotextilverwandte Produkte – Prüfverfahren zur Bestimmung der Hydrolysebeständigkeit in Wasser; Deutsche Fassung EN 12447:2001.

DIN EN 12457-2, -4 (Ausg. 2003-01): Charakterisierung von Abfällen – Auslaugung; Deutsche Fassung EN 12457-2:2002 bzw. EN 12457-4:2002.

DIN EN 12691 (Ausg. 2016-07): Abdichtungsbahnen – Bitumen-, Kunststoff- und Elastomerbahnen für Dachabdichtungen – Bestimmung des Widerstandes gegen stoßartige Belastung; Deutsche Fassung EN 12691:2016.

DIN EN 12956 (Ausg. 1999-08): Wandbekleidungen in Rollen – Bestimmung der Maße, Geradheit, Wasserbeständigkeit und Abwaschbarkeit; Deutsche Fassung EN 12956:1999.

DIN EN 13252 (Ausg. 2015-07): Geotextilien und geotextilverwandte Produkte – Geforderte Eigenschaften für die Anwendung in Dränanlagen, Deutsche Fassung EN 13252:2014 + A1:2015.

DIN EN 13256 (Ausg. 2005-04): Geotextilien und geotextilverwandte Produkte – Geforderte Eigenschaften für die Anwendung im Tunnelbau und in Tiefbauwerken, Deutsche Fassung EN 13256:2000 + A1:2005.

DIN EN 13491 (Ausg. 2013-11): Geosynthetische Dichtungsbahnen – Eigenschaften, die für die Anwendung beim Bau von Tunneln und Tiefbauwerken erforderlich sind; Deutsche Fassung EN 13491:2013.

DIN EN 13501-1 (Ausg. 2010-01): Klassifizierung von Bauprodukten und Bauarten zu ihrem Brandverhalten – Teil 1: Klassifizierung mit den Ergebnissen aus den Prüfungen zum Brandverhalten von Bauprodukten, Deutsche Fassung EN 13501-1:2007+A1:2009.

DIN EN 13719 (Ausg. 2002-12 und Berichtigung 1 von 2005-06,): Geotextilien und geotextilverwandte Produkte – Bestimmung der langfristigen Schutzwirksamkeit von Geotextilien im Kontakt mit geosynthetischen Dichtungsbahnen; Deutsche Fassung EN 13719:2002/AC:2005.

DIN EN 13948 (Ausg. 2008-01), Abdichtungsbahnen – Bitumen-, Kunststoff- und Elastomerbahnen für Dachabdichtungen – Bestimmung des Widerstandes gegen Durchwurzelung; Deutsche Fassung EN 13948:2007.

DIN EN 13956 (Ausg. 2013-03): Abdichtungsbahnen – Kunststoff- und Elastomerbahnen für Dachabdichtung – Definitionen und Eigenschaften; Deutsche Fassung EN 13956:2012.

DIN EN 14030 (Ausg. 2003-11): Geotextilien und geotextilverwandte Produkte – Auswahlverfahren zur Bestimmung der Beständigkeit gegen Säure und alkalische Flüssigkeiten (ISO/TR 12960:1998, modifiziert + A1:2003).

DIN EN 14150 (Ausg. 2006-09): Geosynthetische Dichtungsbahnen – Bestimmung der Flüssigkeitsdurchlässigkeit; Deutsche Fassung EN 14150:2006.

DIN EN 14151 (Ausg. 2010-11): Geokunststoffe – Bestimmung der Berstdruckfestigkeit; Deutsche Fassung EN 14151:2010.

DIN EN 14414 (Ausg. 2004-08): Geokunststoffe – Auswahlprüfverfahren zur Bestimmung der chemischen Beständigkeit bei der Anwendung in Deponien; Deutsche Fassung EN 14414:2004.

DIN EN 14415 (Ausg. 2004-08): Geosynthetische Dichtungsbahnen – Prüfverfahren zur Bestimmung der Beständigkeit gegen Auslaugen; Deutsche Fassung EN 14415:2004.

DIN CEN/TS 14416 (Ausg. 2014-05); DIN SPEC 60007: Geosynthetische Dichtungsbahnen – Prüfverfahren zur Bestimmung des Widerstandes gegen Wurzeln; Deutsche Fassung CEN/TS 14416: 2014.

DIN EN 14574 (Ausg. 2015-06): Geokunststoffe – Bestimmung des Pyramidendurchdrückwiderstandes von Geokunststoffen auf harter Unterlage; Deutsche Fassung EN 14574:2015.

DIN EN 14575 (Ausg. 2005-07): Geosynthetische Dichtungsbahnen – Orientierungsprüfung zur Bestimmung der Oxidationsbeständigkeit; Deutsche Fassung EN 14575:2005.

DIN EN 14576 (Ausg. 2005-07): Geokunststoffe – Prüfverfahren zur Bestimmung der Beständigkeit von Kunststoffdichtungsbahnen gegen umweltbedingte Spannungsrissbildung; Deutsche Fassung EN 14576:2005.

DIN EN 61204-6 (Ausg. 2001-10): Stromversorgung für Niederspannung mit Gleichstromausgang – Teil 6: Anforderungen an Stromversorgungsgeräte für Niederspannung geprüfter Qualität (IEC 61204-6:2000); Deutsche Fassung EN 61204-6:2001.

DIN EN ISO 139 (Ausg. 2011-10): Textilien – Normalklima für die Probenvorbereitung und Prüfung (ISO 139:2005 + Amd.1:2011); Deutsche Fassung EN ISO 139:2005 + A1:2011.

DIN EN ISO 291 (Ausg. 2008-08): Kunststoffe – Normalklima für Konditionierung und Prüfung (ISO 291:2008); Deutsche Fassung EN ISO 291:2008.

DIN EN ISO 527-1 (2012-06): Kunststoffe – Bestimmung der Zugeigenschaften – Teil 1: Allgemeine Grundsätze (ISO 527-1:2012); Deutsche Fassung EN ISO 527-1:2012.

DIN EN ISO 527-2 (Ausg. 2012-06): Kunststoffe – Bestimmung der Zugeigenschaften – Teil 2: Prüfbedingungen für Form- und Extrusionsmassen (ISO 527-2:2012); Deutsche Fassung EN ISO 527-2:2012.

DIN EN ISO 527-3 (Ausg. 2003-07): Kunststoffe – Bestimmung der Zugeigenschaften – Teil 3: Prüfbedingungen für Folien und Tafeln (ISO 527-3:1995 + Korr. 1:1998 + Korr. 2:2001) (enthält Berichtigung AC:1998 + AC:2002); Deutsche Fassung EN ISO 527-3:1995 + AC:1998 + AC:2002.

DIN EN ISO 868 (Ausg. 2003-10): Kunststoffe und Hartgummi – Bestimmung der Eindruckhärte mit einem Durometer (Shore-Härte) (ISO 868:2003); Deutsche Fassung EN ISO 868:2003.

DIN EN ISO 1133-1 (Ausg. 2012-03): Kunststoffe – Bestimmung der Schmelze-Massefließrate (MFR) und der Schmelze-Volumenfließrate (MVR) von Thermoplasten – Teil 1: Allgemeines Prüfverfahren (ISO 1133-1:2011); Deutsche Fassung EN ISO 1133-1:2011.

DIN EN ISO 1133-2 (Ausg. 2012-03): Kunststoffe – Bestimmung der Schmelze-Massefließrate (MFR) und der Schmelze-Volumenfließrate (MVR) von Thermoplasten – Teil 2: Verfahren für Materialien, die empfindlich gegen eine zeit- bzw. temperaturabhängige Vorgeschichte und/oder Feuchte sind (ISO 1133-2:2011); Deutsche Fassung EN ISO 1133-2:2011.

DIN EN ISO 1183-1 (Ausg. 2013-04): Kunststoffe – Verfahren zur Bestimmung der Dichte von nicht verschäumten Kunststoffen – Teil 1: Eintauchverfahren, Verfahren mit Flüssigkeitspyknometer und Titrationsverfahren (ISO 1183-1:2012); Deutsche Fassung EN ISO 1183-1:2012.

DIN EN ISO 9862 (Ausg. 2005-05): Geokunststoffe – Probenahme und Vorbereitung der Messproben; Deutsche Fassung EN ISO 9862:2005.

DIN EN ISO 9863-1 (Ausg. 2005-05): Geokunststoffe – Bestimmung der Dicke unter festgelegten Drücken – Teil 1: Einzellagen (ISO 9863-1:2005); Deutsche Fassung EN ISO 9863-1:2005.

DIN EN ISO 9864 (Ausgabe: 05.2005): Geokunststoffe – Prüfverfahren zur Bestimmung der flächenbezogenen Masse von Geotextilien und geotextilverwandten Produkten; Deutsche Fassung EN ISO 9864:2005.

DIN EN ISO 10318-1 (Ausg. 2015-10): Geokunststoffe – Teil 1: Begriffe (ISO 10318-1:2015); Dreisprachige Fassung EN ISO 10318-1:2015.

DIN EN ISO 10318-2 (Ausg. 2015-10): Geokunststoffe – Teil 2: Symbole und Piktogramme (ISO 10318-2:2015); Dreisprachige Fassung EN ISO 10318-2:2015.

DIN EN ISO 10319 (Ausg. 2015-09): Geotextilien – Zugversuch am breiten Streifen (ISO 10319:2015); Deutsche Fassung EN ISO 10319:2015.

DIN EN ISO 10320 (Ausg. 1999-04): Geotextilien und geotextilverwandte Produkte – Identifikation auf der Baustelle (ISO 10320:1999); Deutsche Fassung EN ISO 10320:1999.

DIN EN ISO 10321 (Ausg. 2008-08): Geotextilien – Zugversuch am breiten Streifen an Verbindungen/Nähten (ISO 10321:2008); Deutsche Fassung EN ISO 10321:2008.

DIN EN ISO 10722 (Ausg. 2007-8): Geokunststoffe – Indexprüfverfahren zur Bewertung von mechanischen Schäden bei wiederholter Belastung – Beschädigung durch körnige Materialien (ISO 10722:2007); Deutsche Fassung EN ISO 10722:2007.

DIN EN ISO 11058 (Ausg. 2010-11): Geotextilien und geotextilverwandte Produkte – Bestimmung der Wasserdurchlässigkeit normal zur Ebene, ohne Auflast (ISO 11058:2010); Deutsche Fassung EN ISO 11058:2010.

DIN EN ISO 11357-1 (Ausg. 2010-03): Kunststoffe – Dynamische Differenz-Thermoanalyse (DSC) – Teil 1: Allgemeine Grundlagen (ISO 11357-1:2009); Deutsche Fassung EN ISO 11357-1:2009.

DIN EN ISO 11357-3 (Ausg. 2013-04): Kunststoffe – Dynamische Differenzkalorimetrie (DDK) – Teil 3: Bestimmung der Schmelz- und Kristallisationstemperatur und der Schmelz- und Kristallisationsenthalpie (ISO 11357-3:2011); Deutsche Fassung EN ISO 11357-3:2013.

DIN EN ISO 11357-6 (Ausg. 2013-04): Kunststoffe – Dynamische Differenz-Thermoanalyse (DSC) – Teil 6: Bestimmung der Oxidations-Induktionszeit (isothermische OIT) und Oxidations-Induktionstemperatur (dynamische OIT) (ISO 11357-6:2008); Deutsche Fassung EN ISO 11357-6:2013.

DIN EN ISO 11925-2 (Ausg. 2011-02): Prüfungen zum Brandverhalten von Bauprodukten – Teil 2: Entzündbarkeit bei direkter Flammeneinwirkung (ISO 11925-2:2010); Deutsche Fassung EN ISO 11925-2:2010

DIN EN ISO 12236 (Ausg. 2006-11): Geotextilien und geotextilverwandte Produkte – Stempeldurchdrückversuch (CBR-Versuch) (ISO 12236:2006); Deutsche Fassung EN ISO 12236:2006.

DIN EN ISO 12956 (Ausg. 2010-08): Geotextilien und geotextilverwandte Produkte – Bestimmung der charakteristischen Öffnungsweite (ISO 12956:2010); Deutsche Fassung EN ISO 12956:2010.

DIN EN ISO 12957-1 (Ausg. 2005-05): Geotextilien und geotextilverwandte Produkte – Bestimmung der Reibungseigenschaften – Teil 1: Scherkasten-Versuch (ISO/DIS 12957-1:2005); Deutsche Fassung EN ISO 12957-1:2005.

DIN EN ISO 12957-2 (Ausg. 2005-05, neu), Geotextilien und geotextilverwandte Produkte – Bestimmung der Reibungseigenschaften – Teil 2: Schiefe-Ebene-Versuch (ISO/DIS 12957-2:1997); Deutsche Fassung prEN ISO 12957-2:1997.

DIN EN ISO 12958 (Ausg. 2010-08): Geotextilien und geotextilverwandte Produkte – Bestimmung des Wasserableitvermögens in der Ebene (ISO 12958:2010); Deutsche Fassung EN ISO 12958:2010.

DIN EN ISO 13431 (Ausg. 1999-11): Geotextilien und geotextilverwandte Produkte – Bestimmung des Zugkriech- und des Zeitstandbruchverhaltens (ISO 13431:1999); Deutsche Fassung EN ISO 13431:1999.

DIN EN ISO 13433 (Ausg. 2006-10): Geotextilien und geotextilverwandte Produkte – Dynamischer Durchschlagversuch (Kegelfallversuch(ISO 13433:2006); Deutsche Fassung EN ISO 13433:2006.

DIN EN ISO 13438 (Ausg. 2005-02): Geotextilien und geotextilverwandte Produkte – Auswahlprüfverfahren zur Bestimmung der Oxidationsbeständigkeit (ISO 13438:2004); Deutsche Fassung EN ISO 13438:2004.

DIN EN ISO/IEC 17020 (Ausg. 2012-07): Konformitätsbewertung – Anforderungen an den Betrieb verschiedener Typen von Stellen, die Inspektionen durchführen.

DIN EN ISO/IEC 17025 Berichtigung 2 (Ausg. 2007-05): Allgemeine Anforderungen an die Kompetenz von Prüf- und Kalibrierlaboratorien (ISO/IEC 17025:2005); Deutsche und Englische Fassung EN ISO/IEC 17025:2005, Berichtigungen zu DIN EN ISO/IEC 17025:2005-08; Deutsche und Englische Fassung EN ISO/IEC 17025:2005/AC:2006.

DIN EN ISO 17855-2 (Ausgabe 2016-06): Kunststoffe – Polyethylen (PE)-Formmassen – Teil 2: Herstellung von Probekörpern und Bestimmung von Eigenschaften (ISO 17855-2:2016); Deutsche Fassung EN ISO 17855-2:2016.

DIN EN ISO 18064 (Ausg. 2015-03): Thermoplastische Elastomere – Nomenklatur und Kurzzeichen (ISO 18064:2014); Deutsche Fassung EN ISO 18064:2014.

DIN EN ISO 25619-1 (Ausg. 2009-06): Geokunststoffe – Bestimmung des Druckverhaltens – Teil 1: Eigenschaften des Druckkriechens (ISO 25619-1:2008); Deutsche Fassung EN ISO 25619-1:2008.

DIN ISO 34-1 (Ausg. 2016-09): Elastomere oder thermoplastische Elastomere – Bestimmung des Weiterreißwiderstandes – Teil 1: Streifen-, winkel- und bogenförmige Probekörper (ISO 34-1:2015).

DIN-Fachbericht Beton 100 (2010-03): Beton – Zusammenstellung von DIN 206-1 Beton – Teil 1: Festlegung, Eigenschaften, Herstellung und Konformität und DIN 1045-2 Tragwerke aus Beton, Stahlbeton und Spannbeton – Teil 2: Beton; Festlegung, Eigenschaften, Herstellung und Konformität; Anwendungsregeln zu DIN 206-1.

DVS 2203-1: (Ausg. 2003-01): Prüfen von Schweißverbindungen an Tafeln und Rohren aus thermoplastischen Kunststoffen – Prüfverfahren – Anforderungen.

DVS 2208-1 (Ausg. 2007-03): Schweißen von thermoplastischen Kunststoffen – Maschinen und Geräte für das Heizelementstumpfschweißen von Rohren, Rohrleitungsteilen und Tafeln.

DVS 2212-3 (Ausg. 1994-10): Prüfung von Kunststoffschweißern, Prüfgruppe III: Bahnen im Erd- und Wasserbau.

DVS 2225-2 (Ausg. 1992-08): Fügen von Dichtungsbahnen aus polymeren Werkstoffen im Erd- und Wasserbau – Baustellenprüfungen.

DVS 2225-1 (Ausg. 2016-09): Schweißen von Dichtungsbahnen aus polymeren Werkstoffen im Erd- und Wasserbau.

DVS 2225-3 (Ausg. 2016-09): Schweißen von Dichtungsbahnen aus Polyethylen (PE) bei Grundwasserschutzmaßnahmen.

DVS 2225-5 (Ausg. 2016-09): Schweißen von Dichtungsbahnen aus thermoplastischen Kunststoffen im Tunnelbau.

DVS 2226-1, -2, -3 (Ausg. 1997, 2000-09): Prüfen von Fügeverbindungen an Dichtungsbahnen aus polymeren Werkstoffen; – Prüfverfahren, Anforderungen (2000), – Zugscherversuch (1997), – Schälversuch (1997).

ISO/TR 12960 (Ausg. 1998-11): Geotextilien und geotextilverwandte Produkte – Prüfverfahren zur Bestimmung der Beständigkeit gegen Flüssigkeiten.

Empfehlungen der Deutschen Gesellschaft für Geotechnik e. V. (DGGT)

EDT (1997) „Empfehlungen Doppeldichtung Tunnel-EDT", Druckwasserhaltende Abdichtungen von Verkehrstunnelbauwerken und anderen Bauwerken mit Doppeldichtungssystemen aus Kunststoffdichtungsbahnen, Verlag Ernst & Sohn (nicht mehr gültig).

Sonstiges

DAfStb-Richtlinie (2010-04): Massige Bauteile aus Beton – Teil 1: Ergänzungen zu DIN 1045-1.

DAfStb-Richtlinie (2010-04): Massige Bauteile aus Beton – Teil 2: Ergänzungen zu DIN 1045-2.

DAfStb-Richtlinie (2010-04): Massige Bauteile aus Beton – Teil 3: Ergänzungen zu DIN 1045-3.

Empfehlungen der STUVA (2002, unveröffentl.): Fachbetrieb/Fachverleger für den Einbau von Kunststoff-Dichtungsbahnen im Tunnelbau.

DIBt (2011): Grundsätze zur Bewertung der Auswirkungen von Bauprodukten auf Boden und Grundwasser.

ITAtech (2013: ITAtech Design Guidance for Spray Applied Waterproofing Membranes, ITAtech Activity Group Lining and Waterproofing, ITAtech Report No. 2.

M Geok E (2016): Merkblatt für die Anwendung von Geokunststoffen im Erdbau des Straßenbaus. Forschungsgesellschaft für Straßen- und Verkehrswesen, FGSV 535.

M-BÜ-ING (2010-04): Merkblatt für die Bauüberwachung, Teil 5 Tunnelbau, Abschnitt 1: Geschlossene Bauweise, Bundesanstalt für Straßenwesen (BASt), kostenloser Download www.bast.de.

M-BÜ-ING (2004/10): Merkblatt für die Bauüberwachung, Teil 5 Tunnelbau, Abschnitt 2, Bundesanstalt für Straßenwesen (BASt), kostenloser Download www.bast.de.

SIA V 280 (Ausg. 1996-04): Kunststoff-Dichtungsbahnen (Polymer-Dichtungsbahnen) – Anforderungswerte und Materialprüfung, Prüfung Nr. 13.

STUVA Studiengesellschaft für unterirdische Verkehrsanlagen e. V. (Hrsg.) (2014): Merkblatt Abdichten von Bauwerken durch Injektion (ABI-Merkblatt). 3. Auflage, Fraunhofer IRB Verlag.

Umweltbundesamt (UBA) (2007): Phthalate – Die nützlichen Weichmacher mit den unerwünschten Eigenschaften.

VDE 0612: Bestimmungen für Baustromverteiler für Nennspannungen bis 380 V Wechselspannung und für Ströme 630 A.

VDE 0720: Bestimmungen für Elektrowärmegeräte für den Hausgebrauch und ähnliche Zwecke (in sinngemäßer Anwendung).

8.3   Forschungsberichte

Bundesanstalt für Straßenwesen (BASt)

Universität Hannover – Institut für Baustoffkunde und Materialprüfung/ STUVA (1999): Untersuchung der Schutzwirksamkeit von Geotextilien bei Tunnelabdichtungen aus Kunststoffdichtungsbahnen. Forschungsbericht FE-Nr. 89.029/1997/B3. Online verfügbar unter: http://bast. opus.hbz-nrw.de/frontdoor.php?source_opus=1820.

STUVA/Universität Hannover – Institut für Baustoffkunde und Materialprüfung (2002): Erweiterte Untersuchungen zum Nachweis der Schutzwirksamkeit von Schutzschichten für Kunststoffdichtungen im Tunnelbau. Forschungsbericht FE-Nr. 89.081/2000/B3. Online verfügbar unter http://bast.opus.hbz-nrw.de/frontdoor.php?source_opus=1821.

Kirschke, D.; Schälicke, H. (2005): Schottfugenbänder für Tunnel mit einer Abdichtung aus Kunststoffdichtungsbahnen. Forschungsbericht FE-Nr. 15.0364/2002/ERB, Forschung Straßenbau und Straßenverkehrstechnik, Heft 926, Bundesministerium für Verkehr, Bau und Wohnungswesen.

Böhning, M.; Robertson, D.; Brummermann, K.; Saathoff, F., Schröder, H. (2008, Kurzbericht bei BASt erhältlich): Prüfverfahren zur Beurteilung der Lebensdauer von Kunststoffdichtungsbahnen (KDB) für Straßentunnel. Forschungsbericht FE-Nr. 15.449/2007/ERB.

Robertson, D.; Brummermann, K.; Bronstein, Z. (2014): Materialeigenschaften von Kunststoffdichtungsbahnen bestehender Straßentunnel. Forschungsbericht FE-Nr. 15.461/2008/ERB, Berichte der Bundesanstalt für Straßenwesen, Heft B 107, Fachverlag NW in der Carl Schünemann Verlag GmbH.

Arbeitsgruppe Kunststoffdichtungsbahnenhersteller

STUVA (2002, unveröffentl.): Schlussbericht zum Forschungsvorhaben: Untersuchung der Anwendungsgrenzen und Verbesserungsmöglichkeiten doppellagiger Abdichtungen aus Kunststoffdichtungsbahnen als Schutz gegen drückendes Wasser.

8.4   Fachbeiträge

Abel, F.; Heimbecher, F. (2002): Neue Erkenntnisse zur Versinterung der Flächendränagen von Tunnelbauwerken; Mitteilungen des Institutes und der Versuchsanstalt für Geotechnik der Technischen Universität Darmstadt zum 9. Darmstädter Geotechnik-Kolloquium, S. 147–158.

Baumann, W. (2003) : Entwässerungsrohre im Tunnelbau. tunnel, Heft 5, S. 38–41.

Breidenstein, M.; Keuser, W. (2002): Qualitätssicherung bei Planung und Ausführung von Innenschalen zweischaliger Tunnel in Spritzbetonbauweise. tunnel, Heft 8, S. 23–32.

Breidenstein, M.; Brem, G.; Cappelletti, R. (2001): Neubaustrecke Köln-Rhein/Main – Tunnel Eichheide: Erfahrungen bei der Herstellung doppellagiger Abdichtungen aus Kunststoffbahnen. Forschung + Praxis, Band 39, Studiengesellschaft für unterirdische Verkehrsanlagen e. V. (STUVA), S. 135–141.

Breidenstein, M.; Kirschke, D. (2003): Der Katzenbergtunnel – Parallele Planung und Ausschreibung eines Eisenbahntunnels für zwei verschiedene Bauweisen. Forschung + Praxis, Band 40, Studiengesellschaft für unterirdische Verkehrsanlagen e. V. (STUVA), S. 74–78.

Brem, G.; Breidenstein, M. (2005): Erneuerung von Eisenbahntunneln am Beispiel des Alten Loreley Tunnels, Alten Rossesteintunnels und des Tunnels Grauer Stein der DB AG. Mitteilungen des Institutes und der Versuchsanstalt für Geotechnik der Technischen Universität Darmstadt zum 12. Darmstädter Geotechnik-Kolloquium, S. 57–69.

Brummermann, K.; Blümel, W.; Beyer, S. (1999): Geotextile Schutzschichten für Kunststoffdichtungsbahnen im Tunnelbau. 6. Informations- und Vortragstagung über „Kunststoffe in der Geotechnik", München, Sonderheft geotechnik, S. 37–43.

Chabot, J.-D. (2002): Drainage und Abdichtungen von Untertagebauwerken; Fallbeispiele Gotthard-Basistunnel und Uetlibergtunnel. Mitteilungen des Institutes und der Versuchsanstalt für Geotechnik der Technischen Universität Darmstadt zum 9. Darmstädter Geotechnik-Kolloquium, S. 131–146.

Dauwe, L.; Fröhlich, B. (2005): Weinsberger Tunnel – Teilerneuerung eines alten Eisenbahntunnels in quellendem Gebirge. Mitteilungen des Institutes und der Versuchsanstalt für Geotechnik der Technischen Universität Darmstadt zum 12. Darmstädter Geotechnik-Kolloquium, S. 71–81.

De Vries, D. (2003): Abdichtung für Autobahntunnel Dölzschen und Coschütz. tunnel, Heft 1, S. 46–50.

Erfahrungsbericht zur Tunnelabdichtung in der Schweiz (2002): Kletthaftsystem für Tunnelabdichtungen. tunnel, Heft 5, S. 55–56.

Ernst, W. (2003): Dachabdichtung – Dachbegrünung, Teil 3: Grundlagen und Erkenntnisse zur Konstruktion, Abdichtung und extensive Dachbegrünung. Fraunhofer IRB-Verlag.

Flüeler, P.; Böhni, H., (2001): The Sealing of Deep-seated Swiss Alpine Railway Tunnels, New Evaluation Procedure for Waterproofing Systems. Techtextil-Symposium, Frankfurt am Main.

Friebel, W.-D.; Krieger, J. (2003): Qualitätssicherung und Zustandserfassung von Straßentunneln mittels zerstörungsfreier Prüfverfahren. tunnel, S. 38–45.

Friebel, W.-D.; Krieger, J. (2003): Qualitätssicherung der Tunnelinnenschale und der Tunneldränage. Taschenbuch für den Tunnelbau, Verlag Glückauf GmbH, S. 353–382.

Gies, M. (2005): Tunnelabdichtung in Stuttgart – Wenn Tunnel nasse Füße bekommen. tunnel, Heft 1, S. 52–53.

Heizmann, A.; Bärthel, U.; Steinlage, J. (2005): Ertüchtigung Brandleite-tunnel – Sanierung eines über 120 Jahre alten Eisenbahntunnels. Mitteilungen des Institutes und der Versuchsanstalt für Geotechnik der Technischen Universität Darmstadt zum 12. Darmstädter Geotechnik-Kolloquium, S. 83–93.

Haack, A. (2005): Weiterentwicklungen bei der Abdichtung bergmännisch gebauter Tunnel. tunnel, Heft 3, S. 16–22.

Kirschke, D. (1997): Neue Tendenzen bei der Dränage und Abdichtung bergmännisch aufgefahrener Tunnel. Bautechnik 74, Heft 1, S. 11–20.

Kirschke, D. (1998): Der undränierte Tunnel als Beitrag zum Umweltschutz. Bauingenieur, Heft 12.

Kirschke, D. (2001): Fortschritte und Fehlentwicklungen bei der Tunnelentwässerung. geotechnik 24, Heft 1, S. 42–50.

Kleffner, H.-J. (2001): Die Tunnel zur Querung des Thüringer Waldes. geotechnik 24, Heft 1, S. 30–36.

Komma, N. (2001): Erkenntnisse aus der Neubaustrecke Köln-Rhein/Main. tunnel, Heft 8, S. 57–59.

Komma, N. (2004): Druckwasserhaltende Tunnel. tunnel, Heft 6, S. 48–55.

Koroliuk, S.; Mähner, D.; Schmeing, J.; Kreyenschmidt, M. (2016): Prüfung der Oxidationsbeständigkeit von Kunststoffdichtungsbahnen im Autoklav. geotechnik 39, Heft 2, S. 119–125.

Kuhnhenn, K. (2000): Innovation im Tunnelbau in Deutschland. Unterirdisches Bauen in Deutschland 2000, herausgegeben in Zusammenarbeit von STUVA und DAUB, S. 107–112.

Lemke, S. (2015): Eine kontrovers geführte Diskussion: Spritzbare Abdichtung im Tunnelbau. Spritzbeton-Tagung 2015 (Hrsg. Wolfgang Kusterle).

Löwe, C. (2001): Durability of Waterproofing Membranes and Drainage Materials for the Swiss Alpine Raiway Tunnels. Techtextil-Symposium, Frankfurt am Main .

Mähner, D.; Lange, D. (2008): Untersuchungen gealterter Kunststoffdichtungsbahnen aus dem Tunnel Menkhauser Berg. Felsbau Magazin, Heft 4, 2008, S. 207–211.

Mähner, D.; Lengers, J. (2010): Kontrolle der Betonage von Tunnelinnenschalen im Firstbereich. Felsbau Magazin, Heft 5, 2010, S. 282–286.

Mähner, D.; Roder, C. (2009): Nachweis der Firstspaltverpressung bei zerstörungsfreien Schalendickenmessungen an Tunnelinnenschalen. Beton- und Stahlbetonbau 104 (2009), Heft 2, S. 844–851.

Maier, G.; Kuhnhenn, K. (1996): Ausführung und Erkenntnisse mit der doppellagigen Abdichtung im Tunnel Gernsbach. tunnel, Heft 6, S. 31–41.

Meggl, F. (2001): Abdichtung im Tunnelbau; Sicherheitstechnisches Konzept an verschiedenen Tunneln der Neubaustrecke Köln-Rhein/Main. Tiefbau 11, S. 769–771.

Naumann, J.; Friebel, W.-D. (2000): Straßentunnel in Deutschland; Von der Planung bis zur Erhaltung. Bautechnik 77, Heft 11, S. 810–819.

Naumann, J.; Maidl, B.; Heimbecher, F. (2001): Neue Gestaltungsgrundsätze für Dauerdränagen bei Verkehrstunneln unter Berücksichtigung der Versinterungs-Problematik. Forschung + Praxis, Band 39, Studiengesellschaft für unterirdische Verkehrsanlagen e. V. (STUVA), S. 150–156.

Naumann, J.; Brem, G. (2003): Empfehlungen des Deutschen Ausschusses für Unterirdisches Bauen (DAUB) zu Planung und Bau von Tunnelbauwerken. Forschung + Praxis, Band 40, Studiengesellschaft für unterirdische Verkehrsanlagen e. V. (STUVA), S. 53–59.

Pierson, R. (2001): Qualitätssicherung beim Beton für Tunnelinnenschalen: Schadenssanierung und Maßnahmen zur Schadensvermeidung. Forschung + Praxis, Band 39, Studiengesellschaft für unterirdische Verkehrsanlagen e. V. (STUVA), S. 129–134.

Reichenspurner, P.; Sacher, A. (2004): Der Neubau des Tunnel Eichelberg im Zuge der A 71 als Verlängerung der Thüringer-Wald-Querung nach Richtung Schweinfurt – Das Drainagesystem des Tunnels Eichelberg. tunnel, Heft 7, S. 44–52.

Rietmann, P.; Flueler, P.; Zwicky, P. (2002): Prüfverfahren für Abdichtungssysteme. tunnel, Heft 1, S. 26–34.

Robertson, D. (2013): The oxidative resistance of polymeric geosynthetic barriers (GBR-P) used for road and railway tunnels. Polymer Testing 32 (2013), pp. 1594–1602.

Robertson, D.; Kaundinya, I. (2014): Influence of transition metal ions an the thermo-oxidative degradation of polyethylene geomembranes (GBR-P) used in road tunnels. 10ICG, 21–25 September, Berlin, Germany .

Schockemöhle, B.; Heimbecher, F. (1999): Stand der Erfahrungen mit druckwasserhaltenden Tunnelabdichtungen in Deutschland. Bauingenieur, Bd. 74/2.

Schröder, H. (1997): Bedeutung der Oxidation von Polyolefinen für die Anwendung im Erdbau. Vortrag auf der 5. Informations- und Vortragstagung über „Kunststoffe in der Geotechnik", München.

180

Wandel, M.; Tengler, H.; Ostromow, H.: Die Analyse von Weichmachern. In: Chemie, Physik und Technologie der Kunststoffe in Einzeldarstellungen (Hrgsg. K. A. Wolf), Springer-Verlag, 1967.

Wilmers, W. (2001): Zur Frage der Beständigkeit von Geokunststoffen. geotechnik 2, S. 91–94.

Quellen zu den Fallbeispielen im Kapitel 9 sind dort direkt angegeben.

9 Fallbeispiele

9.1 Abdichtung und Entwässerung des Tunnels Euerwang der Deutschen Bahn AG (NBS Nürnberg–Ingolstadt)

Einsatzort	Tunnel Euerwang, NBS Nürnberg–Ingolstadt
Auftraggeber	Deutsche Bahn AG in „Funktionaler Ausschreibung"
Planung	Ingenieurbüro Lässer & Feizlmeier, Innsbruck
Gutachter	Ingenieurbüro für Felsmechanik und Tunnelbau Prof. Dr.-Ing. D. Kirschke
Bauausführung	Hochtief Construction AG und Alpine Bau Deutschland in ARGE
Verleger	Naue Sealing GmbH
Lieferanten der Abdichtungselemente	Naue Fasertechnik GmbH

9.1.1 Problemstellung und Lösung

Die Neubaustrecke (NBS) Nürnberg–Ingolstadt ist als Teil des deutsch-europäischen Eisenbahnnetzes für Hochgeschwindigkeitsverkehr ein wichtiger Bestandteil der Nord-Süd-Verbindungen. Die Strecke wurde für eine Entwurfsgeschwindigkeit von 300 km/h geplant. Der Tunnel Euerwang ist zweigleisig und hat einen Ausbruchquerschnitt von etwa 140 m² und eine Länge von 7.635 m. Er weist sieben Notausgänge mit einer Gesamtlänge von rund 6 km auf, dazu einen Entlüftungsschacht von etwa 30 m Höhe. Der Tunnel wurde bergmännisch in Spritzbetonbauweise mit einem zweischaligen Ausbau aufgefahren.

Der größte Teil des Tunnels liegt unterhalb des Bergwasserspiegels im gering wasserdurchlässigen Eisensandstein mit einer Mächtigkeit von 30 bis 50 m, bestehend aus einer sandigen und einer tonigen Fazies.

Das Entwurfskonzept sah generell eine Tunnelentwässerung und eine Regenschirmabdichtung mit Kunststoffdichtungsbahnen vor, mit Ausnahme eines Abschnitts von 500 m im Bereich einer geologischen Störung. Für diesen Bereich war eine Rundumabdichtung vorgesehen. Die Sickerwasserabführung sollte im druckwasserfreien Bereich des Tunnels über ein in Längsrichtung verlaufendes Kammerdrän mit einem Querschnitt von 300 mm × 40 mm erfolgen.

Empfehlungen zu Dichtungssystemen im Tunnelbau EAG-EDT, 2. Auflage.
Deutsche Gesellschaft für Geotechnik (Hrsg.).
© 2018 Ernst & Sohn GmbH & Co. KG. Published 2018 by Ernst & Sohn GmbH & Co. KG.

Während des Tunnelvortriebs ergaben sich neue Erkenntnisse über hydrologische und hydrogeologische Randbedingungen, die eine Überarbeitung des Abdichtungs- und Entwässerungskonzepts für den Tunnel notwendig machten. Dies betraf sowohl die prinzipielle Entscheidung zur Entwässerung beziehungsweise Abdichtung als auch Entwässerungs- und Konstruktionsdetails.

Es wurden deutlich größere Wassermengen als prognostiziert gemessen, weiterhin ergab sich, dass der Bergwasserleiter als Porengrundwasserleiter einzustufen ist, der schlecht durch Verpressungen abzuschirmen ist.

Eine potenzielle Versinterungsgefahr der Kammerdräns sowie die hohen Kosten für Injektionsmaßnahmen zur Abschirmung des Bergwasserzuflusses aus dem Gebirge führten schließlich zur Umplanung auf eine druckwasserhaltende umlaufende KDB-Abdichtung für den gesamten Nordabschnitt auf einer Länge von etwa 6.250 m.

9.1.2 Verwendete Abdichtungselemente

9.1.2.1 Druckwasserdichter Tunnelbereich

Im 6.250 m langen druckwasserdichten Tunnelbereich wurde – von der Bergseite ausgehend – folgender Abdichtungsaufbau vorgesehen:

– Abdichtungsträger gemäß Ril 853
– geotextile Schutzschicht aus mechanisch verfestigtem PP-Vliesstoff mit einer flächenbezogenen Masse von 500 g/m²
– 3 mm dicke Kunststoffdichtungsbahn aus thermoplastischen Elastomeren (TPO)
– Kunststoffschutzbahn mit Signalschicht als luftseitige Sohlschutzschicht
– außenliegende Fugenbänder (SAA 600/30/6) über den Blockfugen zur Abschottung

Die außenliegenden Fugenbänder wurden mit Warmgas auf die Kunststoffdichtungsbahn geschweißt und mit einer einseitigen Absicherungsnaht gesichert. Zwischen den Sperrankern dieser Fugenbänder wurden im Firstbereich auf jedem Fugenufer zwei Verpressschläuche eingelegt, die während des Betonierens als Entlüftung dienten und nachträglich bedarfsweise verpressbar waren.

9.1.2.2 Dränierter und entwässerter Tunnelbereich

Im Bereich des 1.350 m langen entwässerten Tunnelabschnitts wurde eine Regenschirmabdichtung mit einer 2 mm dicken Kunststoffdichtungsbahn eingebaut und wie im druckwasserdichten Bereich eine geotextile Schutz-

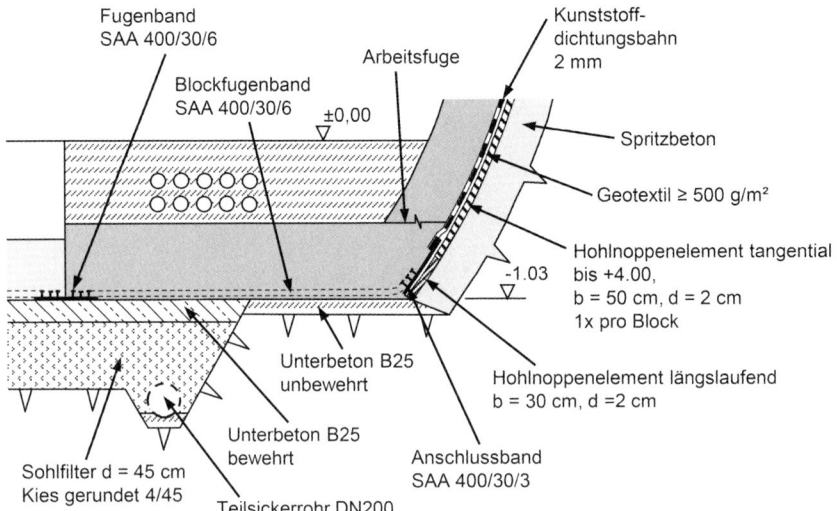

Bild 9.1 Detail Übergangsbereich Gewölbe/Sohle im entwässerten Tunnelabschnitt (Bildnachweis: Hochtief Construction AG).

schicht mit einer flächenbezogenen Masse von 500 g/m² eingesetzt (Bild 9.1). Lediglich im Bereich eines Quellzulaufs wurde abweichend davon eine Rundumabdichtung gewählt. Zum Schutz der KDB-Abdichtung wurde über den Blockfugen jeweils ein 0,5 m breiter KDB-Streifen eingebaut.

Das ursprünglich geplante Konzept mit Kammerdräns wurde durch eine Alternative mit spülbarer Ulmenentwässerung ersetzt und im Sohlfilter zusätzlich ein Teilsickerrohr verlegt, um auch dort die Abflussleistung zu erhöhen. Für diese Entwässerungsleitung wurden Deponiesickerrohre nach DIN 4266-1, Teilsickerrohre DN 200 mit einer Wanddicke von 12,8 mm und einer Wassereintrittsfläche von größer als 100 cm²/m vorgeschrieben. Anstelle des ursprünglich geplanten Kammerdräns wurde ein längslaufendes Hohlnoppenelement mit einem Querschnitt von 300 mm × 20 mm verlegt. Dieses wurde einmal je Block durch ein weiteres Hohlnoppenelement mit dem Sohlfilter unterhalb der Sohlplatte verbunden (Bild 9.1).

9.1.3 Einbau

Die vom Auftragnehmer geforderte Qualitätssicherung bei der Bauausführung wurde nach einem vertraglich vereinbarten Qualitätssicherungsplan durchgeführt. Darin einbezogen war die für eine druckwasserhaltende KDB-Abdichtung besonders wichtige Ausführung der an die KDB-Abdichtung angrenzenden Betonflächen.

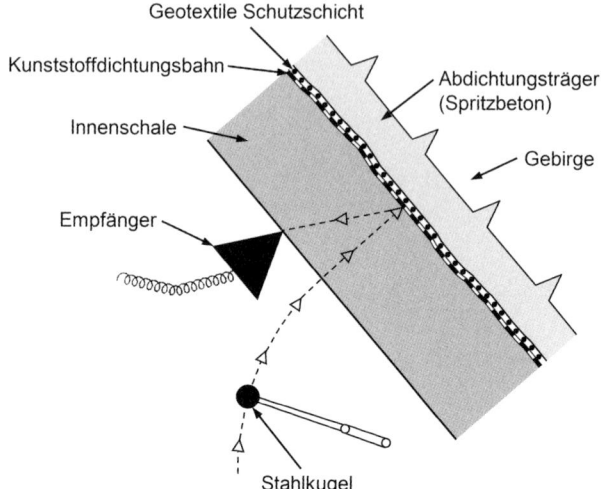

Bild 9.2 Prinzip des Impakt-Echo-Verfahrens (Bildnachweis: Hochtief Construction AG).

Den gestellten Anforderungen an die Spritzbetonoberfläche wurde durch deren blockweise Abnahme vor Einbau der KDB-Abdichtung Rechnung getragen.

Die Einbringung und Verdichtung des Betons der Innenschale ist bei der bergmännischen Bauweise bekanntermaßen besonders risikobehaftet. Die Schwierigkeiten lagen insbesondere im Firstbereich beim formschlüssigen Betonieren der Innenschale bis zur Kunststoffdichtungsbahn.

Mit dem Impakt-Echo-Verfahren (Bild 9.2) konnten unplanmäßige Minderdicken im Beton der Innenschale mit vermutlich freiliegender Bewehrung geortet werden (Bild 9.3). Weiterhin wurden unplanmäßige Dickensprünge zwischen benachbarten Blöcken und damit nicht ordnungsgemäß einbetonierte Sperranker der außenliegenden Fugenbänder erkennbar. Bereiche, in denen Unregelmäßigkeiten festgestellt wurden, wurden sofort nachverpresst.

Die Qualität des verwendeten Betons und seine Fließfähigkeit wurden einer eigenen, strengen und kontinuierlichen Prüfung unterzogen. Eine wichtige Voraussetzung hierfür war die Aufstellung einer Betonmischanlage in unmittelbarer Baustellennähe.

9.1.4 Bauzeit und Kosten

Verlegezeitraum: 2000 bis 2004

Kosten der KDB-Abdichtung:
ca. 7 Mio. EUR für ca. 300.000 m² Abdichtungsfläche

9.1.5 Erfahrungen

Die während des Bauablaufs konsequent durchgeführte Qualitätssicherung, die gleichzeitig auch die wichtigen Schnittstellen mit anderen Gewerken umfasste, hat zu einer beispielhaften Einbindung der Abdichtungsarbeiten in den Gesamtbauablauf geführt. Die getroffenen Vorsorgemaßnahmen zur nachträglichen Verpressbarkeit der Sperrankerbereiche im Firstbereich mussten nur in wenigen Fällen angewendet werden und waren jeweils zielführend. Ganz offensichtlich ist die erwartete Entlüftung dieses Bereichs durch die eingelegten Schläuche tatsächlich eingetreten. Die Sperranker waren optimal eingebunden, was auch die Ultraschallprüfungen bestätigten. Die Wirksamkeit der Maßnahmen zur lückenlosen Einbringung des Betons der Innenschale wurde ebenfalls durch das Impakt-Echo-Verfahren überprüft (Bild 9.3).

Die einlagige KDB-Abdichtung hat sich infolge der vorgenannten Qualitätssicherungsmaßnahmen und insbesondere durch die Überwachung und Kontrolle der hohlraumfrei hergestellten Innenschale bisher bewährt. Die

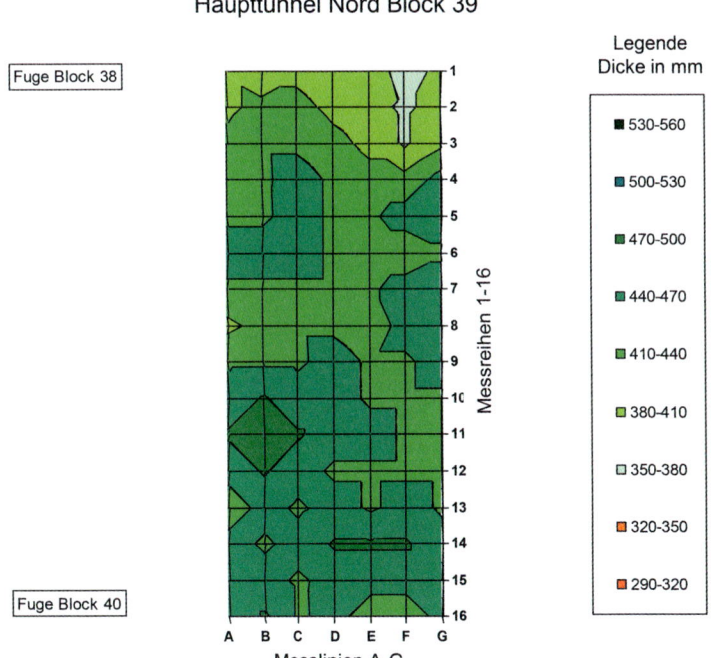

Bild 9.3 Isometrische Darstellung der Dicke der Innenschale aus Messungen mit dem Impakt-Echo-Verfahren (Bildnachweis: Hochtief Construction AG).

187

Kosten dieses Dichtungssystems liegen deutlich unter denen einer doppel-lagigen KDB-Abdichtung.

9.1.6 Schrifttum

1. Opheys, S. (2005): Abdichtung und Entwässerung des Tunnel Euerwang an der Neubaustrecke Nürnberg–Ingolstadt. 9. Informations- und Vortragstagung über „Kunststoffe in der Geotechnik", Sonderheft geotechnik, Deutsche Gesellschaft für Geotechnik.

2. Opheys, S.; Späth, C. (2004): Kommentar zum Praxisbeispiel „Abdichtung und Entwässerung des Tunnels Euerwang an der Neubaustrecke Nürnberg–Ingolstadt".

3. Ril 853 (2002): Eisenbahntunnel planen, bauen und instand halten. Deutsche Bahn AG.

4. Maidl, B. (1999): Untersuchungen zur Bestimmung des Versinterungsverhaltens verschiedener Dränageelemente. Forschungsbericht im Auftrag des Bundesministeriums für Verkehr, Bau- und Wohnungswesen und der Deutschen Bahn AG.

5. Wooge, M. (1999): Neubaustrecke Nürnberg–Ingolstadt, Tunnel Euerwang. Unterirdisches Bauen in Deutschland 2000, S. 266–267; Veröffentlichung STUVA/DAUB.

6. Wooge, M. (1999): Neubaustrecke Nürnberg–Ingolstadt, Tunnel Irlahüll. Unterirdisches Bauen in Deutschland 2000, S. 268–269; Veröffentlichung STUVA/DAUB.

7. Kirschke, D. (2001): Fortschritte und Fehlentwicklungen bei der Tunnelentwässerung. geotechnik 24, Heft 1, S. 42–50.

9.2 Umlaufende einlagige KDB-Abdichtung im Straßentunnel Leutenbach

Einsatzort	Tunnel Leutenbach, Ortsumgehung Winnenden B14
Auftraggeber	Regierungspräsidium Stuttgart, vertreten durch Straßenbauamt Kirchheim, Waiblingen
Planung	Entwurfsplanung: WBI GmbH, Weinheim Boll und Partner GmbH & Co KG, Stuttgart Ausführungsplanung: K + S Ingenieurconsult GmbH & Co. KG, Nürnberg
Bauausführung	ARGE Kirchner Baugesellschaft mbH, Hersfeld
Verleger	ARGE G² – MUEG, Krefeld
Lieferanten der Abdichtungselemente	G² Geokunststoffgesellschaft mbH, Krefeld

9.2.1 Problemstellung und Lösung

Die B14 gehört zu den bedeutendsten regionalen Hauptverbindungsstraßen im mittleren Neckarraum. Die neue zweibahnig ausgebaute B14 endete von Waiblingen kommend an der Gemarkungsgrenze Winnenden–Schwaikheim. Durch den zweibahnigen Neubau wurde die Ortsdurchfahrt Winnenden vom Durchgangsverkehr entlastet. Das zweiröhrige Tunnelbauwerk unterquert das Gebiet der Gemeinde Leutenbach, die K1847, den Mühlkanal, den Buchenbach und die Bahnlinie Stuttgart–Backnang–Nürnberg bis hinter das Baugebiet „Walzenhalde" in Winnenden. Der Tunnel wurde teils in offener, teils in bergmännischer Bauweise hergestellt. Im Bereich der geschlossenen Bauweise wurden zwei Einzelröhren mit je zwei Richtungsfahrbahnen ausgeführt. Zwischen den beiden Röhren blieb ein ca. 2 m breiter Gebirgspfeiler erhalten.

Der Ausbruchquerschnitt betrug für jede Röhre ca. 100 m² bei einer Breite von etwa 12,50 m und einer Scheitelhöhe von 9,95 m.

Die maximale Überdeckung beträgt ca. 30 m und der natürliche Bergwasserspiegel liegt bei mehr als 10 m über der Tunnelsohle. Daraus ergab sich nach ZTV-ING Teil 5 eine einlagige druckwasserhaltende Rundumabdichtung aus Kunststoffdichtungsbahnen (KDB).

9.2.2 Verwendete Abdichtungselemente

Für die in bergmännischer Bauweise hergestellten Tunnelröhren war eine einlagige umlaufende KDB-Abdichtung vorgesehen. Der Dichtungsaufbau war (von außen nach innen) wie folgt:

- Spritzbetonschale als vorläufiger Ausbau
- Abdichtungsträger 3 cm Dicke
- geotextile Schutzschicht
  - in der Sohle eine Lage Vliesstoff mit einer flächenbezogenen Masse ≥ 900 g/m^2
  - im Gewölbe zwei Lagen Vliesstoff, davon eine mit einer flächenbezogenen Masse von ≥ 750 g/m^2 konventionell am Abdichtungsträger befestigt und eine mit ≥ 200 g/m^2 werksmäßig direkt auf die Kunststoffdichtungsbahn geklebt
- Kunststoffdichtungsbahn aus PE, Nenndicke 3,0 mm zuzüglich Signalschicht
- Kunststoffschutzbahnen aus PE im Sohlbereich, Nenndicke 3,0 mm
- außenliegende 6-stegige Fugenbänder aus PE, Breite ≥ 500 mm
- Verpresssystem zwischen Kunststoffdichtungsbahn und Innenschale aus Ortbeton
- Innenschale

Durch die außenliegenden Fugenbänder wurde die gesamte Abdichtungsfläche in Sektoren unterteilt. Die Sektoren ergeben sich durch eine Ringabschottung an den Blockfugen und eine Längsabschottung an den Arbeitsfugen zwischen Sohle und Gewölbe. Jeder Sektor wurde mit Verpressstutzen versehen. Die Dichtigkeit lässt sich mithilfe der Stutzen überprüfen.

Im Schadensfall können zunächst Verpressungen an den außenliegenden, nachverpressbaren Fugenbändern zur Sicherstellung der Abschottung durchgeführt werden. Anschließend kann im beschädigten Sektor der Spalt zwischen Kunststoffdichtungsbahn und Innenschale über die Verpressstutzen vollflächig mit einem Verpressstoff abgedichtet werden.

Im Gewölbebereich wurden pro Block mindestens zehn über die Abdichtungsfläche verteilte Verpressstutzen vorgesehen. Im Sohlbereich wurden mindestens acht Verpressstutzen pro Block gefordert und eingebaut. Die Enden der Befüllungsschläuche zu den einzelnen Verpress- und Kontrollstutzen wurden bis über die Oberkante des Gehwegs geführt. Die Schläuche wurden dort gesammelt und in Aussparungen mit Deckel verwahrt, sodass sie auch nach Fertigstellung des Tunnels zugänglich blieben.

9.2.3 Einbau

Die Spritzbetonoberfläche sollte als Abdichtungsträger so hergestellt werden, dass sich die bergseitige geotextile Schutzschicht und die Kunststoffdichtungsbahn möglichst satt an ihr anlegen konnten. Nach ZTV-ING, Teil 5, Abschnitt 1, wurde dazu auf die letzte Spritzbetonlage ein Abdichtungsträger von planmäßig 3 cm Dicke aufgebracht. Der Abdichtungsträger wurde als Spritzbeton mit max. 8 mm Größtkorn aufgetragen.

Die bergseitige Schutzschicht und die Kunststoffdichtungsbahn wurden erst nach Freigabe der jeweiligen Abdichtungsträgerabschnitte durch Auftraggeber und -nehmer verlegt – in der Sohle von einem Verlegegerüst per Hand (Bild 9.4) und im Gewölbe teilautomatisiert mithilfe eines mechanisierten Verlegegerüsts (Bild 9.5). Grundlage für die teilautomatisierte Montage war eine mit einem leichten Vliesstoff kaschierte Kunststoffdichtungsbahn. Diese ermöglichte eine Sonderform der Haftbefestigung durch Warmgasschweißen als linienförmige Verbindung durch Heißluft zwischen der vlieskaschierten Kunststoffdichtungsbahn und der bergseitigen geotextilen Schutzschicht.

Sowohl in der Sohle als auch im Gewölbe wurde zunächst die bergseitige geotextile Schutzschicht mit Rondellen am Abdichtungsträger befestigt. Die Kunststoffdichtungsbahnen wurden in der Sohle wie üblich durch Schweißen an den Rondellen befestigt. Im Gewölbe wurde die Kunststoffdichtungsbahn hingegen nicht wie üblich von Hand an vormontierte Rondellen angeschweißt. Zum Einsatz kam ein Verlegegerüst für eine teilautomatisierte Montage, wodurch eine Bahnenbreite von 4 m für die Kunststoffdichtungsbahn und die bergseitige Schutzschicht gewählt werden konnte. An dem verfahrbaren Grundgerüst wurden eine Verlegebühne und

Bild 9.4
Verlegegerüst
für die Sohle
(Bildnachweis:
G quadrat
Geokunststoff-
gesellschaft
mbH).

191

Bild 9.5 Teilautomatisches Verlegegerüst im Gewölbe (Bildnachweis: G quadrat Geokunststoffgesellschaft mbH).

ein Ausleger geführt. Eine Vorrichtung auf der Verlegebühne trug die abzuwickelnde Rolle des Geotextils oder der vliesstoffkaschierten Kunststoffdichtungsbahn. Der Ausleger trug die Anpressvorrichtung und die Heißluftdüsen. Während die Verlegebühne den Gewölbeumfang abfuhr, wurde die Bahn abgewickelt und mit den Anpressrollen angedrückt. Gleichzeitig wurde die Vliesstoffseite der Kunststoffdichtungsbahn mit Heißluft mit der zuvor montierten bergseitigen geotextilen Schutzschicht thermisch verbunden. Anschließend wurden die Kunststoffdichtungsbahnen – wie üblich – mit Heizkeilschweißautomaten durch Schweißen untereinander gefügt. Alle Fügenähte wurden lückenlos auf Dichtigkeit geprüft. Vom Verlegegerüst aus wurde abschließend das außenliegende Fugenband durch Schweißen mit der Kunststoffdichtungsbahn gefügt und das Verpresssystem eingebaut.

9.2.4 Bauzeit und Kosten

Verlegedauer: 07/2007 bis 09/2009

Kosten der KDB-Abdichtung: ca. 1,6 Mio €

9.2.5 Erfahrungen

Durch Bahnenbreiten von 4 m für die geotextile Schutzschicht und die Kunststoffdichtungsbahn wurden die Montagegänge und die Anzahl der Fügenähte erheblich reduziert. So wurde maßgeblich der Arbeitsaufwand für die Montage und für die anschließende Prüfung der Fügenähte unter Anwesenheit der Bauüberwachung verringert.

Der geringe Abstand der Anpressrollen und Heißluftdüsen von ca. 0,5 m ermöglichte eine wellenarme Verlegung der Kunststoffdichtungsbahn.

Infolge Wassereindrang/Undichtigkeit vor allem im Bereich der Block- und Arbeitsfugen der bergmännischen und offenen Bauweise wurden vor und nach Abnahme des Tunnels – zuletzt im Jahr 2013 – Verpressarbeiten durchgeführt. Dabei konnte zum einen das eingebaute Verpresssystem erfolgreich verwendet werden, zum anderen wurden bei größeren Hohlräumen die betroffenen Fugen bis zur KDB-Abdichtung angebohrt und anschließend verpresst. Durch die Wannenlage des Tunnels waren insbesondere die tief liegenden Blöcke (ca. Block 32 bis 40) sowie das Vorfeld West durch den Grundwasserspiegel bis zur Geländeoberfläche im Hinblick auf die Dichtigkeit problematisch. Die Einplanung von Verpressschläuchen hat sich insbesondere in der offenen Bauweise und dort besonders an den Arbeitsfugen bewährt. Nach Abschluss der Verpressarbeiten ist der Tunnel aktuell (Stand 1/2014) dicht und trocken.

9.2.6   Schrifttum

1. ZTV-ING – Teil 5 Tunnelbau (03/2012).

2. Gust, H.; Engelmann, R. (2008): Innovatives Montagesystem für die KDB-Abdichtung – Tunnel Leutenbach. Felsbau magazin Jg. 25, Nr. 1, S. 18–24.

9.3   Druckwasserhaltende KDB-Abdichtung im Tunnel Silberberg der Deutschen Bahn AG (NBS Ebensfeld–Erfurt)

Einsatzort	Tunnel Silberberg VDE 8.1 Neubaustrecke Ebensfeld–Erfurt
Auftraggeber	Deutsche Bahn AG
Planung	ILF Consulting Engineers
Bauausführung	Bilfinger Construction GmbH, Wayss & Freytag Ingenieurbau AG, Max Bögl Bauunternehmung GmbH & Co. KG und Bickhardt Bau AG in der ARGE Tunnel Silberberg
Verleger	GSE Lining Technology GmbH
Lieferanten der Abdichtungselemente	GSE Lining Technology GmbH

9.3.1   Problemstellung und Lösung

Der Tunnel Silberberg in Thüringen ist mit einer Länge von 7.391 m der zweitlängste Eisenbahntunnel der NBS Ebensfeld–Erfurt, einer Teilstrecke des Verkehrsprojekts Deutsche Einheit Nr. 8 (VDE8) von Nürnberg über

Erfurt und Leipzig/Halle nach Berlin (Bild 9.6). Das Südportal befindet sich am nördlichen Hanganschnitt des Oelztals. Der Tunnel taucht in das Thüringer Schiefergebirge ein und unterquert das Hochplateau von Großbreitenbach und im weiteren Verlauf Höhenrücken und Täler des Thüringer Walds. Er tritt an der südlichen Seite des Wohlrosetals wieder aus dem Gebirge aus. Die maximale Überdeckung beträgt 120 m, der hydrostatische Druck bis zu 70 m WS.

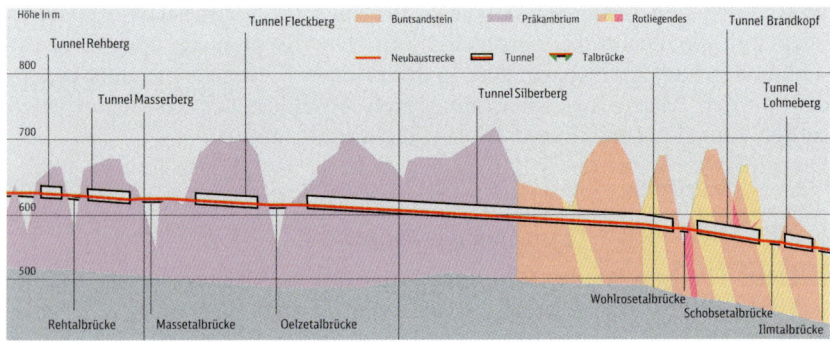

Bild 9.6 Geologischer Querschnitt mit dem Tunnel Silberberg (Bildnachweis: Deutsche Bahn AG).

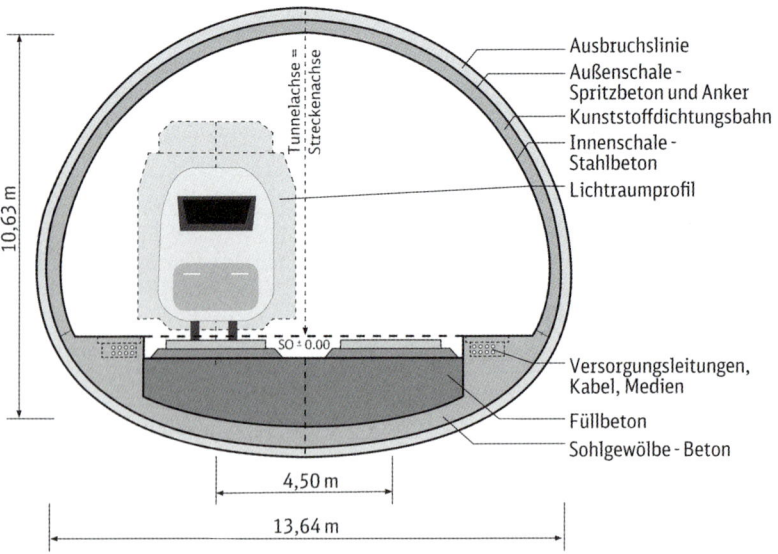

Bild 9.7 Querschnitt des Tunnels Silberberg mit KDB-Abdichtung (Bildnachweis: Deutsche Bahn AG).

194

Der Tunnel Silberberg wurde bergmännisch aufgefahren. Das Bild 9.7 zeigt den Tunnelquerschnitt mit Spritzbetonschale, KDB-Abdichtung und Innenschale.

Die KDB-Abdichtungen variierten mit diversen Wechseln zwischen den folgenden drei Ausführungsvarianten:

– ca. 2.780 m Länge als Regenschirmabdichtung in Verbindung mit einer Entwässerung,

– ca. 4.250 m Länge als druckwasserhaltende einlagige Rundumabdichtung und

– ca. 360 m Länge als doppellagige druckwasserhaltende Rundumabdichtung bei einem hydrostatischen Druck über 60 m WS.

Dem Bauvertrag lag die Ril 853 in der Fassung von 2007 zugrunde.

9.3.2 Verwendete Abdichtungselemente

Das Dichtungssystem ist von der Bergseite ausgehend wie folgt aufgebaut:

– Abdichtungsträger gemäß Ril 853

– geotextile Schutzschicht aus mechanisch verfestigtem PP-Vliesstoff mit einer flächenbezogenen Masse von 900 g/m^2 und einer Bahnenbreite von 4,00 m

– Kunststoffdichtungsbahn auf Polyolefinbasis mit Bahnenbreite von 3,75 m und drei aufkaschierten Haftfolienstreifen als Befestigungselementen:
  – im Bereich der Regenschirmabdichtung 2,2 mm dick mit luftseitiger Signalschicht
  – im Bereich der einlagigen druckwasserhaltenden Rundumabdichtung 3,2 mm dick mit luftseitiger Signalschicht
  – im Bereich der doppellagigen druckwasserhaltenden Rundumabdichtung bergseitig 3,2 mm und luftseitig 2,2 mm dick mit luftseitiger Signalschicht

– außenliegendes sechsstegiges, 500 mm breites Fugenband auf Polyolefinbasis gemäß Ril 853 in der Fassung von 2007

– Verpresseinrichtungen bzw. Anschlussstutzen zur optionalen Verpressung der Sperrankerbereiche der außenliegenden Fugenbänder, der Schottfelder bei einlagiger Rundumabdichtung und der Kammerelemente bei doppellagiger Rundumabdichtung

9.3.3 Einbau

Die geotextilen Schutzschichten und die Kunststoffdichtungsbahnen wurden im Gewölbebereich mit einem innovativen Verlegegerüst mechanisiert verlegt (Bild 9.8). Das Verlegegerüst kann sowohl schienengebunden als auch auf Raupenfahrwerken zum jeweiligen Einbauort gefahren werden. Bei den Verlegearbeiten kann es von der Tunnelsohle aus gesteuert und problemlos durchfahren werden. Das neu entwickelte Verlegegerüst war zuvor schon erfolgreich im Brandkopftunnel eingesetzt worden.

Der Einbau der KDB-Abdichtung hatte folgenden Ablauf:

– Im Bereich der Rundumabdichtung wurde zunächst die KDB-Abdichtung im Sohlbereich eingebaut.

Bild 9.8
Verlegegerüst
mit Raupen-
fahrwerken und
Fernsteuerung
(Bildnachweis:
GSE Lining
Technology
GmbH).

Bild 9.9
Mechanisierte
Verlegung der
geotextilen
Schutzschicht
und Befesti-
gung mit
Rondellen
(Bildnachweis:
GSE Lining
Technology
GmbH).

– Nach Fertigstellung der Sohlbetonage wurde die geotextile Schutz-schicht mechanisiert vom Verlegegerüst abgerollt (Bild 9.9) und mit Rondellen an der Spritzbetonschale befestigt.

– Die Kunststoffdichtungsbahnen wurden ebenfalls mechanisiert vom Verlegegerüst abgerollt und mithilfe der Haftfolienstreifen an der geo-textilen Schutzschicht befestigt (Bild 9.10). Dazu wurden die Haftfoli-enstreifen mit Heißluft aktiviert und mithilfe von Andruckrollen fixiert, die automatisch die Bereiche mit Haftfolienstreifen abfuhren.

Bild 9.10 Mechanisierte Verlegung der Kunststoff-dichtungsbahn und Befesti-gung mit Haftfolienstreifen (Bildnachweis: GSE Lining Technology GmbH).

- Die Fügearbeiten, die Fügenahtprüfungen und im Bereich der doppellagigen KDB-Abdichtung die Vakuumprüfungen wurden von einem separaten Gerüst ausgeführt.
- Auch die Abnahmen erfolgten von diesem separaten Gerüst.

9.3.4 Bauzeit und Kosten

Verlegedauer: September 2011 bis Dezember 2013

Kosten der KDB-Abdichtung: ca. 8 Mio. € für 350.000 m² Abdichtungsfläche

Die drei Ausführungsvarianten der KDB-Abdichtung haben folgende Flächenanteile:

- 110.000 m² Regenschirmabdichtung mit 2,2 mm dicker Kunststoffdichtungsbahn
- 220.000 m² druckwasserhaltende Rundumabdichtung mit 3,2 mm dicker Kunststoffdichtungsbahn
- 16.000 m² doppellagige KDB-Abdichtung mit 3,2 mm und 2,2 mm dicken Kunststoffdichtungsbahnen bergseitig

9.3.5 Erfahrungen

Mit der mechanisierten Verlegung und den innovativen Befestigungselementen wurden gute Erfahrungen gemacht:

- Die Rollenlängen der 4 m breiten Geotextilien und der 3,75 m breiten Kunststoffdichtungsbahnen konnten ein Vielfaches der Abwicklungslänge betragen.
- Durch die Erhöhung der Breite der Kunststoffdichtungsbahnen auf 3,75 m gegenüber der Standardbreite von 2 m bei manueller Verlegung wurde die Anzahl der Fügenähte nahezu halbiert.
- Mit dem innovativen, einfach installierbaren und verfahrbaren Verlegegerüst und der mechanisierten Verlegung von Geotextilien und Kunststoffdichtungsbahnen wurde die Verlegezeit gegenüber der manuellen Verlegung signifikant reduziert, sodass mit diesem Verlegegerüst zwei Schalwagen bedient werden konnten.
- Auch während der Verlegearbeiten blieben der Durchgang und die Durchfahrt unter dem Verlegegerüst frei (Bild 9.8).
- Die Befestigung mit den Haftfolienstreifen brachte Vorteile für das Betonieren der Innenschale. Im Vergleich zur starren punktuellen Rondel-

Bild 9.11 Betonierte Innenschale
(Bildnachweis: GSE Lining Technology GmbH).

lenbefestigung an Zwangspunkten ist die Befestigung mit Haftfolie flexibler, wodurch Fehler vermieden werden konnten (Bild 9.11).

– Eine mechanisierte Verlegung bot Vorteile im Bauablauf mit enger Abfolge der unterschiedlichen Gewerke.

9.3.6 Schrifttum

1. DB AG: Neubaustrecke Ebensfeld–Erfurt Tunnel Silberberg. www.vde8.de.

2. Deutsche Bahn AG: Ril 853 Eisenbahntunnel planen, bauen und instand halten. Ausgabe 2007.

3. Krahberg, S.; de Vries, D.: NBS Ebensfeld–Erfurt in Thüringen – Innovativer mechanisierter Einbau der KDB-Abdichtung im Tunnel Silberberg. GeoResources Zeitschrift 3 I 2016, S. 21–25, http://www.georesources.net/download/GeoResources-Zeitschrift-3-2016.pdf.

4. Krahberg, S.; de Vries, D.: Innovative Mechanised Installation of the Geosynthetic Sealing System in the Silberberg Tunnel in Thuringia/Germany. GeoResources Journal 1 I 2017, pp. 23–27, http://www.georesources.net/download/GeoResources-Journal-1-2017.pdf.

9.4 Eisenbahntunnel Reitersberg mit druckwasserhaltender KDB-Abdichtung und mit einer Sohlbrückenkonstruktion für zeitgleichen Vortrieb und Innenschalenausbau

Einsatzort	Tunnel Reitersberg, Verkehrsprojekt Deutsche Einheit (VDE) Nr. 8.1, Neubaustrecke Ebensfeld–Erfurt
Auftraggeber	DB Netz AG
Entwurfsplanung	ILF Beratende Ingenieure, München
Ausführungsplanung	Müller + Hereth Ingenieurbüro für Tunnel- und Felsbau, Freilassing
Bauausführung	ARGE Rödental-Reitersbergtunnel (Alfred Kunz Untertagebau/Swietelsky Tunnelbau)
Verleger	NAUE SEALING GmbH & Co. KG
Lieferanten der Abdichtungselemente	NAUE GmbH & Co. KG

9.4.1 Problemstellung und Lösung

Als Teilabschnitt des Verkehrsprojekts Deutsche Einheit (VDE) Nr. 8 mit der Aus- und Neubaustrecke Nürnberg–Erfurt–Leipzig/Halle–Berlin wurde die Neubaustrecke Ebensfeld–Erfurt (VDE 8.1) mit einer Gesamtlänge von ungefähr 107 km als regelspurige, zweigleisige, elektrifizierte Eisenbahnstrecke für den hochwertigen Reise- und Güterverkehr konzipiert. Auf der Neubaustrecke Ebensfeld–Erfurt befindet sich der ca. 5,6 km lange Abschnitt Rödental/Tunnel Reitersberg im unmittelbaren Umfeld der Stadt Rödental im Landkreis Coburg in Bayern. Mit einer Länge von 2.975 m ist der Tunnel Reitersberg das zentrale Bauwerk dieses Bauabschnitts.

Das anstehende Gebirge setzt sich aus den Formationen Unterer Keuper, Muschelkalk mit Verkarstungen und Karsthohlräumen und Oberer Buntsandstein zusammen. Das Baufeld liegt zum Teil in der Eisfeld-Kulmbacher Störungszone, einer geologischen Formation mit entfestigtem und verwittertem Gestein.

Der Tunnel wurde im Spreng- bzw. Baggervortrieb aufgefahren. Im Zuge des Vortriebs wurde der ausgebrochene Hohlraum mit einer Außenschale aus Stahlbögen, Stahlgittermatten, Ankern, Spießen und schnell bindendem Spritzbeton gesichert. Der etwa 1.700 m lange Bereich, in dem mit Hohlräumen im Kalkstein gerechnet wurde, wurde im Vorfeld besonders umfangreich erkundet.

Entsprechend dem vom Bauherrn vorgegebenen Bauzeitenplan erfolgte der Tunnelvortrieb zeitlich parallel von beiden Tunnelportalen. Die maximale

Tunnelüberdeckung beträgt ca. 90 m. Die Tunnelkonstruktion wurde in zweischaliger Bauweise mit einer druckwasserhaltenden KDB-Abdichtung mit Kunststoffdichtungsbahnen aus Polyethylen geplant. Die Funktionstüchtigkeit für die Tunnelkonstruktion und die Abdichtung muss für mindestens 100 Jahre sichergestellt werden.

9.4.2 Verwendete Abdichtungselemente

Folgender Aufbau des Dichtungssystems war im Tunnel von außen nach innen vorgesehen:

– Abdichtungsträger

– geotextile Schutzschicht, Vliesstoff, flächenbezogene Masse > 900 g/m²

– Rondellen (Befestigungssystem mit nachgewiesener Sollbruchstelle)

– Kunststoffdichtungsbahn mit Signalschicht, Nenndicke 3 mm

– außenliegende Fugenbänder, sechsstegig, 500 mm breit, umlaufend

– Kunststoffschutzbahn mit Signalschicht im Sohlbereich, Nenndicke 3 mm

9.4.3 Einbau

9.4.3.1 Allgemeiner Ablauf

Nach dem Spreng- bzw. Baggervortrieb erfolgte die bergmännische Sicherung durch Ausbaubögen, Mattenbewehrung, Anker und Spritzbeton, der auch als Abdichtungsträger für die Installation des druckwasserhaltenden Dichtungssystems dient.

Zunächst wurde die geotextile Schutzschicht mit Rondellen befestigt. Die Kunststoffdichtungsbahnen wurden überlappend verlegt und mittels Heizkeilschweißen mit einer prüfbaren Überlappnaht mit Prüfkanal gefügt. Im Blockfugenbereich wurden umlaufend außenliegende sechsstegige Fugenbänder installiert. Hierdurch wurde eine blockweise Schottwirkung erzielt.

Danach wurde eine hochbewehrte Stahlbetoninnenschale eingebaut, die je nach Tunnelbereich ca. zwischen 60 und 90 cm dick ist.

9.4.3.2 Idee der Sohlbrückenkonstruktion zur Bauzeitverkürzung

Aus dem vom Bauherrn vorgegebenen Bauzeitenplan mit engen Fertigstellungsfristen hätten sich neben den parallel laufenden Vortrieben im Haupttunnel auch ein Einsatz von zwei kompletten Schalwagenzügen – jeweils bestehend aus Sohl- und Gewölbeschalwagen – und insgesamt vier perma-

Bild 9.12 Sohlbrückenkonstruktion (Bildnachweis: Naue GmbH & Co. KG).

nente Betoneinbaustellen ergeben. Die Arbeitsgemeinschaft machte einen Sondervorschlag. Mit Annahme dieses Sondervorschlags der ausführenden Arbeitsgemeinschaft wurde der Innenschaleneinbau auf einen Sohl- und einen Gewölbeschalwagen reduziert. Um den vorgegebenen Fertigstellungstermin dennoch zu gewährleisten, war ein vorzeitiger parallel zum Vortrieb des Haupttunnels laufender Innenschaleneinbau unumgänglich. Diese Aufgabenstellung konnte durch den Einsatz einer innovativen Sohlbrückenkonstruktion (Bild 9.12) gelöst werden. In Kombination mit dem Einsatz einer druckwasserhaltenden KDB-Abdichtung war diese Verfahrensweise bisher einzigartig. In der Umsetzung bedeutete diese Arbeitsweise insbesondere im Innenschalenbereich der Sohle eine hohe Konzentration von mehreren Gewerken und Installationsschritten auf beengtem Arbeitsraum und unter dem ständigen Einfluss des laufenden Massentransports vom parallel laufenden Vortrieb über die Sohlbrückenkonstruktion hinweg. Aus diesen Gründen war es hier ganz besonders wichtig, dass alle Arbeiten im Tunnel im Hinblick auf die Leistungsfähigkeit und den reibungsminimierten Ablauf, aber auch im Hinblick auf die Arbeitssicherheit und -qualität bestmöglich aufeinander abgestimmt wurden.

Der maximal mögliche Arbeitsraum im Sohlbereich unter der Sohlbrückenkonstruktion betrug drei Blocklängen. Innerhalb dieser maximal drei Blocklängen langen Arbeitsflächen mussten möglichst optimiert sechs Arbeitsschritte (Arbeitsphasen) abgewickelt werden. Die Zusammenstellung der Arbeitsschritte der Phasen 1 bis 6 in Tabelle 9.1 mit den dazu notwendigen Materialan- und Materialabtransporten verdeutlicht, dass aufgrund der eingeschränkten Bewegungsmöglichkeiten eine zeitlich detaillierte Ausführungsplanung unumgänglich war. Erklärtes Ziel war es, jeden zweiten Tag einen Sohlblock fertig zu stellen. Diese Aufgabe konnte nur bewältigt werden, indem alle Gewerke exakt aufeinander abgestimmt wurden. Da bei

Tabelle 9.1 Arbeitsphasen unter Sohlbrücke (Bildnachweise: Naue GmbH & Co. KG).

Phase	Beschreibung	Bild
1	Auskofferung des Sohlbereichs mit Kleingeräten und Massenabtransport über Sohlbrücken-konstruktion	
2	Vorbereitung des Abdichtungsträgers mit Spritzbeton	
3	Installation des Dichtungssystems: geotextile Schutz-schicht, KDB, im Blockfugenbereich außenliegende Fugen-bänder, im Sohl-bereich Kunststoff-schutzbahn	

Phase	Beschreibung	Bild
4	Einbau der Sohlbewehrung als Stab- und Mattenbewehrung	
5	Betonage der Stahlbetoninnenschale im Sohlgewölbe	
6	Auffüllung des Sohlgewölbes mit Füllbeton	

dieser Bauweise ein permanenter Einsatz für die unterschiedlichen Gewerke und Tunnelmonteure nicht möglich war, wurden gemeinsame Sohlmannschaften zusammengestellt, um eventuell anfallende Leerlaufzeiten möglichst zu umgehen. Als positiver Nebeneffekt konnte festgestellt werden, dass die sonst häufig anzutreffenden Schnittstellenprobleme zwischen den unterschiedlichen Gewerken weitestgehend ausgeräumt werden konnten. Durch den Einsatz von Tunnelabdichtungsmonteuren im Bewehrungs- und Betonagebereich konnten die für die Qualität der druckwasserhaltenden KDB-Abdichtung entscheidenden Nachfolgegewerke sensibilisiert werden, was der Qualität des gesamten Bauwerks zugutekam.

9.4.4 Bauzeit und Kosten

Verlegedauer: 2010 bis 2012

Kosten der KDB-Abdichtung: ca. 4 Mio. €

9.4.5 Erfahrungen

Mit dem Sondervorschlag der Nutzung einer Sohlbrückenkonstruktion konnten unterschiedliche Gewerke parallel ausgeführt und die Bauzeit maßgeblich reduziert werden. Die Installation einer druckwasserhaltenden KDB-Abdichtung im Zusammenhang mit dem Einsatz der Sohlbrückenkonstruktion im Tunnel Reitersberg erforderte von allen Beteiligten höchste Kooperationsbereitschaft und Sensibilität für jedes Ausführungsdetail. Der von der bauausführenden Arbeitsgemeinschaft angestrebte und erreichte Erfolg im Gesamtprojekt ließ sich nur in partnerschaftlicher Zusammenarbeit in Kombination mit hoher Fachkompetenz erzielen.

9.4.6 Schrifttum

1. DB Projektbau GmbH: Informationen zum Teilabschnitt VDE8 mit der Aus- und Neubaustrecke Nürnberg–Erfurt–Leipzig/Halle–Berlin. www.vde8.de.
2. Deutsche Bahn AG: Richtlinie 853.4101 Abdichtung und Entwässerung, (Stand 01.01.2007).
3. Kicherer, M.; Meissner, M.: Eisenbahntunnel Reitersberg mit druckwasserhaltender KDB-Abdichtung und mit einer Sohlbrückenkonstruktion für zeitgleichen Vortrieb und Innenschalenausbau, Felsbau magazin 2011, Heft 3, S. 162–166.

9.5 Anschluss der KDB-Abdichtung von Querschlägen an Tübbings mit Klebeanschluss im Finnetunnel

Einsatzort	Finnetunnel Verkehrsprojekt Deutsche Einheit Nr. 8 Ausbau-/Neubaustrecke Nürnberg–Erfurt–Leipzig/Halle–Berlin
Auftraggeber	DB Netz AG
Planung	Ausführungsplanung des Anschlusses der KDB-Abdichtung der Querschläge an Tübbings mit Klebeanschluss: Beratende Ingenieure Prof. Dr.-Ing. Dieter Kirschke, Ettlingen, Max Bögl Bauunternehmung GmbH & Co. KG, München, Deutschland
Bauausführung	ARGE Finnetunnel bestehend aus: Wayss & Freytag Ingenieurbau AG, Max Bögl Bauunternehmen GmbH, München, PORR AG, Wien/München
Verleger	IAT GmbH, Wien
Lieferanten der Abdichtungselemente	Sika Deutschland GmbH

9.5.1 Problemstellung und Lösung

Der Finnetunnel ist Teil des Bauvorhabens Verkehrsprojekt Deutsche Einheit Nr. 8 Ausbau-/Neubaustrecke Nürnberg–Erfurt–Leipzig/Halle–Berlin.

Der Finnetunnel ist mit einer Länge von rund 6.970 m der längste Eisenbahntunnel der Neubaustrecke Erfurt–Leipzig/Halle. Er durchquert den Höhenzug Finne zwischen Eßleben-Teutleben und Bad Bibra bei einer maximalen Überdeckung von 65 m. Der Finnetunnel besteht aus zwei parallelen eingleisigen Tunnelröhren, welche in einem mittleren Achsabstand von circa 25 m liegen und einen Kreisquerschnitt mit einem Innenradius von 4,80 m aufweisen. Der Tunnel wurde mittels Schildvortrieb und Tübbingausbau aufgefahren. Anschließend erfolgte die Herstellung von insgesamt 16 Verbindungs- und Technikstollen zwischen den beiden Tunnelröhren. Diese wurden im Abstand von 500 m aus den fertigen Röhren heraus bergmännisch vorgetrieben.

Da sich in den Querstollen auch Technik- und Betriebsräume befinden, müssen diese aufgrund der nach RiL 853 geforderten Dichtigkeitsklasse „vollständig trocken" mit einer KDB-Abdichtung versehen werden. Die Querstollen mit KDB-Abdichtung müssen wasserdicht an die Hauptröhren mit Tübbingauskleidung angeschlossen werden.

Die Anschlüsse der Abdichtung des Querstollens an die Tübbings wurden bisher in der Regel als Klemmanschlüsse ausgeführt. Diese Anschlüsse haben sich insbesondere bei vorherigen Projekten mit hohen Wasserdrücken aufgrund ihres hohen Herstellaufwands als nachteilig erwiesen.

9.5.2 Verwendete Abdichtungselemente

Aufgrund des hohen anstehenden Wasserdrucks von über 60 m WS und der großen Anzahl an Verbindungsbauwerken suchte die Arge Finnetunnel für die Anschlüsse der KDB-Abdichtungen der Querstollen an die Tübbingröhren nach einer praxisgerechten und wirtschaftlichen Alternative zu den aufwendigen Klemmanschlüssen. Unter Federführung der Arge Finnetunnel wurde – gemeinsam mit den Beratern des Bauherrn – ein druckwasserhaltender Klebeanschluss geplant, getestet und erfolgreich ausgeführt.

Beim Klebeanschluss wurde ein flexibler Kunststoffstreifen – ein sogenanntes Tape – mittels Epoxidharzmörtel direkt auf die Betonoberfläche des Tübbings geklebt. Die anzuschließenden Kunststoffdichtungsbahnen wurden durch eine Fügenaht mit dem Tape verbunden. Für die Funktionsfähigkeit der Klebeanschlüsse musste gewährleistet werden, dass

– ein geeigneter Betonuntergrund bzw. eine geeignete Trägerfläche im Anschlussbereich vorlag (Haftzugfestigkeit und Wasserundurchlässigkeit des Betons),

– alle gequerten Tübbingfugen im Anschlussbereich dauerhaft wasserdicht verdämmt wurden,

– alle verwendeten Anschlusselemente aufeinander abgestimmt waren und aus verträglichen Werkstoffen bestanden,

– die Arbeitsbereiche frei von rinnendem und/oder stehendem Wasser waren.

9.5.3 Einbau

Die Tübbingfugen, die der Anschluss quert, mussten für die Sicherstellung eines dichten Anschlusses in geeigneter Weise verdämmt werden. Zunächst mussten die zugesetzten Fugen vollständig bis zu den Dichtbändern der Tübbings ausgeräumt und gesäubert werden. Der zu verpressende Raum musste in geeigneter Weise abgeschottet werden. Dazu wurden ein Glasfasergewebeknäuel in die Fuge eingebracht und ein etwa 10 cm breites, mit Epoxidharz getränktes Glasfasergewebe auf die Fuge geklebt. Zusätzlich wurden als Rückfallebene im Bereich der Fugen zwei Edelstahlbleche mit Epoxidharzspachtel aufgeklebt.

Aufwendige Versuche bei der Materialforschungs- und Prüfanstalt (MFPA) Weimar und auf der Baustelle hatten gezeigt, dass für einen leistungsfähigen Dichtanschluss

- die Klebefuge zwischen Tape und Beton durch den angreifenden Wasserdruck gestützt werden, das Tape also durch den Wasserdruck auf die Betonoberfläche gepresst werden muss, und

- die Fügenaht zwischen Tape und Kunststoffdichtungsbahn durch den Wasserdruck nicht aufgeschält werden darf und daher die Innenschale des Anschlussblocks die Fügenaht stützen muss.

Um die Funktionstüchtigkeit des Abdichtungsanschlusses zu gewährleisten, wurden zusätzliche konstruktive Maßnahmen ergriffen:

- Die Warmgasfügenaht (Handnaht) zwischen Tape und Kunststoffdichtungsbahn wurde durch eine zusätzliche Extrusionsnaht (Auftragnaht) gesichert.

- Außerdem wurde auf der Kunststoffdichtungsbahn im Bereich der Fügenaht ein Verpressschlauch befestigt und damit mit PUR-Harz der Spalt zwischen Ortbeton und Dichtanschluss- bzw. KDB-Abdichtung verpresst, um die Fügenaht abzustützen. Außerdem verhinderte ein Quellfugenband das Weglaufen des Verpressstoffs.

Damit die Arbeiten sehr sorgfältig durchgeführt werden konnten, wurde besonderer Wert auf gute Zugänglichkeit der Arbeitsbereiche für alle Arbeitsschritte gelegt. Nach Aufbau der Arbeitsgerüste und Verdämmung der Tübbingfugen wurden eventuelle Wasserzutritte in den Arbeitsbereichen abgestellt. Anschließend wurden die Betonoberflächen gereinigt sowie alle losen Bestandteile an den Tübbings entfernt. Dann wurden die Betonflächen durch Sandstrahlen aufgeraut und vor der Freigabe auf Risse und mögliche Inhomogenitäten im zu überklebenden Beton kontrolliert.

Das Tape wurde nach örtlichem Aufmaß zugeschnitten und die vier erforderlichen Tapestreifen untereinander durch Schweißen gefügt. Anschließend wurde der Epoxidharzkleber von oben beginnend mit Maurerkelle in der erforderlichen Schichtdicke aufgetragen (Bild 9.13). Generell ist eine etwa 3 mm dicke Kleberschicht ausreichend. Im Bereich der Tübbingfugen hing die Schichtdicke allerdings maßgeblich von den Fugenversätzen ab. Sie betrug lokal bis zu 2 cm. Der Klebers wurde abschnittsweise aufgetragen und der Kunststoffstreifen innerhalb der Verarbeitungszeit des Klebers abschnittsweise aufgeklebt (Bilder 9.14 und 9.15). Die sofortige Adhäsion zwischen Kleber und Tape bewirkte eine ausreichende Anhaftung des Kunststoffstreifens und erleichterte den Einbau. Lediglich in den Ecken war eine vorübergehende Hilfsabstützung erforderlich. Die Verarbeitungs-

Bild 9.14 Einlegen des Kunststoffstreifens in die Kleberschicht (Bildnachweis: Beratende Ingenieure Prof. Dr.-Ing. Dieter Kirschke).

Bild 9.13 Auftrag des Expoxidharzklebers (Bildnachweis: Beratende Ingenieure Prof. Dr.-Ing. Dieter Kirschke).

Bild 9.15 Ausstreichen von Lufteinschlüssen zwischen Kleberschicht und Kunststoffstreifen (Bildnachweis: Beratende Ingenieure Prof. Dr.-Ing. Dieter Kirschke).

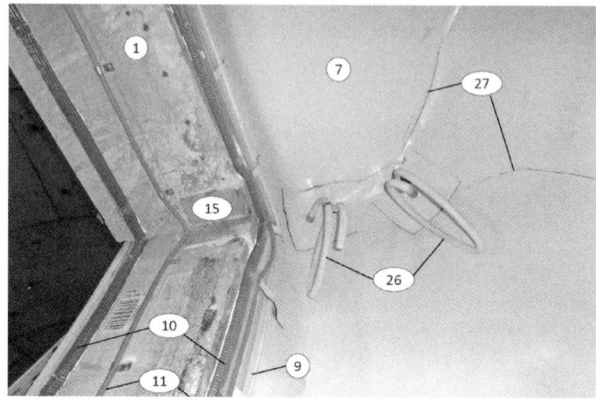

Bild 9.16 Fertiger Klebeanschluss vor dem Bewehrungseinbau (Bildnachweis: Beratende Ingenieure Prof. Dr.-Ing. Dieter Kirschke).

zeit des Klebers von etwa 4 Stunden war für eine sorgfältige Ausführung ausreichend.

Nach etwa 24 Stunden Ruhezeit wurde der Haftverbund zwischen Tape und Kleber durch Inaugenscheinnahme und flächiges Abklopfen kontrolliert. Auf sattes Einbinden der Randbereiche in den Kleber wurde besonders geachtet. Nach der Freigabe wurde der äußere Rand zusätzlich mit Epoxidharzkleber überspachtelt, um direktes Eindringen von Wasser in die Klebefuge zu erschweren. Kleine Hohllagen wurden mit Einwegspritzen ausgebessert, indem reines Epoxidharz direkt in die Hohllage injiziert wurde. Die Einstichstellen im Tape wurden mit Heißluftgebläse geschlossen. Nun konnte die KDB-Abdichtung des Querstollens an das Tape gefügt werden (Bild 9.16).

Nach Abschaltung der Grundwasserhaltung stieg der Grundwasserspiegel innerhalb weniger Wochen auf seinen ursprünglichen Stand an. Wie zuvor in den Versuchen wurden in den Übergangsblöcken an den Dichtanschlüssen keine Undichtigkeiten festgestellt.

9.5.4 Bauzeit und Kosten

Der vergleichsweise niedrige Arbeitsaufwand für Klebeanschlüsse wirkt sich vorteilhaft auf die Bauzeit und die Kosten für das Anschlussdetail aus.

9.5.5 Erfahrungen

Der neuartige Dichtanschluss ist praktikabel und im Vergleich zu anderen Anschlussvarianten sehr wirtschaftlich. In der Praxis stellte der Klebeanschluss seine Leistungsfähigkeit erfolgreich unter Beweis.

210

9.5.6 Schrifttum

1. Schälicke, H.; Gerstewitz, T.: Klebeanschluss von KDB-Abdichtungen an Tübbingröhren als Alternative zum Klemmanschluss. Taschenbuch für den Tunnelbau 2014, Ernst & Sohn Verlag GmbH & Co. KG, Berlin, 2014, S. 227–260.

2. Deutsche Bahn AG: Ril 853 – Eisenbahntunnel planen, bauen und instand halten. 7. Aktualisierung, gültig ab 01.02.2013.

3. DIN 18195, Teil 9: Bauwerksabdichtungen – Teil 9: Durchdringungen, Übergänge, An- und Abschlüsse. Mai 2010.

Stichwortverzeichnis